AF610393

ÉLÉMENS D'ARITHMÉTIQUE

ANCIENNE ET DÉCIMALE,

Contenant toutes les opérations du Calcul, depuis l'Addition jusques et compris les Règles de trois, et les opérations des Fractions. Ouvrage rédigé sur un nouveau plan et suivi d'un Abrégé de

STÉNOGRAPHIE,

OU

L'ART D'ÉCRIRE AUSSI VITE QUE LA PAROLE,

mis à la portée de tout le monde.

Deux parties en un volume.

PARIS.

CHEZ LES PRINCIPAUX LIBRAIRES.

1834.

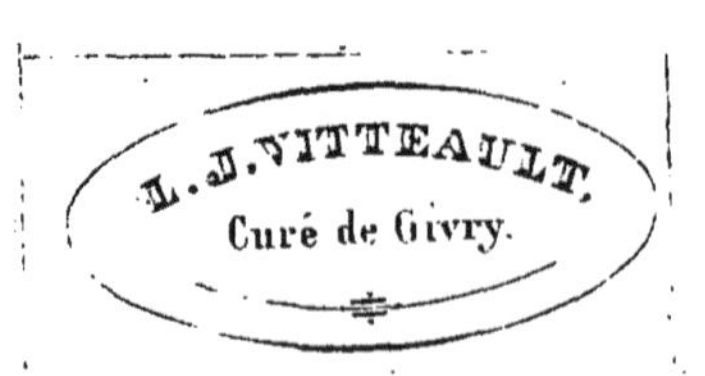

ÉLÉMENS

D'ARITHMÉTIQUE.

COULOMMIERS. — IMPRIMERIE DE BRODARD.

AVERTISSEMENT.

L'AUTEUR fait imprimer quatorze tableaux dont on se servira avantageusement, surtout dans les établissemens d'enseignement mutuel, soit pour l'écriture arithmétique, soit pour les deux exercices aux cercles arithmétiques.

Les trois premiers tableaux contiendront les sommes à nombrer depuis une unité jusques aux sommes les plus considérables. Au premier exercice au cercle arithmétique on fera lire aux élèves les mêmes sommes qu'ils auront écrites ou qui leur auront été dictées : au deuxième exercice le moniteur leur dictera les mêmes sommes qu'ils auront déjà écrites ou lues; celui qui les aura écrites le premier et le mieux, sera le premier; il est bien entendu que le moniteur n'expliquera point comment on écrit chaque somme; il dira seulement, écrivez telle somme : il aura son tableau dans les mains, tourné de manière à ce que les élèves ne puissent y lire la somme dictée. Ces trois tableaux serviront pour les trois premières classes, 1, 2, 3; les trois moniteurs de ces trois classes n'auront point d'ardoises en mains, tous les élèves auront les leur (*voir* le livre).

Deux autres tableaux, intitulés *Demandes et Réponses pour la troisième classe aux cercles arithmétiques*, numérotés 4 et 5, serviront, aux élèves de la troisième classe, au deuxième exercice au cercle arithmétique seulement. Le moniteur fera les questions; les élèves répondront de vive voix, sans réponses écrites, et par suite sans ardoises.

Trois autres tableaux, numérotés 6, 7 et 8, serviront aux élèves de la quatrième classe pour s'instruire dans l'addition de deux ou plusieurs sommes composées d'unités d'unités seulement. Le maître et le moniteur auront soin de faire faire les mêmes règles aux trois exercices arithmétiques (*voir* le livre). Au premier exercice au cercle arithmétique, le moniteur fera lire sur le tableau n° 6; au deuxième exercice arithmétique, il fera les questions contenues dans les tableaux 7 et 8 : les élèves répondront par écrit et ensuite de mémoire à ces mêmes questions (*voir* le livre).

Deux autres tableaux numérotés 9 et 10 serviront aux élèves de la cinquième classe commençant la soustraction; le tableau n° 9 servira pour la lecture arithmétique; celui n° 10 servira au moniteur pour les questions à faire à ses élèves : ces derniers répondront par écrit et de vive voix (*voir* le livre).

Deux tableaux numérotés 11 et 12 serviront aux élèves de la sixième classe commençant la multiplication.

Enfin, deux tableaux numérotés 13 et 14 serviront aux élèves de la septième classe commençant la division.

Le prix de ces quatorze tableaux est fixé à 2 fr. pour ceux qui achèteront ou auront acheté la première partie du premier volume du Cours complet d'Enseignement mutuel; pour tous autres, le prix est fixé à 2 fr. 50 c., augmenté pour les uns et les autres de 40 centimes, pour être rendus *franc de port* dans les départemens.

Chaque tableau sera revêtu de la signature de l'auteur; tous autres seront considérés comme contrefaçon.

L'Auteur prévient qu'il va faire imprimer incessamment un ouvrage ayant pour titre : *Nouveau Cours de Lecture*, au moyen duquel, procédant de la synthèse à l'analyse, on apprendra (par des dessins analogues) à lire avec facilité, avec plaisir et dans la même séance, des mots entiers, les syllabes dont ces mots sont composés, les sons et articulations composant ces mêmes mots; au moyen de cette nouvelle méthode, on apprendra non-seulement à lire en très-peu de temps, mais encore à distinguer et à connaître toutes les difficultés dont la langue française est hérissée, soit dans la prononciation, soit dans l'orthographe d'usage.

Celui qui aura appris à lire par cette nouvelle méthode connaîtra l'histoire analytique de deux cents des animaux les plus remarquables.

L'auteur, directeur d'un pensionnat à Paris, dans lequel il compte actuellement plus de cent élèves, a mis en activité sa nouvelle méthode; les succès en sont si sûrs, si rapides, qu'il peut promettre hardiment d'enseigner l'art de la lecture, en moins de quatre mois, à tout enfant âgé de plus de cinq ans, et à toute personne, quelles que soient ses facultés intellectuelles.

Dans la première partie de son Cours complet d'Enseignement mutuel, l'auteur a consacré vingt pages à quelques explications sur sa nouvelle manière d'enseigner la lecture; il y démontre, entre autres choses, comment il a appliqué l'enseignement mutuel à sa nouvelle méthode.

Son Cours de lecture sera divisé en cinq parties: dans la première, l'auteur tâchera d'établir les avantages de sa nouvelle méthode; il analysera différens ouvrages qui traitent de l'art de la lecture; il expliquera pourquoi on doit faire apprendre à lire aux élèves, dans le même moment, d'abord les mots, ensuite les syllabes, sons et articulations qui composent ces mêmes mots; il expliquera aussi pourquoi on doit défendre aux élèves de nommer aucune consonne; il donnera les raisons qui l'ont engagé à diviser les syllabes dont les mots sont composés tout autrement qu'elles ne l'ont été jusqu'à ce jour. Cette première partie sera ornée de cinquante dessins représentant des animaux; au-dessous de chacun de ces dessins seront écrits trois fois les noms des objets représentés, 1° par des mots entiers imprimés, 2° par les mêmes mots divisés en syllabes (imprimées) suivant la méthode de l'auteur, 3° par ces mêmes mots et syllabes divisés en articulation (écriture cursive) : des explications seront données, à la suite de chaque figure, sur les mots et décomposition des mots écrits sous ces mêmes figures.

La deuxième partie sera composée de cent cinquante dessins, qui seront accompagnés comme les précédens, etc.

La troisième partie contiendra l'histoire analytique des objets représentés par les cinquante premiers dessins; chaque histoire des vingt-cinq premiers dessins sera écrite trois fois de suite au-dessous de chaque dessin : savoir, par exemple, pour le premier dessin, la première histoire sera imprimée en articulation, la deuxième en syllabes, et la troisième en mots entiers : il en sera de même pour les vingt-quatre autres premiers dessins. L'histoire de ce que représentent les vingt-cinq autres dessins contenus dans la première partie sera écrite deux fois, 1° en syllabes d'après la méthode de l'auteur, 2° en mots entiers.

La quatrième partie contiendra l'histoire écrite en mots entiers des cent cinquante autres dessins.

Chaque dessin sera en tête de l'histoire de ce que représente chacun de ces mêmes deux cents dessins : ainsi chaque figure sera répétée deux fois dans ce livre et deux fois dans les tableaux de lecture, dont nous parlerons.

La cinquième partie sera ornée des dessins mis en action pour enseigner les difficultés de notre langue, soit dans la prononciation, soit dans l'écriture. C'est au moyen de ces figures mises en action que l'auteur prétend donner à ses élèves une prononciation pure, exacte, douce, élégante, dégagée de tout accent désagréable.

Outre les cinq parties dont ce Cours de lecture sera composé, il sera imprimé tous les tableaux nécessaires pour recevoir les deux cents figures et les trois lignes écrites dessous chaque dessin, ainsi qu'il a déjà été dit, afin de faire lire les élèves suivant les exercices qui ont lieu aux cercles de lecture dans tous les établissemens d'enseignement mutuel. Chaque tableau sera collé sur carton ou sur bois; d'un côté du tableau seront le dessin et les noms de chaque chose représentée, écrits trois fois ainsi qu'il en sera dans le livre : voilà pour le premier exercice au cercle de lecture. Pour le deuxième exercice, il n'y aura plus que les noms de ce que représente chaque dessin, écrits toujours trois fois, comme il vient d'être dit plus haut. Pour le troisième exercice, les élèves liront de mémoire et sans épellation. Enfin il y aura des tableaux de lecture pour l'histoire de ce que représentera chaque dessin.

La première partie de cet ouvrage paraîtra dans le courant de février prochain (1820); les deuxième, troisième, quatrième et cinquième parties suivront immédiatement. — Remise de 15 pour 100 sera faite à toute personne souscrivant d'ici à la fin de mars 1820. On ne demande rien d'avance.

S'adresser à l'AUTEUR, en son pensionnat, et aux libraires désignés au bas du frontispice de cet ouvrage.

INTRODUCTION.

Il manquait à l'éducation primaire et secondaire un mode d'enseignement hâtif, clair et facile, au moyen duquel on pût, en peu de temps, bien enseigner, et à une quantité d'élèves à la fois, la lecture, l'écriture, l'arithmétique, les langues anciennes et modernes, etc., etc., etc.

On avait l'habitude de ne pas vouloir que les enfans formassent une lettre en écriture qu'ils ne sussent lire : pour apprendre à lire, les malheureux enfans passaient trois ou quatre ans sur les bancs des écoles, abreuvés d'ennuis, de dégoûts, toujours dans les larmes, regardant l'école comme une punition que leur infligeaient leurs parens ; considérant un jour de congé comme un jour de bonheur.

Enfin, parvenus à savoir ce que l'on appelait lire, ils employaient encore quelques années pour apprendre à écrire et connaître bien ou mal un peu d'arithmétique. Les parens voulaient-ils ensuite que leurs enfans connussent leur langue maternelle, il fallait, pour y parvenir, quatre, cinq ans d'étude, accablés des mêmes ennuis, des mêmes chagrins qu'ils avaient déjà éprouvés. Voilà au moins huit ans de peines et de travaux employés à quoi ? à s'instruire dans la lecture, écriture, arithmétique et orthographe ; et encore, sur cent élèves, dix parvenaient-ils à apprendre ce que l'on avait cru leur enseigner.

Voulait-on donner aux enfans une éducation plus relevée ! voulait-on qu'ils fussent instruits dans les langues anciennes et modernes ! voulait-on qu'ils connussent quelques parties des sciences exactes ! alors, après leur avoir fait apprendre à lire et à écrire (sans leur donner aucune notion de leur langue), on lés mettait au latin; on s'imaginait que les élèves qui apprenaient le latin, s'instruisaient en même temps dans la langue française : raisonnement absurde, car si on n'enseignait point à un enfant la langue française avant qu'il apprît le latin, ou en apprenant cette dernière langue, comment voudrait-on qu'il fût instruit dans la langue française sans en avoir appris ni les principes ni les règles? Les colléges, ensuite les lycées, ne recevaient malheureusement aucuns élèves, ni externes, qu'ils ne fussent capables d'entrer en cinquième. Quelle était la suite de toutes ces circonstances? que les enfans passaient quàtre, cinq ans dans des écoles particulières, pour s'instruire des élémens de la langue latine; qu'il fallait huit ou neuf ans pour mettre les enfans à même de pouvoir être reçus dans un collége ou lycée : que si les enfans ne faisaient que leur quatrième, comme ils n'avaient point appris dès le principe la grammaire de la langue de leur pays, ils savaient un peu de latin, mais ils ignoraient presque entièrement l'orthographe d'usage, et à plus forte raison l'art de parler et d'écrire correctement. Rentrés dans leurs familles, peu d'années s'étant écoulées, ils ne savaient ni français, ni latin, ils avaient tout oublié. Les parens désireux que leurs enfans fussent réellement instruits, leur faisaient faire la totalité de leurs études, et ne négligeaient rien pour y parvenir; c'est alors que ces jeunes gens pouvaient ensuite espérer occuper des places honorables; mais, pour arriver à ce but si désiré et si utile, il fallait au moins quinze ans.

Que résultait-il de toutes ces longueurs? que l'homme peu riche ne pouvait donner ou faire donner à ses enfans que l'éducation primaire; que l'artisan, qui considérait bien plus encore le temps que la dépense, les travaux de ses enfans lui étant utiles, et pour ainsi dire d'une nécessité absolue, ne leur faisait pas même apprendre à lire.

Plus l'instruction primaire était difficile, longue, coûteuse, plus les pères et mères voulaient économiser, ou plutôt, plus ils cherchaient à faire instruire leurs enfans à bon marché; ils prenaient le maître qui se présentait à meilleur compte : un individu qui savait à peine lire et écrire, se donnait pour maître à ces parens peu réfléchis, sur les moyens de faire instruire leurs enfans; le maître ignorant était pour les enfans dont les parens étaient peu fortunés; les maîtres instruits faisaient les éducations particulières des enfans riches; d'autres aussi très-instruits, formaient des établissemens particuliers, mais, se chargeant d'une trop grande quantité d'élèves, ne pouvaient les instruire à la fois que très-mal, ou, enfin, en dix fois plus de temps que si deux ou trois élèves seulement eussent profité de leurs savantes leçons.

Les élèves des premiers maîtres n'apprenaient rien; ceux des derniers savaient peu de choses; les seconds étaient les seuls qui pouvaient être instruits.

Plusieurs personnes de mérite ont, de nos jours, présenté de très-bons ouvrages, non-seulement pour les écoles élémentaires, mais encore pour celles secondaires et de première classe.

Nombre d'ouvrages latins et français, tant en grammaire qu'autrement, ont été ingénieusement inventés pour le bien de l'instruction publique; malheureusement, toutes ces méthodes, toutes ces manières d'enseigner ne peuvent être employées que dans l'instruction individuelle, et point du tout dans une classe de deux ou trois élèves à la fois; encore faudrait-il qu'ils fussent de la même force.

Il manquait donc, pour l'instruction publique, une méthode qui pût être employée avantageusement à instruire plusieurs personnes à la fois, même un nombre indéfini, quoique les élèves fussent de différentes forces, et quoiqu'ils eussent des facultés intellectuelles différentes.

L'enseignement simultané pour l'instruction populaire, paraissait avoir atteint ce but si désiré; il offrait, au premier coup d'œil, un premier degré de simplicité; mais on s'est convaincu que, quoique grandement supérieur à l'enseignement individuel, il était cependant insuffisant pour l'instruction de plusieurs; en effet, le maître paraît bien donner leçon à plusieurs élèves à la fois, mais sa voix ne parvient pas également et de la même manière à chaque élève; ce n'est qu'une voix souvent mal transmise; en outre, chacun ne peut saisir que d'après ses facultés naturelles, et suivant le plus ou le moins d'attention qu'il met à ce qui lui est enseigné. Ce mode d'enseignement semble avoir de l'harmonie, de la régularité; une espèce d'ensemble paraît s'établir, les élèves semblent ne former qu'un tout qui se meut par le même rouage, qui suit la même impression, la même impulsion, le même mouvement; mais tout cela n'est que figuratif, n'est qu'un prestige qui tromperait nos sens si nous nous laissions entraîner à la simple vue, et si nous ne réfléchissions pas que, si les élèves n'ont pas la même intelligence, s'ils ne sont pas doués par la nature de la même perspicacité, si, enfin, ils ne conçoivent pas tous également ce qui leur est enseigné, ils ne peuvent plus alors faire les mêmes progrès. Quelques-uns suivent pas à pas les préceptes du maître, d'autres s'en éloignent un peu, et d'autres, enfin, tout-à-fait; et lorsque l'on a cru tous les élèves de niveau pour l'instruction, si on les interroge séparément, on se convainc que peu savent, que d'autres savent peu, et que les autres ne savent rien, ou presque rien.

Il faudrait donc, pour l'enseignement simultané, autant de maîtres que de gradations différentes dans les forces des élèves; il faudrait, pour cent élèves, au moins quinze maîtres, qui pourraient encore avec peine donner des leçons fructueuses; autrement c'est le cas de dire: *qui potest capere, capiat.*

Et le gouvernement voudrait-il faire la dépense de donner quinze maîtres à cent élèves, que ces maîtres ne parviendraient pas à enseigner aussi bien et en si peu de temps que le ferait un seul par l'enseignement mutuel? Par l'enseignement simultané, il faut au moins deux ans pour avoir quelques élèves qui sachent lire et écrire à la manière de ces écoles; par l'enseignement mutuel, huit mois sont à peine employés par l'enfant dont les facultés sont les plus bornées; comme on le voit, il y a donc perte de temps pour les élèves, et des dépenses inutiles pour le gouvernement. Nos élèves ne chantent point en lisant, n'ont point de mauvais accens; ils font voir, par leur manière de lire, qu'ils conçoivent ce qu'ils lisent, et quels sont les professeurs qui les ont enseignés. Ceux, au contraire, instruits par l'enseignement simultané, ont le plus mauvais accent, la plus mauvaise prononciation, desquels vices il est presque impossible de les défaire.

L'enseignement mutuel réunit toutes les qualités de l'enseignement individuel et simultané; il a de plus, qu'il joint à la simplicité de sa méthode, l'avantage le plus grand, le plus précieux et le plus utile, celui qu'un seul maître peut conduire et bien enseigner une classe de plus de quatre cents élèves, avec moins de peine, moins d'embarras qu'il en faut pour instruire cinq élèves par l'enseignement individuel ou simultané, ce dont on se convaincra facilement par l'explication et l'emploi de notre méthode. Le maître n'a plus en effet qu'une surveillance active : les élèves s'instruisent les uns par les autres; chaque classe est divisée, distincte d'une autre, chaque élève ne peut être qu'avec un élève de sa force; on s'aperçoit tout de suite quel est celui d'entre eux qui n'est point dans la classe qui lui convient : ils reconnaissent eux-mêmes leur insuffisance; et, sans se le faire dire, ils demandent à être mis dans la classe ou division dans laquelle ils sont égaux en force ou instruction, aux autres élèves qui la composent. Chaque classe se suit immédiatement, elles sont la conséquence les unes des autres; il n'existe en effet aucun intervalle.

Les élèves de l'enseignement mutuel quittent la classe avec peine; l'instruction est pour eux un délassement, un jeu qui tient tous les ressorts de leur être en mouvement : ils se meuvent tous ensemble et instantanément, comme une masse dont les mouvemens particuliers ne nuisant point au mouvement général, en sont au contraire les ressorts ingénieux qui la font mouvoir uniformément et sans la fatiguer.

Chaque élève travaille mieux, plus activement, plus fructueusement que s'il était seul et instruit par un très-bon maître : l'émulation est la source heureuse de son attention à ce qui lui est enseigné.

L'enseignement mutuel est donc le plus grand pas que l'on ait pu faire pour l'instruction publique, puisque l'on est parvenu à fixer l'attention des élèves, chose infiniment précieuse, au moyen de laquelle l'élève doit apprendre en trois mois ce qu'il aurait à peine appris en deux ans; aucune méthode, aucun mode d'enseignement pratiqué en particulier, encore moins en commun, sous la direction d'un seul maître, n'avait pu fixer l'attention d'un élève; il était réservé à notre méthode seule d'y parvenir.

Les classes et chaque division des classes de l'enseignement mutuel, ne sont composées que de neuf élèves au plus; chacun est à son tour le maître ou moniteur d'une classe ou division, suivant sa force; chaque élève, sous la conduite du moniteur de sa classe, pour les écoles élémentaires, lit, écrit et calcule dans la même séance : l'enfant lit les mêmes lettres, syllabes ou mots qu'il écrit dans sa division, sous les ordres ou sous la dictée du moniteur, soit sur le sable, soit sur l'ardoise : les exercices dont nous parlerons ont lieu pour donner de l'ensemble à l'exécution; ces exercices amusent, récréent l'élève.

Ses sens et son imagination ne sont en aucune manière fatigués; de plus, sans ces exercices il y aurait confusion dans les travaux; de cette confusion naîtrait la destruction de l'attention, ou tout au moins d'une grande partie.

L'élève, avec régularité, et le plus correctement qu'il lui est possible, écrit les lettres, ou syllabes, ou mots qui lui sont dictés, parce qu'il sait que s'il fait bien il aura une bonne note et qu'il deviendra le moniteur de ses camarades; il voit, en outre, ses voisins attentifs à bien faire, afin d'être les premiers de leur division ou en changer; cette perception lui donne de l'attention; l'attention produit l'émulation, et l'émulation fait faire aux élèves des progrès considérables.

L'écriture sous la dictée est d'une grande utilité : elle apprend l'orthographe d'usage aux moniteurs des divisions ou classes et aux élèves; les moniteurs y apprennent la bonne prononciation; ils portent toute leur attention à bien s'énoncer, pour ne pas être repris par le moniteur général ou par le maître; ils craignent ensuite, s'ils disent mal, de perdre sur-le-champ leur place de moniteur et d'avoir une mauvaise note; il en est ainsi de tous les élèves, puisqu'ils deviennent chacun à leur tour, d'après leur bonne conduite, leur capacité et savoir, les moniteurs de leurs camarades. Les moniteurs, après avoir dicté quelques syllabes ou mots, visitent les ardoises de chaque élève, donnent note à la fin de la classe de ce que chacun a bien ou mal fait; le maître alors écrit des bons ou mauvais points à ceux qui les ont mérités; celui qui a bien fait est récompensé en présence de tous ses camarades; l'autre a la honte d'être puni publiquement. S'il arrive qu'un élève se trouve dans une division trop faible ou bien trop forte pour son savoir, il passe à une division supérieure ou inférieure.

La lecture est partagée en trois exercices commencés et finis d'après les ordres du maître. Les moniteurs d'écriture sont rarement ceux de lecture; la raison en est simple : un élève peut être plus ou moins avancé en lecture qu'en écriture; il était donc nécessaire que chacun fût placé dans la classe de sa force; aussi, à certains signes ou commandemens, chacun s'étant mis dans sa division, est conduit ensuite par son moniteur au cercle de lecture. L'enseignement mutuel pour la lecture, écriture et arithmétique, est grandement avantageux et l'emporte de beaucoup sur les autres modes d'enseignement, soit individuel, soit simultané : l'écriture, en ce que l'on a adopté la cursive, écriture très-belle, facile à lire et très-aisée à apprendre et à enseigner; au lieu d'écrire comme autrefois, d'après des exemples, quelques lettres, quelques mots semblables, on en écrit au contraire une grande quantité, tous différens, que l'élève est obligé d'écrire correctement, puisqu'il est, suivant ce qu'il fait, bien ou mal noté : la lecture, en ce que 1° l'élève qui lit, excité par l'émulation, désirant de garder la place qu'il occupe parmi ses camarades, prête toute son attention à bien lire; 2° en ce que les autres élèves prêtent aussi toute leur attention à écouter celui qui lit, pour le reprendre sur-le-champ s'il fait quelques fautes en lisant, et ce, quand ils sont interrogés sur ces mêmes fautes, alors s'ils disent bien ils prennent la place de celui ou de ceux qui ont mal dit; 3° en ce qu'ils exercent leur mémoire en répétant par cœur et à l'envi une partie ou les finales de ce qu'ils ont lu; en ce qu'enfin on leur fait faire, suivant leur classe, ou l'épellation par cœur, ou dire les syllabes dont un mot est composé, ensuite les lettres de ce même mot, ainsi qu'il sera mieux expliqué dans l'énoncé de chaque exercice. Enfin, l'enfant commence à apprendre l'arithmétique aussitôt qu'il sait écrire ou tracer sur le sable les chiffres, et qu'il les connaît; c'est lorsqu'il sait lire, écrire et assembler deux lettres d'écriture (à la deuxième classe), qu'on lui enseigne à savoir nombrer et désigner toute somme, depuis les unités jusqu'aux valeurs les plus considérables; dans les autres classes, jusqu'à la huitième comprise, on lui enseigne les quatre règles, les fractions et les proportions, le tout par gradation, suivant la force des élèves et la classe dont ils font partie.

Les enfans instruits par la méthode d'enseignement mutuel apprennent en six mois, peu plus, à écrire, lire et compter; ils connaissent l'orthographe d'usage par l'habitude de dire de mémoire les syllabes et les lettres qui composent les mots les plus difficiles, qu'on leur a fait avec intention lire, écrire et dicter.

Une multitude d'enfans qui paraissaient avoir autrefois une répugnance invincible pour les écoles, qui n'y entraient qu'en répandant des larmes abondantes, qui ne les fréquentaient que par la crainte des châtimens, qu'ils appréhendaient, soit de la part de leurs parens, soit de la part des maîtres chargés de les enseigner, assiégent aujourd'hui les écoles élémentaires d'enseignement mutuel, long-temps avant l'ouverture des portes; ces mêmes enfans, qui ne pensaient qu'à jouer, qui avaient la plus mauvaise éducation, aussitôt qu'ils ont fréquenté quelque temps les leçons d'enseignement mutuel, sont réguliers dans leurs actions, laborieux, obéissans au moindre geste; dans un clin d'œil, on les voit passer avec les autres élèves d'un exercice à l'autre sans confusion, sans bruit, dans le plus grand ordre possible. Cet enseignement rend les enfans justes envers leurs camarades, dont ils sont tantôt les élèves tantôt les maîtres.

Ceux des enfans qui ont terminé leurs classes primaires d'après la méthode d'enseignement mutuel, sont aimés de ceux par qui ils sont employés; ils ont une grande facilité pour tout état, pour toute profession ; en outre, leur instruction plaît ; leur écriture (écriture cursive), enchante par sa beauté ; ils sont recherchés et choisis de préférence à tous autres. Des enfans dont les parens désespéraient, les considérant comme incapables de pouvoir jamais lire, écrire et chiffrer, parce qu'ils avaient inutilement fréquenté, et pendant nombre d'années, différentes écoles ; aussitôt que ces mêmes enfans, dont l'intelligence paraissait bornée, ou qui n'avaient nul goût pour s'instruire, ou manquaient de bonne volonté pour y parvenir, aussitôt, dis-je, qu'ils ont été reçus au nombre des élèves enseignés par la méthode d'enseignement mutuel, leur intelligence s'est développée comme par enchantement ; le désir de s'instruire a fait place au dégoût et à l'insouciance ; l'émulation et les exemples des autres élèves les ont rendus attentifs ; ils ont suivi leurs camarades et ont, par des succès rapides, par leur bonne conduite, étonné leurs parens et tous ceux qui les connaissaient.

J'observerai que l'enfant qui, pendant nombre d'années, a été instruit suivant les anciennes méthodes, se trouvera moins avancé après avoir suivi trois mois les écoles d'enseignement mutuel que celui qui, ne connaissant ni *a* ni *b*, serait entré en même temps que lui dans nos écoles : j'aimerais mieux qu'on me donnât un enfant n'ayant jamais rien appris, qu'un autre qui aurait suivi plusieurs années les anciennes écoles ; le premier n'aura pas pu contracter de mauvaises habitudes, puisqu'il ne lui aura rien été enseigné ; le second, au contraire, aura des vices de prononciation, des vices d'éducation difficiles à détruire.

L'enseignement mutuel étant pour les écoles élémentaires ou primaires la garantie d'une prompte et bonne éducation, ne laissant rien à désirer pour ce qui est de l'instruction publique, il serait donc bien avantageux de pouvoir trouver les moyens d'appliquer cet enseignement aux parties plus relevées de l'instruction, telles, par exemple, qu'à l'étude des langues anciennes et modernes : cette découverte comblerait de joie les pères et mères, en même temps qu'elle épargnerait bien des larmes aux enfans ; elle serait la source de l'instruction publique ; elle exciterait l'émulation ; elle serait le principe de l'attention, puisqu'elle réunirait les mêmes avantages pour l'étude des langues, que pour l'instruction primaire.

L'enseignement mutuel, heureusement appliqué à l'arithmétique en général, à la comparaison des anciens poids avec les nouveaux, à la comparaison des anciennes mesures avec les nouvelles, soit d'étendue, soit de capacité; à la comparaison des monnaies de France avec celles étrangères; à la comparaison des changes de France avec ceux étrangers, etc.; enfin, l'enseignement mutuel, heureusement appliqué à l'étude des langues anciennes et modernes, serait le plus grand des bienfaits à répandre sur tous les ordres de la société. Les pères les moins fortunés pourraient alors donner de l'éducation à leurs enfans; ces mêmes enfans instruits, pourraient aider leurs parens dans leur vieillesse. Le voyageur, ayant appris parfaitement et en peu de temps les langues des pays qu'il voudrait parcourir, ferait des voyages fructueux et agréables; le négociant correspondrait facilement avec ses commettans étrangers; la connaissance facile des langues ferait faire aux hommes studieux de grandes découvertes, non-seulement en lisant les travaux des savans parmi les étrangers, mais encore en leur fournissant les moyens de comparer ces mêmes travaux à ceux de nos premiers maîtres dans tous les genres.

M'étant convaincu par expérience que l'enseignement mutuel pourrait être appliqué à l'arithmétique en général et à toutes les choses dont je viens de parler, et la réussite ayant été au-delà même de mes espérances; aidé de savans professeurs pour les langues étrangères, je me suis hâté de mettre au jour le produit de mes travaux; heureux si je puis être utile à mes concitoyens, à ma patrie, je serai bien dédommagé de mes peines par l'accueil favorable qui serait fait à mes faibles productions!

Mon ouvrage sera composé de sept volumes, et chaque volume de trois parties ou de trois livres; la première partie du premier volume contenue dans ce livre traite de l'application de l'enseignement mutuel à la lecture, écriture et arithmétique, ainsi, et comme je l'ai apprise moi-même à l'école normale d'enseignement mutuel. On trouvera dans cette première partie des observations sur l'art de la lecture; ces mêmes observations serviront de prospectus au Cours nouveau que j'ai rédigé et que je me propose de faire incessamment paraître. J'ai soigné scrupuleusement la manière d'enseigner l'arithmétique : ce premier livre traite de l'addition, soustraction, multiplication et division simple; de la règle de trois, de la règle de compagnie; de ces mêmes règles composées, des fractions décimales, des fractions des monnaies anciennes, des fractions des poids anciens, des fractions des mesures, soit d'étendue, soit de capacité.

Au moyen de tableaux ingénieusement construits, les élèves apprendront en peu de séances à nombrer les sommes les plus considérables et à comparer les anciens poids aux nouveaux; les anciennes mesures aux nouvelles, soit d'étendue soit de capacité; au moyen de quelques règles de proportion, qu'ils trouveront toutes faites dans cette première partie, ils sauront réduire les anciennes mesures en nouvelles, les anciens poids en nouveaux; enfin, ils sauront comparer les nouveaux poids avec les anciens, les nouvelles mesures avec les anciennes, et réduire les nouveaux poids en anciens et les nouvelles mesures en anciennes. Voilà en substance ce que contient la première partie du premier volume, qui, suivant ce qu'on voit, formera un cours complet de tout ce qui peut être enseigné dans les écoles primaires.

La deuxième partie du premier volume, ou le deuxième livre, comprendra d'abord les fractions de fractions de toute espèce, les règles d'intérêt, d'alliage; les racines carrées, cubiques; les toisés des superficies et des solides; l'arpentage et la manière de se servir de tout instrument de géométrie pour le lever pratique des plans. Au moyen de cette première partie, on enseignera, par des tableaux, à connaître facilement et en peu de temps, 1° la comparaison des monnaies de France avec celles étrangères, leur titre, leur poids, leur valeur et qualité; 2° la comparaison des mesures de France avec celles étrangères; 3° la comparaison des poids de France avec ceux étrangers; enfin, on enseignera les changes et arbitrages, etc., et tout ce qui a du rapport au commerce.

La troisième partie du premier volume traitera de la tenue des livres à parties doubles, à parties simples : elle sera le complément du premier volume.

Chacune des trois parties de ce premier volume formant un cours complet, sera vendue séparément.

Parvenu à appliquer heureusement l'enseignement mutuel à la nouvelle méthode que j'emploie pour l'étude des langues anciennes et modernes; convaincu par expérience de l'utilité de cette nouvelle méthode, et persuadé que, par son moyen, on apprendra à penser en peu de temps dans la langue enseignée, abstraction faite de celle maternelle; convaincu que ma méthode fixera l'attention, soit des jeunes gens soit des grandes personnes, puisqu'elle réunira le même avantage pour l'étude des langues que pour l'instruction primitive, je me suis occupé et je m'occupe de la rédaction de six autres volumes : dans le premier, il sera traité de l'application de l'enseignement mutuel au français et au latin, et de la comparaison de ces deux langues entre elles; dans le deuxième, au français et grec ancien, etc.; dans le troisième, au français et à l'anglais; dans le quatrième, au français et à l'allemand, etc.; dans le cinquième, au français et à l'italien, etc.; dans le sixième et dernier, au français et à l'espagnol, etc. Chacun de ces six volumes sera précédé d'un prospectus.

Chaque volume sera accompagné de plus de cent planches imprimées pour être fixées sur des tableaux ployant à volonté; c'est au moyen de ces tableaux, dont l'explication sera donnée dans chaque volume, que l'étude des langues anciennes et modernes ne sera plus désormais qu'un délassement de l'esprit; qu'on ne sera plus obligé de fatiguer la mémoire; qu'on apprendra sans peine, sans effort et avec plaisir; que l'ennui, le découragement, seront dorénavant bannis des lieux d'instruction, pour faire place au plaisir de s'instruire, de le faire avec facilité, avec fruit, à peu de frais, et en très-peu de temps. L'étude des langues ne sera plus qu'une science de fait, dont les principes seront saisis par l'esprit et classés sans confusion pour rester gravés à jamais.

La première partie du premier volume sera utile aux professeurs ou pour la méthode d'enseignement mutuel : elle leur rappellera les choses qu'ils auraient oubliées depuis qu'ils auraient quitté le cours normal ; ce livre sera utile à tous autres maîtres et à toutes les classes de la société : on pourra s'en servir fructueusement soit pour enseigner individuellement, soit pour enseigner quel nombre que ce soit d'élèves.

Les deux autres parties du premier volume auront les mêmes avantages, ainsi que le surplus de l'ouvrage pour les langues anciennes et modernes ; non-seulement on enseignera fructueusement, bien, et en très-peu de temps, un grand nombre d'élèves, mais encore l'enseignement individuel sera plus facile par les nouveaux procédés qui seront contenus dans mon ouvrage.

Le père de famille, en se servant de la première partie du premier volume, pourra par son moyen, s'il a une nombreuse famille, instruire lui-même ses enfans, leur donner l'éducation primaire, ne point négliger leur instruction ; souvent il arrive qu'un père ne peut donner l'éducation à ses enfans, soit parce qu'il n'a qu'une modique fortune, soit parce qu'il est éloigné de tout maître capable.

Si le père de famille a quatre, cinq enfans, et un plus grand nombre, il se servira de la méthode de l'enseignement mutuel, qui sera détaillée dans la première partie du premier volume. S'il a moins de neuf enfans, il ne fera qu'une seule classe ; il les instruira tous à la fois, en attendant que les moins instruits aient atteint les autres.

Si, au contraire, le père de famille n'a qu'un ou deux enfans, au lieu de les faire écrire sur le sable, il se dispensera de la construction d'une table pour cet effet ; il fera écrire son enfant ou ses enfans sur l'ardoise ; il leur apprendra à tracer toutes les grandes lettres d'impression ; quand son enfant ou ses enfans connaîtront ou écriront les lettres d'imprimerie, il lui ou leur fera écrire les lettres d'écriture cursive, et en même temps continuera de faire lire les lettres d'impression lettre par lettre ; quand sa famille aura acquis la connaissance parfaite des lettres, il lui fera écrire deux lettres cursives et lire et assembler deux lettres imprimées : il se conduira ensuite suivant la force et les progrès de ses enfans; il suivra cette méthode, et ce, d'après les gradations de l'enseignement mutuel déterminées dans ce livre; bien entendu que lorsque l'on fait écrire les lettres d'impression, soit sur le sable, soit sur l'ardoise, on ne doit pas exiger que l'enfant les fasse bien : on ne les lui fera écrire que jusqu'à ce qu'il les sache lire seulement; après ce, il fera les lettres cursives, sur lesquelles on doit l'exciter à l'application. Par la méthode dont je viens de parler plus haut, j'ai enseigné la lecture, l'écriture et l'arithmétique (les quatre règles), à deux grandes personnes en trois mois; j'ai été étonné d'un si heureux et si prompt succès (1).

---

(1) Ces deux grandes personnes avaient fréquenté inutilement et pendant nombre d'années les écoles, et n'avaient pas même appris à connaître les lettres.

PREMIÈRE PARTIE.

APPLICATION DE L'ENSEIGNEMENT MUTUEL A TOUT CE QUI S'ENSEIGNE DANS LES ÉCOLES ÉLÉMENTAIRES.

DANS cette première partie ni dans cet ouvrage, il ne sera point fait mention des objets nécessaires, soit pour la construction d'un établissement pour l'enseignement mutuel, soit des règlemens qui y ont rapport; nous renvoyons nos lecteurs à se procurer l'ouvrage qui traite de ces objets, lequel ils trouveront à Paris, ainsi que les tableaux de lecture et d'écriture, chez M. Colas, libraire.

La lecture et l'écriture sont divisées en huit classes; chacune de ces classes ne doit être composée de plus de neuf élèves, y compris le moniteur; si on avait plus de neuf élèves de chaque classe, on ferait alors des subdivisions des classes trop nombreuses, et chaque classe ou division aurait son moniteur.

Les élèves au préau (nom donné aux lieux de récréation).

Le moniteur-général, par ordre du maître, va au préau, choisit ses huit moniteurs particuliers; ils entrent avec lui quelques instans avant l'heure de la classe, pour s'occuper de tailler les crayons de ceux qui écrivent sur l'ardoise; le moniteur du sable prépare aussi ce qui lui est nécessaire.

Les moniteurs tournent aussi les télégraphes pour les causes dont il sera parlé : ces télégraphes portent d'un côté le N° de la classe, et de l'autre les deux lettres EX., qui signifient *Examen.* Les télégraphes sont tournés du côté des N^os faisant face à l'entrée de chaque classe où ils sont placés : ils désignent alors la classe où chaque élève doit entrer.

Les moniteurs retournent au préau, mettent sur un rang les élèves de leur classe; au premier coup de sifflet du maître, ils entrent avec eux en classe en donnant la main au premier de ceux qu'ils doivent enseigner, sans confusion, sans bruit, dans le plus grand ordre possible. Le moniteur du sable ou de la première classe, ainsi que les élèves de sa même classe, sont en tête; le premier élève de la seconde suit immédiatement le dernier élève de la première; il en est ainsi de toutes les classes et divisions des classes, de manière que la huitième classe entre la dernière. Les moniteurs de chaque classe sont en dehors des rangs, donnant la main au premier élève de chaque classe.

Tous les élèves et moniteurs arrivent dans le même ordre, et vont se placer sur une ligne autour de la classe; les moniteurs entrent dans les rangs, chacun à la tête de leur division; quand tous les élèves sont entrés et sont à la place qu'ils doivent tenir, le maître donne un coup de sifflet; alors les élèves tournent le dos aux murs de la classe et font front : au premier coup de sonnette le plus profond silence doit régner.

A ces mots du monitenr (à haute et intelligible voix) : *Toutes les classes en classes d'écriture*, les élèves font par flanc droit ou par flanc gauche, suivant la situation de la classe; ils marchent au pas, retournent sur eux-mêmes; la première classe en tête (ou classe de sable), passe d'abord devant l'entrée de la huitième, ensuite de la septième, ainsi de suite, jusqu'à ce que chaque moniteur, arrivé à l'entrée de la classe qu'il doit enseigner, y entre avec les élèves qui le suivent et qui composent cette même classe. Chaque classe est désignée par le télégraphe qui est en haut du banc où se place chaque moniteur; les élèves, dans les bancs de leur classe, s'arrêtent au premier coup de sifflet du maître, et cessent d'être en mouvement; alors chaque moniteur monte droit sur le banc de sa classe, à la place où il doit s'asseoir : les moniteurs retournent de suite les télégraphes, de manière à ce que le maître, de son estrade, ainsi que le moniteur-général, puissent distinguer le numéro de chaque classe.

Au coup de sonnette du moniteur-général, les élèves font front aux bancs où ils doivent s'asseoir; au deuxième coup de sonnette, les élèves se mettent à genoux sur les bancs, et les moniteurs sur les tables. Le moniteur-général donne un coup de sonnette, et dit à haute voix : *la prière commence;* il fait le signe de la croix, les élèves l'imitent; le moniteur-général se croise les bras, les élèves en font autant; le moniteur-général récite la prière, les élèves écoutent avec attention et recueillement, et disent les finales.

La prière finie, le moniteur-général décroise les bras, fait le signe de la croix; les élèves l'imitent et disent la finale. Le moniteur-général dit à haute voix : *la prière est dite;* ces mots sont un avertissement pour porter attention à ce qui va être commandé.

Au coup de sonnette, les élèves descendent des bancs ainsi que les moniteurs, et se placent faisant face au télégraphe, si tournant le côté au banc où ils doivent entrer, pour être prêts à exécuter l'ordre d'entrer dans les bancs.

Le moniteur-général élève les bras; par ce signe, il ordonne aux élèves de placer une main sur la table où ils doivent écrire, et l'autre sur celle où doivent écrire ceux derrière eux; ils passent en même temps une jambe entre le banc où ils doivent s'asseoir, et la table où ils doivent écrire.

Le moniteur-général abaisse les mains, alors les élèves passent l'autre jambe et s'asseoient. Au coup de sonnette, les élèves mettent les mains sur les genoux; les moniteurs se lèvent, vont passer devant le maître et devant le moniteur-général, à la suite les uns des autres, le moniteur du sable le premier, et celui de la huitième classe le dernier; par un demi-tour, le moniteur de la huitième se trouve le premier, et celui de la première le dernier. Ce mouvement fait, le moniteur de la huitième prend une plume et de l'encre, ainsi de suite des autres, ils s'en vont à leur place; là, après avoir détaché chacun un tableau, ils font l'appel de leur division ou de leur banc ; ils écrivent les présens, notent les absens, et viennent en rendre compte au moniteur-général, dans le même ordre. Ils s'expliquent ainsi, savoir : le moniteur de la première classe dit : première classe, tant de présens, tant d'absens, total, tant (c'est-à-dire, supposant la classe de huit élèves, s'il n'en manque point, le moniteur dit : huit présens, point d'absens, total, huit ; s'il en manque, supposons deux, le moniteur dit : six présens, deux absens, total, huit) ; le moniteur de la seconde classe en fait autant, ainsi des autres. Tous les moniteurs ayant fait leur déclaration, font un demi-tour ; le moniteur de la huitième, venu le dernier, se trouve, par ce mouvement, le premier ; ils repassent tous devant le maître et le moniteur-général, et retournent au banc de leur classe où ils s'asseoient.

Au premier coup de sonnette, tous les élèves mettent les mains sur leurs genoux ; les élèves du sable ne font point les exercices suivans, ils restent immobiles pendant leur exécution.

Il s'agit actuellement de nettoyer les ardoises. Le moniteur dit, attention ; à ce mot, tous les élèves ont la tête haute, et le regardent fixement. Au mouvement brusque que fait le moniteur-général en portant sa main droite à la bouche, alors les élèves, tous et en même temps (de manière à ce que l'on n'entende qu'un seul bruit et un ensemble parfait), portent la main gauche sur l'extrémité gauche de l'ardoise sur laquelle ils doivent écrire, et la main droite, armée d'un tampon, est portée instantanément à la bouche, pour le mouiller avec leur salive ; le moniteur-général retire avec promptitude sa main de sa bouche, et l'ayant descendue à la hauteur du bas-ventre, il fait des mouvemens de circonvallation ; alors tous les élèves exécutent l'ordre, effacent avec rapidité. A un coup de sonnette du moniteur-général, les ardoises doivent être propres, et tous les élèves ont les mains sur leurs genoux.

Les moniteurs de chaque classe doivent visiter les ardoises, examiner si elles sont propres, et donner les crayons et porte-crayons qui doivent servir à l'écriture. Pour que cet examen se fasse en même temps, ainsi que l'exhibition des ardoises, le moniteur-général fait les signes suivans : il se croise brusquement les bras; les élèves, à ce signe, portent spontanément la main gauche sur l'extrémité droite de l'ardoise, et la main droite sur l'extrémité gauche de la même ardoise (le bras droit croise le gauche); ce mouvement doit se faire d'un seul temps et ensemble; si on entend plusieurs coups, ainsi que pour tous les autres exercices, on fait refaire les mêmes mouvemens, jusqu'à ce qu'ils soient bien faits : le moniteur-général note ceux des élèves ou moniteurs qui ont troublé l'ensemble par leur peu d'attention. Au mouvement que fait le moniteur-général en se décroisant les bras, les élèves décroisent aussi les leurs, tenant toujours leurs ardoises dans les parties saisies, et les tournant dans leurs mains de manière à les présenter sur le flanc et perpendiculairement à leur moniteur, qui doit passer devant eux aux signes dont on parlera. Les ardoises décroisées, les élèves doivent les tenir entre les trois premiers doigts de chaque main; ces derniers, placés aux deux extrémités de l'ardoise, le pouce en dedans, et les deux autres doigts derrière, les arêtes des ardoises regardant les paumes des mains : les ardoises doivent être à deux pouces de la table ou banc d'écriture : montrant alors l'arête perpendiculairement à cette même table, le moniteur dit : *attention!* les élèves le fixent bien, afin qu'au signe ils exécutent tous ensemble ce que ce signe désigne. Le moniteur-général a les mains élevées de manière à être vu de tous les élèves; ses mains sont placées perpendiculairement au sol; il abaisse les mains avec rapidité et brusquement; au même instant et ensemble, les élèves frappent d'à-plomb leurs ardoises sur la table d'écriture, de manière à ce que l'on n'entende qu'un seul coup. Ce mouvement bien exécuté, le moniteur-général dit : *attention, moniteurs!* Les élèves ne doivent point obéir aux signes suivans, ces signes ne sont que pour les moniteurs.

Le moniteur-général dit à haute voix : *moniteurs!* et, en même temps, ne montrant que l'index de la main droite, il fait un mouvement brusque en portant sa main avec vivacité et horizontalement de droite à gauche alors; tous les moniteurs abaissent leurs ardoises sur les pouces, de manière que l'arête est contenue par les pouces, et élevée à trois doigts de la table; au mouvement brusque que fait le moniteur en retirant sa main pour la replacer d'où elle était partie, tous les moniteurs frappent leurs ardoises ensemble sur la table, en retirant le pouce de dessous l'ardoise, et en pressant l'ardoise des deux autres doigts. Ces mouvemens faits, les moniteurs se lèvent, prennent leurs tiroirs, passent devant les élèves, entre la table d'écriture de cette classe et le banc où sont assis les élèves de la première, ainsi des autres; ils examinent, en passant, si les ardoises sont bien effacées, s'il ne reste aucune trace, enfin, si elles sont propres; ils vont aussi jusques à l'extrémité du banc. Arrivés là, ils font tous un demi-tour, pour être prêts à revenir au signe du moniteur-général. Ce dernier donne un coup de sonnette, alors les moniteurs distribuent les crayons et tampons aux élèves; ils rentrent à leurs places après avoir remis leur tiroir. Il s'agit alors de faire abaisser les ardoises aux élèves, qui les tiennent toujours sur l'arête, touchant la table, et formant un angle droit avec elle. Le moniteur-général dit: *attention!* les élèves le fixent la tête haute; alors ayant les mains et les bras vers la voûte de la classe, et perpendiculairement à lui-même, sans baisser les bras il tourne les pointes des doigts en bas; à ce signe, les élèves descendent les ardoises sur leurs pouces; le moniteur abaisse alors les bras et les mains avec vivacité; toutes les ardoises doivent alors frapper en même temps les tables, et ne produire qu'un seul bruit; bien entendu que les élèves frappent leurs ardoises sur les tables en retirant les pouces et en pressant l'ardoise fortement des deux autres doigts de chaque main qui aidaient à la soutenir.

Le moniteur-général donne un coup de sonnette, tous les élèves mettent leurs mains sur leurs genoux; le moniteur-général dit: *huitième classe, commencez;* les élèves des autres classes ne sortent leurs mains de dessus leurs genoux, que lorsque le moniteur de leur classe dicte.

Le moniteur de la huitième dicte et écrit des mots de quatre syllabes ou de cinq et plus; les mots à dicter sont réunis dans deux tableaux, nos 37 et 38; toutes les syllabes de chaque mot sont séparées les unes des autres par des traits-d'union. L'on a pensé, et justement, que les mots ainsi imprimés donneraient non-seulement de la facilité à la diction du moniteur, puisqu'il aurait les syllabes divisées telles qu'elles doivent l'être, mais encore que le moniteur prononcerait mieux, et que les élèves saisiraient mieux le mot à écrire, et éviteraient beaucoup de fautes.

Le vocabulaire des mots quadrisyllabes, n° 37, se dicte ainsi: Il dit d'abord le mot entier; par exemple, *mi-cros-co-pe*, en séparant les syllabes dans la prononciation; ensuite il épelle chaque syllabe, et l'assemble d'une seule énonciation de voix, ainsi qu'il suit: *m, i, mi; c, r, o, s, cros; c, o, co; p, e, pe.* Quand il a fini d'épeler le mot et d'assembler la dernière syllabe, il dit d'une seule énonciation de voix le mot dicté, *microscope.* Le vocabulaire des mots polysyllabes se dicte de la même manière; par exemple, le mot convenablement: *con-ve-na-ble-ment; c, o, n, con-v, e, ve-n, a, na-b, l, e, ble-m, e, n, t, ment, convenablement.* Tous ces mots se dictent par le moniteur de la huitième classe, distinctement, purement, et en se retournant du côté des élèves de sa classe. Les deux vocabulaires de la huitième classe contiennent, savoir: celui des quadrisyllabes, quatre rangées de quarante mots, ou cent soixante mots; celui des polysyllabes, cent quarante mots.

L'on ne dicte le vocabulaire polysyllabe que quand celui quadrisyllabe a été dicté plusieurs fois, et est parfaitement connu.

Le moniteur de la huitième classe ayant dicté son mot ainsi qu'il vient d'être dit, celui de la septième dicte de la même manière des mots trisyllabes, contenus dans deux tableaux, nos 34 et 35, composés de deux cent quatre-vingt-huit mots; par exemple, *im-bi-bé; i, m, im-b, i, bi-b, é, bé,* imbibé. *Cou-ron-ne; c, o, u, cou-r, o, n, ron-n, e, ne,* couronne, etc.

Aussitôt que le moniteur de la septième classe a fini de dicter un mot, celui de la sixième dicte des mots dissyllabes, comme *mou-ton; m, o, u, mou-t, o, n, ton,* mouton, etc., etc.; ces mots dissyllabes sont contenus dans deux tableaux, n°s 29 et 30, au nombre de trois cent quatre.

Le moniteur de la cinquième classe dicte des mots d'une syllabe, imprimés dans cinq tableaux, contenant une grande quantité de mots propres à apprendre toutes les prononciations; ces tableaux s'appellent *Tableaux orthographiques des notations complexes propres à chacun des élémens de la langue française.* Les mots de ces cinq tableaux se dictent de la manière qui a été décrite précédemment. Il est très-essentiel de faire écrire tous les mots de ces cinq tableaux, pour familiariser les enfans à écrire de différentes manières des mots qui se prononcent de même. Je conseillerais donc de faire rester dans cette classe les enfans le plus long-temps possible, et de ne les faire passer à la sixième que quand ils auront une parfaite connaissance de tous les mots contenus dans les cinq tableaux.

Dans la quatrième classe, on fait écrire aux enfans un assemblage de quatre, cinq, six lettres (mots insignifians), contenus dans quatre tableaux; ces mots sont de très-difficile prononciation; je conseille de faire écrire aux enfans plusieurs fois les mots de ces mêmes tableaux, jusqu'à ce qu'ils les sachent bien écrire; ils sont numérotés 20, 21, 22, 23.

Le moniteur de la troisième classe dicte des mots de trois lettres; ces mots sont contenus dans cinq tableaux numérotés 14, 15, 16, 17, 18.

Enfin, le moniteur de la deuxième classe dicte des mots de deux lettres, contenus dans trois tableaux numérotés 11, 12, 13; il est bien entendu que chaque moniteur ne dicte que quand celui de la classe supérieure a dicté; il suit immédiatement et sans interruption; de cette manière, il n'y a qu'un seul moniteur qui dicte, il n'existe point de confusion, les élèves ne peuvent être distraits.

Le moniteur du sable, pour faire écrire ceux de cette classe, n'attend point que celui de la deuxième ait dicté; il fait écrire aussitôt que le moniteur-général a dit, *huitième classe, com-*

mencez! Il continue de faire écrire sans interruption, jusqu'à ce que l'exercice d'écriture cesse.

Le moniteur du sable fait écrire les capitales romaines, lettres d'impression : 1° les formes droites, I, H, T, L, E, F ; 2° les formes angulaires, A, V, N, M, Z, K, Y, X ; 3° formes courbes, C, O, U, G, J, D, P, B, R, Q, S. Ces trois espèces de lettres sont contenues dans le cinquième tableau.

Quand les élèves connaissent parfaitement ces lettres par leur nom, on leur fait écrire les lettres du sixième tableau (lettres appelées romaines), qui sont 1° l, I, pour les formes droites ; 2° formes angulaires, V, Z, K, Y, X ; formes courbes, C, O, J, F, B, D, P, Q, R, N, M, H, L, U, E, S, G. On ne fait écrire les lettres contenues dans les deux tableaux dont je viens de parler, que jusqu'à ce que les élèves soient dans le cas de donner le nom à chaque lettre, étant interrogés à cet égard ; on n'attend pas qu'ils sachent les écrire même passablement, ce serait leur faire perdre un temps inutile sans fruit ; on les fait passer ensuite à tracer sur le sable les lettres d'écriture (écriture cursive) ; on leur apprend à former les chiffres, enfin, à écrire les majuscules d'écriture, le tout contenu dans deux tableaux numérotés 3 et 4.

Le moniteur du sable, ou première classe, fait et fait faire les exercices suivans ; il dit : *attention!* à ce mot, les élèves qui avaient les mains sur leurs genoux, portent leur main gauche sur le bord de la table d'écriture (du sable), et placent l'index de la main droite, les autres doigts fermés, sur l'extrémité de la table du sable, en dehors ; le moniteur ayant un petit bâton à la main (nommé touche), désigne, sur le tableau placé devant les élèves, la lettre qu'il veut qui soit faite, et dit : *faites cette lettre;* alors tous les élèves essayent de la tracer sur le sable, une, deux, trois fois ; s'ils ne savent pas la faire, le moniteur la leur fait ; ils l'imitent ensuite. La lettre faite, le moniteur dit : *mains sur les genoux!* les élèves ayant obéi, le moniteur passe le rabot sur le sable pour effacer les lettres et unir le sable ; il dit : *attention!* il fait faire d'autres lettres de la même manière qu'il vient d'être dit, etc., etc., et ce, jusqu'à ce que l'exercice d'écriture cesse pour passer à celui de lecture.

Tous les moniteurs dictent six mots de la manière qu'il a été dit. Lorsque le moniteur de la huitième classe a dicté ses six mots, il tourne son télégraphe du côté des lettres EX (ces deux lettres signifient examen), de manière à ce que le maître puisse les voir de son estrade; le moniteur de la huitième se lève, prend son ardoise, la place dans la rainure de la table, au-devant du premier élève, de manière à voir et faire voir les mots qu'il a écrits, pour les comparer à ceux écrits par l'élève. L'ardoise est tenue par ce dernier de la main gauche. Si les jours de l'appartement et le télégraphe sont à la droite, le moniteur tient la droite de l'ardoise; quand le moniteur a examiné ce que le premier élève a écrit, il fait glisser son ardoise au-devant du second, qui la saisit de la main gauche, et ainsi des autres élèves de cette classe, etc., etc.

La septième classe ayant fini d'écrire, le moniteur tourne son télégraphe du côté EX, et fait comme a fait celui de la huitième, etc.

La sixième classe en fait ensuite autant, et ainsi des autres classes.

La deuxième classe ayant fini d'examiner, et tous les télégraphes étant tournés de manière à montrer au maître le numéro de chaque classe, tous les moniteurs notent dans leur mémoire ceux qui ont bien ou mal fait.

Le moniteur-général dit : *attention!* il donne un coup de sonnette; tous les élèves, à l'exception de ceux du sable, mettent les mains sur les genoux; le moniteur-général fait le signe, 1° d'effacer; 2° d'exhiber l'ardoise, ainsi que nous l'avons dit aux exercices; les moniteurs particuliers ne prennent point leur tiroir; ils se lèvent après avoir baissé leur ardoise; ils examinent si elles sont bien effacées, si elles sont propres, mais ils ne se portent point au bout de la table avec leur tiroir, attendu qu'ils n'ont point de crayons à donner, puisque les élèves les ont dans les mains; les moniteurs rentrent dans les bancs sans avoir besoin d'être commandés par signe ou sonnette : le moniteur-général dit ensuite : *huitième classe, commencez!* Le moniteur de cette classe dicte alors comme il a dit; les autres classes en font autant; enfin, on efface et on écrit, ainsi et de la manière que nous avons dit, jusqu'au moment de la lecture. L'écriture dure au moins quarante-cinq minutes.

Lecture telle qu'elle est enseignée dans tous les établissemens d'enseignement mutuel.

Pour ce qui est de la lecture, les ardoises effacées, d'après les signes dont nous avons parlé, et les moniteurs étant au bout de la table avec leur tiroir, reprennent les crayons et tampons, reportent les tiroirs à leur place et se placent ensuite droit sur leurs bancs près les télégraphes de leur classe : au coup de sonnette, tous les élèves mettent les mains sur les genoux..

Le moniteur-général demande à la deuxième classe si tous les crayons sont dans sa boîte, en lui faisant cette question : *combien?* S'ils y sont tous, il répond : *tant, complet;* s'il lui en manque, il dit : *tant, manque tant.* On fait les mêmes questions à la deuxième, troisième, etc.; ils répondent tous ainsi qu'il vient d'être dit, etc.

Cet exercice fini, le moniteur-général dit : *attention pour sortir des bancs!* les élèves le regardent fixement; le moniteur-général élève les bras d'un mouvement brusque; les élèves mettent tous à la fois et ensemble une main sur la table derrière eux, l'autre sur la table où ils doivent écrire, en tournant la face du côté de leur moniteur ou de leur télégraphe, et sortent une jambe du banc où ils étaient assis, savoir : la jambe droite, si le télégraphe était à leur droite quand ils étaient assis; et la jambe gauche si le télégraphe était placé à leur gauche.

Le moniteur, de plus en plus, élève les bras et fait un mouvement du corps en s'élevant sur ses pieds; les élèves, à ce dernier signal, sortent entièrement du banc, se mettent debout, les deux pieds entre le banc où ils étaient assis et la table qui était derrière eux; ils font face, comme nous l'avons dit, au télégraphe de leur classe, et présentent le côté gauche au maître et au moniteur-général qui sont sur l'estrade, si le télégraphe était à leur droite quand ils étaient assis; et leur droite si le télégraphe était à gauche. Les moniteurs de chaque classe, qui sont droits sur les bancs près le télégraphe, retournent chacun leur télégraphe de manière que les numéros fassent face à l'entrée de chaque classe, afin que les élèves voient dans quelles classes ils doivent entrer au commandement qui va suivre.

Le moniteur-général dit : *toutes les classes en classe de lecture!* alors toutes les classes sortent d'entre les tables et bancs, les élèves de la première classe les premiers, ceux de la deuxième les seconds, ainsi de suite des autres classes, et passant vers leurs télégraphes, viennent ensuite devant l'estrade du maître dans le même ordre, toujours les élèves de la huitième classe les derniers; rentrent ensuite entre les tables et bancs par le côté opposé au télégraphe dans la classe d'écriture correspondant à celle de lecture, suivant leur force (ce qu'ils voient au numéro du télégraphe, tourné vis-à-vis de leur entrée.)

On trouvera peut-être cet exercice inutile : on ferait erreur, et on s'en convaincra en réfléchissant qu'un enfant peut être de première classe à l'écriture et de huitième à la lecture, suivant comme il a été commencé ou suivant sa facilité ou conception pour l'un ou l'autre exercice; cet exercice est donc très-nécessaire pour éviter la confusion et pour avoir les élèves de même force en lecture.

Cet exercice fait, le moniteur-général vient pour choisir les moniteurs particuliers pour la lecture; il les choisit dans les septième et huitième classes; il choisit d'abord le moniteur de la première classe, ensuite celui de la deuxième, ainsi de suite; les moniteurs choisis viennent par ordre et passent devant l'estrade du maître, savoir : le moniteur de la première classe le premier, celui de la seconde le second, etc., de manière que celui de la huitième est le dernier qui passe devant l'estrade du maître.

Les moniteurs de lecture s'arrêtent aussitôt que celui de la huitième a outre-passé l'estrade du maître; alors ils font tous un demi-tour pour repasser devant l'estrade du maître; le moniteur de la huitième se trouve de cette manière le premier; le moniteur-général lui donne un bâton; il en fait autant au septième, ainsi de suite jusqu'au premier, à mesure qu'ils passent devant lui; chaque moniteur va se rendre à la classe qu'il doit faire lire, se place en tête de cette classe vers le télégraphe.

Le moniteur-général commande : *toutes les classes au cercle de lecture!* alors le moniteur de la première classe ouvre la marche, les élèves de cette classe le suivent; immédiatement après que le dernier élève de la première est sorti d'entre les bancs, le moniteur de la deuxième suit, ainsi que les élèves de sa classe; il en est de même des autres classes : tous les élèves et moniteurs passent devant l'estrade du maître, au pas, en bon ordre et en silence; aussitôt que le maître aperçoit que chaque classe est arrivée devant le cercle où elle doit lire, il donne un coup de sifflet; alors les élèves s'arrêtent et cessent d'être en mouvement. Les moniteurs d'écriture, qui ont resté droit sur les bancs, descendent au coup de sifflet qui a été donné pour faire arrêter la marche de ceux qui sont vers les cercles; ils descendent, disons-nous, des bancs, en tournant le dos au télégraphe, et vont jusqu'au bout du banc et se tournent sur le côté ou flanc qui doit les conduire au-devant de l'estrade du maître devant lequel ils doivent lire; si quelques-uns d'entre eux ne sont point assez forts pour lire dans les livres (car ceux qui lisent devant l'estrade du maître doivent être les plus avancés dans la lecture), ils vont de suite joindre le cercle de leur force; il en est de même de ceux de la huitième classe qui doivent lire dans les livres.

La lecture comprend trois exercices :

PREMIER EXERCICE DE LECTURE.

Le maître, pour faire commencer la lecture, donne deux coups de sifflet : c'est alors que les élèves se placent autour du cercle de lecture (le moniteur se met en dedans du cercle). Ceux qui doivent lire devant l'estrade du maître se mettent aussi en ordre autour du moniteur-général qui doit les faire lire.

La première classe lit toutes les lettres de l'alphabet une à une, et dans toutes les formes, grandes et petites.

La deuxième classe, au premier exercice, lit deux lettres en épelant; supposant les élèves de cette classe huit au peloton, ils auront par exemple à lire *ba, be, bi, bo*, etc.; le moniteur désignera avec son bâton le petit mot à lire, en disant d'une seule énonciation de voix, par exemple, *ba:* l'élève le plus près de lui dira *b*, le deuxième *a;* ce dernier assemblera ensuite les deux lettres par une seule énonciation de voix, *ba;* le moniteur désignera ensuite au troisième élève le mot *be*, en le prononçant comme il vient d'être dit; ce troisième élève dira *b*, le quatrième *e, be;* le cinquième *b*, le sixième *i, bi*; le septième *b*, le huitième *o, bo*, etc.; de la même manière se liront les tableaux de la deuxième classe, desquels tableaux nous avons parlé dans la partie de l'écriture.

Les tableaux pour la lecture sont les mêmes pour les deuxième, troisième et quatrième classes, que pour l'écriture : c'est différent pour les autres classes; pour la cinquième classe, je fais néanmoins lire sans épellation les tableaux dont j'ai parlé à la cinquième classe d'écriture, à cause de la prononciation. Quand ces tableaux sont connus, on fait lire aux enfans des tableaux faits pour la cinquième classe, contenant des proverbes, comme *qui don-ne vi-te, don-ne deux fois;* ce sont des mots d'une ou de deux syllabes, mais les syllabes sont séparées dans les tableaux pour donner de la facilité à l'enfant; dans cette classe, l'élève n'épelle point, il lit les syllabes entières; il lit ces tableaux comme ils sont écrits, les syllabes séparées. (Huit tableaux sont destinés pour cette classe.)

La sixième classe a treize tableaux de sentences : la lecture s'en fait sans épeler; les syllabes sont néanmoins séparées de manière à les diviser, mais elles ont moins de distance entre elles que les mots; les syllabes qui composent les mots sont séparées et unies par un trait d'union - (il en est de même pour la cinquième), comme *de la pros-pé-ri-té tu es tom-bé dans*, etc. La plupart des mots dans la sixième ne sont presque composés que d'une syllabe.

Pour la septième, la plus grande partie des mots sont de trois syllabes : ce sont des phrases de l'Ancien-Testament, des maximes de saint Jacques et de saint Paul, etc., en onze tableaux ; les phrases sont séparées par des numéros.

Enfin, la huitième classe comprend des phrases composées de mots polysyllabes ; les syllabes ne sont point séparées : ce sont des chapitres de la Genèse, des exordes, etc., dont les phrases sont divisées par numéros.

La lecture pour les cinquième, sixième, septième et huitième classes, a lieu ainsi qu'il suit : le premier élève de chaque classe lit la première phrase du tableau de sa classe ; le second, la seconde phrase, ainsi de suite ; quand le dernier a lu, le premier recommence, etc. On continue de même jusqu'à la fin du premier exercice de lecture : bien entendu que celui qui dit mal cède sa place à celui qui le reprend ; s'il lui est inférieur au cercle de lecture pour la place, le premier cède sa place au second si ce dernier le reprend, ainsi de suite.

DEUXIÈME EXERCICE DE LECTURE.

Le maître, pour faire changer d'exercice et passer au deuxième, donne deux coups de sifflet. Ce dernier exercice se fait ainsi :

Les élèves de la première classe continuent de lire toutes les lettres de l'alphabet, etc. Si le premier ne dit pas bien, le moniteur demande au second quelle est la lettre ; si ce dernier ne répond pas juste, il demande au troisième, ainsi de suite ; celui qui dit bien prendra la place de celui ou de ceux qui auront mal dit ; par exemple : si le premier, le troisième, le quatrième, n'ont point lu comme il faut, et que le cinquième réponde bien, il prend la place du premier, le premier devient second, le second devient troisième, le troisième devient quatrième, et ce dernier devient cinquième ; ou, pour mieux dire, ils descendent tous d'une place, etc.; il en est de même pour les deuxième et troisième exercices; l'émulation et l'attention naissent de la récompense et de la punition par le changement de place.

La deuxième classe lit sans épeler : le premier *ba*, le second *be*, le troisième *bé*, etc.; celui qui ne dit pas bien perd sa place et la cède à celui qui le reprend, ainsi que nous venons de le dire pour la première classe.

La troisième classe lit de la même manière et d'une seule énonciation de voix, des syllabes de trois lettres; enfin, elle lira dans tous les tableaux qui ont servi à l'écriture de la troisième classe. L'exercice et le changement de place se suivent comme à la première et à la deuxième classes.

La quatrième classe lira de la même manière les syllabes de quatre lettres qu'elle a épelées dans le premier exercice, et qui ont été écrites et dictées à la quatrième classe d'écriture, comme *blan*, *blou*, etc.

Pour les élèves qui sont de la cinquième classe et qui en seraient encore aux mots isolés contenus dans les tableaux orthographiques des notations complexes, tels que *chat*, *rat*, *bâton*, *œuf*, etc., mots que l'énonciation du tableau donne comme propres à chacun des élémens de la langue française; ces mots, dis-je, continuent de se lire comme au premier exercice.

Pour les enfans qui connaissent parfaitement ces derniers tableaux, et qui ont passé à ceux des phrases entières, ainsi que la sixième, la septième et la huitième classe, ils disent de mémoire les derniers mots de chaque sentence ou proverbe contenu dans les tableaux qu'ils ont lus au premier exercice, etc., etc. Par exemple, pour la cinquième, le moniteur, pour le proverbe *qui dort dîne*, lit seulement *qui dort :* l'élève répond, *dîne;* s'il se trompe, ou s'il ne peut répondre, son condisciple, qui le reprend, prend sa place, etc.

Bien entendu que, dans tous les exercices, l'élève prête toute son attention, pour être prêt à reprendre celui qui dit mal, et prendre sa place s'il reprend bien.

TROISIÈME ET DERNIER EXERCICE DE LECTURE.

Le maître, pour faire cesser le deuxième exercice de lecture, et commencer le troisième, donne trois coups de sifflet.

La première classe continue de lire les lettres; elle ne peut et ne doit changer d'exercice; elle lit de la même manière dans les trois exercices.

Pour la deuxième classe, le moniteur étant dans le cercle, tourne le dos au mur, prend le tableau à la main, le place de manière qu'aucun des élèves ne puisse voir sur son tableau, et leur fait dire l'orthographe des syllabes contenues dans son tableau, et dit, supposons *ba*; le premier élève répète *ba*, le deuxième dit *b*, le troisième *a*, et ensuite d'une seule énonciation de voix, le même élève dit, *ba*; le moniteur dit au quatrième *be*, celui-ci répète *be*, le cinquième *b*, le sixième *e*, *be*, ainsi de suite; celui qui dit mal perd sa place, celui qui reprend monte d'une place ou de plusieurs, s'il a repris un ou plusieurs de ses camarades.

La troisième classe, même exercice que la précédente pour trois lettres; le premier dit *bla*, le deuxième *b*, le troisième *l*, le quatrième *a*, bla, ainsi de suite pour tous les mots contenus dans les tableaux de cette classe.

La quatrième classe exerce comme la deuxième; supposons le mot blanc; le premier dit, *blan*, le deuxième *b*, le troisième *l*, le quatrième *a*, le cinquième, blan, etc.

A la cinquième classe on fait le même exercice sur les mots significatifs d'une seule syllabe, qui sont contenus dans les cinq tableaux d'écriture de la même classe. Le moniteur de cette classe dit, par exemple, *chat*; le premier élève répète le mot (chat), le deuxième dit la première lettre *c*, le troisième *h*, le quatrième *a*, et le cinquième *t*, et dit ensuite d'une seule énonciation de voix, *chat*.

La sixième, des mots de deux syllabes (qui sont contenus dans les tableaux de dictée de la même classe). Supposons sermon; le premier dit, *sermon*; le second dit d'une seule énonciation de voix la première syllabe *ser*, le troisième la deuxième syllabe *mon*, et dit tout d'un mot sermon; ensuite on dit l'orthographe du mot. Le quatrième dit, *s*, le cinquième *e*, le sixième *r*, *ser*, le septième la première lettre de la deuxième syllabe, *m*, le huitième *o*, et le neuvième *n*, *on*, sermon, etc. Il en est ainsi de tous les mots contenus dans les tableaux syllabaires qui renferment des mots détachés qui ont servi pour la dictée lors de l'exercice d'écriture.

La septième classe dit l'orthographe des mots de trois syllabes, contenus dans les tableaux syllabaires de la même classe, pour l'écriture, comme imbibé; le premier dit, *imbibé*; le deuxième *im*, le troisième *bi*, le quatrième *bé*, *imbibé*; le cinquième dit, *i*, le sixième *m*, *im*, le sixième *b*, le septième *i*, *bi*, le neuvième *b*, le premier *é*, *bé*, *imbibé*, etc., etc.

La huitième classe dit des mots de quatre syllabes ou plus; le moniteur dit, par exemple, *microscope;* le premier répète *microscope;* le deuxième *mi*, le troisième *cros*, le quatrième *co*, et le cinquième *pe*, microscope; le sixième la première lettre du mot *m*, le septième *i*, *mi*, le huitième *c*, le neuvième *r*, le premier *o*, le deuxième *s*, *cros*, le troisième *c*, le quatrième *o*, *co*, le cinquième *p*, le sixième *e*, *pe*, microscope.

Il est à remarquer que, dans toutes les classes de lecture, excepté pour la première, on se sert, pour le troisième exercice, des tableaux qui ont servi à l'écriture; que pour la lecture, il s'agit, ainsi qu'on vient de le voir pour les classes cinquième, sixième, septième et huitième, de lire au premier exercice les mots ou phrases, sans épellation; au deuxième exercice, de dire de mémoire les derniers mots des phrases ou des proverbes que le moniteur de chaque classe lit à haute voix; qu'enfin, pour le troisième exercice, on dit aussi de mémoire les syllabes et les lettres dont les mots sont composés; que l'élève qui dit mal est repris par son camarade qui se met à sa place; que pour les trois basses classes, deuxième, troisième et quatrième, au premier exercice on épelle les syllabes de deux, trois et quatre lettres; qu'au second exercice, chaque élève dit d'une seule énonciation de voix chaque syllabe, et qu'enfin, au troisième exercice, on dit de mémoire les lettres dont ces mêmes syllabes sont composées.

Enfin, comme on l'a vu, la première classe ne faisant que nommer les lettres, ne change point d'exercice.

Les moniteurs ou autres élèves qui lisent aux livres, se reprennent les uns et les autres dans les deux premiers exercices; celui qui lit mal cède sa place à celui qui le reprend : le troisième exercice est le même que celui de la huitième classe; le moniteur cherche dans le livre de lecture le mot le plus considérable en syllabes et en lettres, et le fait dire en syllabe et en épellation de mémoire, comme aux autres classes.

Je conseillerais encore de faire dire aux élèves (en excitant leur émulation et leur attention par les récompenses) de combien de mots est composée une phrase de plusieurs mots difficiles à écrire; celui qui dit le mieux passe le premier ou avant celui qui a mal dit; leur demander ensuite combien il y a de syllabes dans les mêmes mots donnés. Cet exercice m'a prouvé, à la suite de nombreuses expériences, que c'était le moyen le plus sûr d'apprendre aux élèves l'orthographe d'usage, de leur faire distinguer tous les mots, de savoir où se mettent les apostrophes, de quoi elles tiennent la place; par exemple, *c'est la fleur d'orange qui a, de toutes les fleurs, l'odeur la plus agréable.* J'ai été très-satisfait de ces sortes d'exercices, surtout par l'attention et le plaisir qu'avait chaque élève à bien dire.

La lecture terminée, le maître donne un coup de sifflet, tous les élèves se mettent sur un rang; les moniteurs sont aussi dans les rangs, à la tête des élèves de leur classe; les élèves ont le dos tourné aux murs; savoir : les moniteurs dans le même ordre de leur arrivée aux cercles de lecture, et les élèves, suivant les places qu'ils ont gagnées ou perdues dans les trois exercices; les moniteurs ont eu le soin de prendre note de ceux qui ont eu des distractions, qui se sont mal conduits, pour rendre compte du tout à la fin de la classe.

A un coup de sonnette, chaque moniteur fait deux pas en avant avec l'élève de sa classe qui est resté ou devenu le premier; le maître ou le moniteur-général passe, et leur donne de petits billets que l'on nomme bons points; au coup de sonnette, chaque moniteur et élève récompensé rentre dans les rangs.

Les moniteurs d'écriture qui ont lu au-devant de l'estrade, ou qui se trouvent dans diverses classes, retournent dans leurs bancs, montent droits dessus, et tiennent chaque télégraphe tourné de manière qu'ils indiquent aux élèves le numéro de la classe où ils doivent rentrer pour l'écriture arithmétique.

Le moniteur-général dit : *toutes les classes! en classe arithmétique;* alors les élèves tournent le dos à l'estrade du maître, les élèves de la première classe toujours en tête; ceux de la seconde suivent, ainsi de suite pour chaque classe; les élèves vont aux bancs d'arithmétique, en passant devant l'entrée de la huitième; ceux qui sont de cette classe pour l'arithmétique, y entrent, ainsi de suite pour chaque classe, jusqu'à la première, qui est la première d'arithmétique.

Les élèves de la première classe entrent dans leur classe d'écriture (sable), les moniteurs de lecture viennent déposer leurs bâtons devant l'estrade du maître, et vont prendre rang dans la classe d'arithmétique de leur force; les moniteurs d'écriture sont ordinairement ceux d'arithmétique.

Avant de passer à l'arithmétique, je ferai quelques réflexions sur l'art de la lecture : ces réflexions me serviront de prospectus pour l'ouvrage que je vais mettre sous presse sous le titre de *Nouveau Cours de lecture*, au moyen duquel, procédant de la synthèse à l'analyse, on apprend à lire aux élèves (par des figures analogues), des mots entiers, ensuite les syllabes dont ces mots sont composés, enfin, les sons et articulations composant ces mêmes mots.

Le Cours complet d'enseignement mutuel, qui s'imprime en ce moment, est rédigé depuis près de deux ans : je n'avais, comme on le voit, rien dit sur l'art de la lecture; je m'étais contenté, comme admirateur de l'enseignement mutuel, de suivre dans mon travail la manière d'enseigner dans tous les établissemens de ce genre. Émerveillé des progrès rapides que faisaient les élèves, du peu de temps qu'ils employaient pour pratiquer cet art (huit mois, peu plus), je ne me suis occupé que de rédiger mon ouvrage ainsi; et comme j'avais vu enseigner, j'ai, depuis deux ans, suivi dans mon pensionnat l'enseignement mutuel appliqué à l'ancienne manière de lire; mais réfléchissant que l'enseignement mutuel n'était point une méthode d'instruction, mais seulement des exercices qui, appliqués à une méthode quelconque de lecture, rendaient cette méthode plus active, plus insinuante, donnaient du goût et de l'attention à l'élève pour apprendre avec plaisir et émulation ce qui lui était enseigné, ou plutôt que la méthode de lecture la plus mauvaise devenait un chef-d'œuvre dans les mains d'un professeur par l'enseignement mutuel; ces réflexions m'ont amené à examiner scrupuleusement ce dont tous mes tableaux de lecture étaient composés jusqu'à la cinquième classe, ou plutôt dans les quatre premières classes. J'ai suivi de près mes élèves; j'ai vu que malgré l'enseignement mutuel les anciennes méthodes de lecture, bien loin d'inspirer à l'enfant le désir de s'instruire, n'étaient propres qu'à le dégoûter, le rebuter; que c'était pourquoi, sans l'enseignement mutuel, 1° les élèves des autres écoles ne peuvent et ne pouvaient apprendre à lire qu'après deux ou trois ans d'instruction; 2° que beaucoup de personnes n'avaient jamais pu apprendre à lire; 3° que les enfans n'entraient dans les classes qu'en y apportant l'horreur du travail, etc.

En effet, comment vouloir qu'un enfant, ni même une grande personne, pût apprendre avec goût et plaisir, sans l'enseignement mutuel, la connaissance des lettres, des tableaux de *ba, be, bé, bè, bi, bo, bu*, etc.; *ca, ce, ci, co, cu*, etc.; ceux de *bla, ble, bli, blo, blu*, etc.; *stra, stre, stri, stro, stru*, etc.?

J'ai pensé qu'il était possible de trouver un moyen sûr d'enseigner l'art de la lecture, et qu'au lieu de dire, comme M. Duclos et beaucoup d'autres : « Celui-là sait le plus difficile de tous les arts, qui sait lire, » on dira, j'espère, désormais avec moi, que l'art de lire est le plus facile de tous les arts, le plus agréable et le plus récréatif.

J'ai pensé, dis-je, qu'il était possible de trouver des moyens sûrs et expéditifs pour enseigner agréablement l'art de lire aux enfans comme aux grandes personnes; j'ai dit en moi: procédons le plus simplement et le plus naturellement possible; partons du composé au simple, et non du simple au composé; faisons connaître à nos élèves les objets physiquement, avant de leur enseigner les parties qui composent ces mêmes objets; la nature nous montre d'abord les objets composés, ou plutôt nous les voyons en entier et non dans leurs parties, sans quoi nous ne pourrions les percevoir. Par exemple, si nous voyons un bœuf, nous le percevons comme une masse agissante, abstraction faite de ses qualités et de ses parties; voilà notre première idée : voulons-nous former un jugement? nous dirons par exemple, voilà un bœuf rouge, blanc, gros, etc. Nous ne le voyons d'abord que dans sa forme, ensuite dans ses qualités, et non dans ses parties. Si, pour nous apprendre ce que c'est qu'un bœuf, on nous enseignait d'abord à le disséquer dans toutes ses parties; si l'on nous apprenait la myologie, l'angéologie, la névrologie, la splanchnologie, enfin l'ostéologie fraîche et sèche qui composent cet animal, et qu'après deux ans au moins d'étude on vînt nous dire : Toutes les parties que vous avez étudiées de l'animal disséqué formaient l'ensemble d'un bœuf : si on en faisait autant pour tous les objets physiques, quel temps faudrait-il pour nous faire connaître les choses les plus simples? Que dirait-on d'un homme qui voudrait nous enseigner une pareille doctrine? Certainement nous le regarderions comme un insensé; nous refuserions de l'entendre; nous ne voudrions assister à aucune de ses leçons.

Eh bien! tout ce que je viens de dire se pratique cependant pour la lecture : on va de l'analyse à la synthèse. Pour nous apprendre à lire un mot quelconque, nous étions obligés, comme on l'est encore, de passer deux ans sur les bancs des écoles, et encore beaucoup ne parvenaient-ils pas à apprendre à lire; on allait contre les règles de la saine logique, contre ce que nous enseignons par les mathématiques : on marchait de l'inconnu au connu; on faisait apprendre de quoi était composé un mot avant de faire lire ce même mot; il fallait donc que l'enfant, avant de savoir lire, connût la combinaison par épellation ou par lettre, ensuite par syllabe ou par son de tous les mots les plus difficiles; il fallait donc lui fatiguer la mémoire des objets les plus insignifians, des sons les plus ridicules, avant de lui faire lire un mot qui eût un sens et qui le reposât de ses fatigues.

Après de mûres réflexions, désireux de bien mériter de ma patrie, de mes concitoyens; enfin, désireux de donner un nom à mon établissement, je me suis creusé l'imagination pour trouver ce que je cherchais avec tant de désir, tant de soins, tant de sollicitudes.

Je me suis dit : Quand on apprend à parler à un enfant dans la plus tendre jeunesse, lui apprend-on la prononciation ou la connaissance mentale des parties des mots? Non, sans doute. Que lui apprend-on donc? les mots entiers, qui ont un sens, qui ont un attrait pour lui, lesquels mots sont suivis d'une action de notre part, qui lui désigne la chose que nous lui nommons. Lui offrons-nous un biscuit ou toute autre chose, nous le lui nommons en le lui donnant; l'enfant apprend par ce moyen facilement à parler et en peu de temps; il donne non-seulement seul les noms à tous les objets qui lui ont plu, desquels il a fait sa nourriture, mais encore il lie plusieurs idées ensemble, dont il forme un jugement et tient bientôt une petite conversation, etc.

Si nous apprenons ainsi à parler, et en peu de temps, à un enfant qui est encore absorbé dans la matière, qui se sent du néant d'où il est sorti, qui, pour ainsi dire, n'a aucune sensation; pourquoi, par la même raison, n'apprendrions-nous pas à lire, et par les mêmes moyens, à un enfant qui est déjà développé, dont l'entendement s'est fait jour au travers du voile épais qui lui cachait son existence et toutes les beautés de la nature? Suivons les mêmes moyens, me disais-je, et nous arriverons sûrement et heureusement, sans doute, à apprendre à un enfant et à toute personne à lire avec plaisir; nous lui ferons de cet art un besoin naturel, qu'il cherchera à satisfaire comme tous les autres besoins les plus nécessaires à son existence.

Je suis parti de ces réflexions; j'ai trouvé près de moi un dessin assez bien fait, représentant un âne, qui n'était chargé que de son bât. Je me suis dit alors : l'enfant de trois ans, même sans que je le lui dise, en voyant ce dessin, me dira de suite : ce dessin représente un âne; partant de là, j'ai projeté d'écrire dessous les mots, *âne bâté;* c'est-à-dire, je me suis proposé d'appliquer et coller des lettres d'impression sous ce beau dessin; je décomposerai ces mots comme ils doivent être décomposés, et je tâcherai de faire sentir comment, en connaissant le mot et les syllabes de ce mot, différentes lettres consonnes se joignent aux voyelles pour former avec elles des syllabes. Je me suis amusé à découper des lettres d'impression pour former les mots, syllabes, sons et articulations, pour opérer suivant mon dessin. J'ai formé les trois lignes suivantes :

âne bâté,
â-ne bâ-té,
â-n-e b-â t-é.

J'ai pris un de mes nouveaux élèves qui ne connaissait ni A ni B ; en moins de cinq minutes il a su lire, non-seulement les deux mots d'*âne bâté*, mais encore il a appris à connaître les syllabes *â-ne bâ-té;* et en le faisant traîner avec intention et longuement sur la liaison entre la lettre *n* et la lettre *e*, formant à la seconde ligne la syllabe *ne*, et en en faisant autant pour les trois autres syllabes des deux mots, l'enfant a appris non-seulement les liaisons de *n* avec *e*, de *b* avec *â*, et de *t* avec *é*, mais encore il a appris à connaître parfaitement les lettres *â*, *n*, *b*, *e*, *t*, *é* et *u*, quoique ne sachant pas le nom des consonnes; ainsi, par ce seul exercice, l'enfant a appris deux mots, quatre syllabes, quatre voyelles ou sons, et les syllabes qui formaient la liaison des consonnes *n*, *b* et *t* avec *e*, *â* et *é*.

Pour me convaincre si mon élève connaissait parfaitement ce que je croyais lui avoir enseigné, j'ai écrit les mêmes mots derrière le dessin, en lettres d'impression; l'enfant, à ma grande satisfaction, a lu les mêmes mots, syllabes, et décomposition de syllabes, quoiqu'il n'eût plus devant les yeux le dessin représentant l'âne bâté.

Avant de mettre en action pour mes élèves (qui en sont aux

premiers élémens de lecture) les différentes figures ou dessins que je pouvais me procurer ou que j'avais sous la main, j'ai acheté une grande partie des ouvrages qui traitent de l'art de la lecture; je les ai tous lus. Je vais parler de quelques-uns le plus analytiquement possible. Je ne dirai rien des dés de Cherrier, ni des hiéroglyphes de Vallange, ni du pavé des classes, ni des boules à facettes de Loke, ni des murs écrits de Philipon, ni du système d'Arnaud, ni des fiches de Peluche, ni des orgues de François, ni des écrans percés, ni du miroir de la nature par Basedow et de Wolke, ni enfin de la méthode pratique : toutes ces méthodes tendent toutes au même but; par ces méthodes, on commence toujours à enseigner à l'élève les lettres, ensuite les syllabes, enfin les mots; elles partent toutes de la partie pour en venir au tout.

Je ne parlerai donc que de cinq méthodes dans lesquelles j'ai trouvé d'assez bonnes choses; je dirai sans partialité tout ce que j'y ai vu de bon; je condamnerai de même tout ce que j'y aurai trouvé de mauvais.

Je commencerai par les vrais principes de Viard, refaits, revus, corrigés, et augmentés par M. P.-J.-F. Luneau de Bois-Germain, homme plein de sens, plein d'esprit, de génie et de talens, connu par ses traductions interlinéaires dans ses cours sur les langues latine, italienne et anglaise; ces vrais principes de lecture, d'orthographe et de prononciation divisés en trois parties, ne peuvent être utiles qu'aux maîtres, et ne doivent point être mis entre les mains des enfans, ni même des grandes personnes non-lettrées, à plus forte raison dans les mains de ceux qui ne savent pas lire; cet ouvrage n'est point à leur portée; et en suivant ce qui y est enseigné, l'on demeurerait toujours plus de deux ans pour enseigner à lire à un enfant ayant même de grandes facilités.

Je passerai aux quatre autres ouvrages, enseignant la lecture au moyen de figures. Le 1er est le Quadrille des Enfans, par Berthaud, que Defontaine appelle, dit-on, la *Pierre philosophale des enfans*. Ce livre est composé de cent vingt pages, ornées de quatre-vingt-quatre dessins ou figures différentes, très-mal faites, au moyen desquelles on a cru enseigner la lecture par les sons ou finales de chaque mot, ou finales des noms des objets représentés. Pour apprendre à connaître la voyelle *i*, on a dessiné tant bien que mal un lit.

Le maître dit à l'enfant : *lit, i*. Pour enseigner l'*a* et l'*u*, on leur fait voir pour l'*a*, un chat dessiné ; le maître dit : *chat*, *a* : et pour l'*u*, on a représenté un bossu ; le maître dit à l'élève : *bossu*, *u*. Sur le dessin de la lune, le maître dit *lune;* l'enfant dit *une*.

Le maître a des fiches ; sur une face de chacune est collée une des figures dont j'ai parlé ; de l'autre le son final du mot désignant le nom de la figure qui est au revers de chaque fiche ; par exemple, en lui montrant les trois lettres imprimées *une*, on lui fera dire la lune ; en lui faisant voir *i*, on lui fera prononcer le mot *lit*, etc., etc., etc. Quand l'enfant sera bien accoutumé, dit-il, à tous les sons ainsi qu'aux figures, on lui fera dire tout bas, la lune, et tout haut, une, etc., etc.

Quand il connaîtra toutes les figures et sons, on le fera passer aux syllabes, *chune, chi, cha*, *chu*, *chemme*. Pour le préparer à ces exercices on cachera, par une fiche la consonne de l'autre son qui y est joint ; par exemple : *ch*, de *une*, etc., etc., ainsi de suite.

Voilà cette fameuse méthode si vantée par M. Defontaine, qui ne peut être employée qu'individuellement, qui est en outre créée contre nature, puisque l'on apprend un son représentant une voyelle ou un son formé de plusieurs lettres ; puisque l'on apprend enfin toutes les parties d'un tout, une à une, pour donner la connaissance un jour de ce tout ; et qu'enfin ce tout, quoiqu'en figure et en écrit, n'est pas même sur-le-champ enseigné, puisque dans le mot *lune* on ne fait apprendre à l'enfant que la désinence *une*, et non les deux syllabes *lu-ne*, et encore moins le mot entier *lune*.

Cette méthode est d'autant plus vicieuse que les articulations et les difficultés de la langue, telles que la liaison d'une ou de plusieurs consonnes avec les voyelles, ne sont en aucune manière enseignées par les figures, et qu'enfin, si toutefois par cette méthode l'enfant pouvait apprendre à lire en deux ans, ce que je ne crois pas, il prononcerait toujours mal, puisque la division des syllabes ne lui aurait jamais été enseignée. Cette méthode, quoiqu'un peu plus expéditive que l'ancienne méthode sans figure, ne doit donc point être préférée à cette dernière.

Nous ne dirons qu'un mot des échos de Daubenton : c'est à peu près la même chose que le quadrille des enfans; le maître fait dire à l'élève, en lui montrant un bas dessiné, *bas, a*, etc.

Passons maintenant à un petit ouvrage appelé l'*Alphabet ingénieux*. Nous y voyons des figures très-bien dessinées, assez bien choisies; mais malheureusement chaque figure n'est employée que pour enseigner une lettre, un son. Il se sert de la figure *alouette* pour enseigner *a, acc, af, age, ai, aire*. Avec le dessin représentant *cheval*, il enseigne *cha-cun, cha-griner, chi-rur-gie*. Avec le *Phénix*, *Pho-ci-on*, *pha-re*. Enfin, il se sert de l'*oie* pour enseigner *an-chois*, *bi-voie*, etc., etc., etc. On voit donc que cet auteur n'a pour lui que de beaux dessins; qu'il n'a pas su mettre ses figures en jeu; qu'enfin cet ouvrage a le défaut des précédens.

Passons maintenant au *Mécanisme des Mots de la Langue française*, par M. Pain. Cet ouvrage est très-instructif; son auteur est un homme de mérite, qui doit être considéré comme habile dans l'art de l'enseignement. Tous les rapports faits en faveur de l'ouvrage de M. Pain sont un témoignage flatteur pour lui, et le récompensent de ses immenses travaux : les enfans, les femmes, les étrangers, les instituteurs même trouvent, dans les tableaux et dans l'ouvrage de M. Pain, tout ce qui est nécessaire pour apprendre parfaitement à bien lire et à bien écrire notre langue; enfin, tout ce qui est nécessaire pour aplanir les difficultés qui existent entre la langue parlée et la langue écrite. Il a grandement raison quand il nous dit que, pour réussir dans l'étude des langues, il faut réunir les exemples aux principes, et les écrire; que ce dernier moyen est très-efficace. C'est avec soixante-dix figures qu'il entend enseigner tous les sons simples, doubles, et les articulations de la langue française, et amener l'enfant à lire en peu de temps. Cet ouvrage, comme nous venons de le dire, est excellent : il est sans doute le meilleur de tous ceux qui ont paru jusqu'à ce jour; mais, on me permettra de le dire, M. Pain n'a pas su tirer parti de ses talens pour enseigner promptement la lecture. Il n'emploie les figures que pour les sons simples, doubles et articulations : au lieu de faire partir l'enfant du connu à l'inconnu, du tout à ses parties, il fait le contraire; il enseigne d'abord l'inconnu pour arriver au connu; il enseigne les parties d'un tout, ou de plusieurs tout, avant de faire connaître ce tout. Par exemple, sa première figure représente un père ayant son enfant sur ses genoux; il lui fait dire *papa;* il donne un sens métaphysique à sa figure, au lieu de chercher une expression physique : enfin, le mot *papa* est écrit sous cette figure pour apprendre à l'enfant à connaître la voyelle *a*. Pour lui apprendre la lettre *é*, il écrit *dé* sous le dessin représentant un dé à jouer; pour apprendre la syllabe ou le son *ou*, il écrit *chou, ou.*

M. Pain, au moyen de sa figure sous laquelle il a écrit *papa*, aurait appris à l'enfant plus facilement à connaître la lettre *a*, s'il lui eût d'abord appris à lire le mot *papa*, ensuite par syllabe *pa-pa*, ensuite par séparation de lettres et par suspension de prononciation : l'enfant aurait su d'abord le mot entier *papa*, les syllabes *pa-pa*, et les lettres *p* et *a*.

Je finirai donc cet article en disant, avec tous les connaisseurs, qu'à la faveur de la méthode de M. Pain, les enfans, les femmes, les étrangers, parviendront aisément et immanquablement à savoir l'orthographe; mais j'ajouterai que M. Pain aurait pu tirer un meilleur parti des figures qu'il a fait dessiner ou de toutes autres, et, qu'ainsi que je le démontrerai, on peut tracer une route plus sûre, plus expéditive et plus agréable, pour l'enseignement de la lecture.

Passons maintenant à un ouvrage plus récent; passons à l'ouvrage de M. Lemare, intitulé *Cours de Lecture*, au moyen duquel, dit-il, procédant du composé au simple, on apprend à lire des phrases, puis des mots, sans connaître ni syllabes ni lettres.

Suivons M. Lemare dans son chapitre Ier. L'auteur prétend que l'on peut apprendre à lire des phrases sans connaître ni mots, ni syllabes, ni lettres.

Il fonde sa proposition sur quatre phrases qu'il avait fait imprimer, lesquelles contenaient, savoir : la première, *fermez la porte;* la deuxième, *ouvrez la porte;* la troisième, *fermez la fenêtre;* la quatrième, *ouvrez la fenêtre.*

Il s'est servi, pour faire son expérience, de deux enfans, l'un sachant lire, et l'autre ne connaissant ni A ni B.

M. Lemare, sans proférer aucune parole, montrait les cartes une à une aux deux enfans. Celui qui savait lire, à l'exhibition de la carte, faisait ce qui y était indiqué; celui qui ne le savait pas, tâchait, en voyant la carte, de démêler ce qui y était écrit : la construction de la phrase écrite se gravait néanmoins dans sa pensée; car il répétait les actions de son camarade. L'auteur lisait ensuite à haute voix le contenu aux deux premières cartes, *ouvrez la porte, fermez la porte;* et, en quelque ordre qu'il les ait présentées, l'enfant qui n'avait jamais appris à lire ne se trompait point sur le contenu de chacune : donc, dit-il, cet enfant lisait véritablement. L'auteur a répété les mêmes expériences sur chacune des deux autres cartes; même résultat, etc., etc.; de sorte que, suivant ce qu'en dit M. Lemare, il aurait appris (en quelques minutes) quatre phrases à son élève.

Cependant M. Lemare ajoute que l'enfant n'avait lu qu'en masse, qu'il lui était impossible de distinguer les mots, et que, malgré des questions multipliées sur le mot *fermez* (par exemple) contenu dans la phrase *fermez la porte*, l'enfant disait toute la phrase *fermez la porte;* et en lui montrant le mot *porte* seulement, il disait aussi *fermez la porte :* donc, il n'avait lu qu'en masse.

M. Lemare, dans son chapitre III, nous dit une grande vérité. « Nous voyons (nous répète-t-il) d'abord un tout, et nous le distinguons d'un autre par une première analyse confuse; en tout nous procédons ainsi. Nous marchons, non point comme l'irréflexion et l'ignorance nous le répètent de temps immémorial, du simple au composé, mais du composé au moins composé. Commencer la lecture par faire connaître les lettres, c'est entièrement méconnaître la marche de l'esprit humain; c'est l'un des plus violens, des plus cruels renversemens de l'ordre naturel. »

« Notre voix est faible, ajoute-t-il ; mais les faits sont forts : les montrer dans tout leur jour, c'est être assuré de faire époque. »

Dans le chapitre IV, intitulé l'*Histoire de la Lecture*, M. Lemare s'explique ainsi : « J'étais sur le point, dit-il, de faire l'histoire de la lecture, lorsque l'on me l'a montrée toute faite dans un ouvrage intitulé *Méthode-pratique de Lecture*, par M. François de Neufchâteau, membre de l'Institut national, et alors ministre de l'intérieur. Au reste, l'histoire de la lecture jusqu'à ce jour se réduit à ceci : Dans toutes les méthodes on commence à montrer les lettres, des lettres on passe aux syllabes, des syllabes aux mots, des mots aux phrases. »

Il ajoute que la méthode qu'il a fondée ne part point de celles qui existent ; qu'elle s'ouvre une route nouvelle où, quant à présent, il marche seul avec la nature. Il dit cependant qu'en 1790 on a publié à Paris, suivant ce qu'en dit M. François de Neufchâteau, une *Nouvelle manière d'apprendre à lire aux Enfans, sans leur parler ni des lettres ni des syllabes.* Il est intéressant (fait-on dire à M. de Neufchâteau) de voir comment l'auteur étaie cette opinion singulière : cet auteur, qui a gardé l'anonyme, propose d'écrire, sur des morceaux de papier, *papa, maman, oiseau, mon frère, ma sœur, donnez-moi une plume.*

Et lorsque l'enfant sait lire quatre à cinq cents bulletins semblables, on commence par lui faire distinguer les syllabes, et puis on finit par les lettres dont les syllabes sont composées. « L'auteur, dit M. Lemare, n'organise rien, et surtout il ne donne aucun moyen pour faciliter la décomposition des mots en syllabes, et des syllabes en lettres. »

M. Lemare prétend qu'au moyen de ses quarante-une figures (sur lesquelles nous dirons un mot), on peut enseigner la lecture aux enfans ; il prétend enfin que, *montrer à lire par l'écriture, c'est renverser la marche naturelle, et condamner l'enfance à une double automatie.*

Nous ne nous étendrons pas davantage sur le contenu au *Cours de Lecture* de M. Lemare ; nous dirons que l'usage qu'il fait des quarante-une figures qu'il emploie dans son *Cours de Lecture* est contradictoire avec le titre même de son ouvrage; car au lieu d'enseigner au moyen de ses figures, ainsi que le dit le titre de son ouvrage, 1° les phrases, 2° les mots dont ces phrases sont composées, sans faire connaître ni syllabes ni lettres, il se sert au contraire de ces figures pour enseigner d'abord la connaissance des lettres indistinctement; ensuite, des syllabes *ce*, *ci*, *ge*, *gi*; les lettres réunies *ch*, *ph*, *gn*; les syllabes ou sons, *eu*, *o*, *au*, *eau*, *ai*; *ei*, *ou*, *oi*, *an*, *am*, *en*, *em*, *in*, *im*, *ain*, *on*, *om*, *un* (seulement). Pour enseigner les voyelles nasales *an*, *am*, *en*, *em*, il a fait dessiner un édifice au portail duquel il fait ressortir la tête d'un *âne*, qu'il faut faire remarquer aux élèves et crier *an*. Pour enseigner les sons *ei*, *ai*, il a fait dessiner une *haie*. Pour enseigner la lettre *a*, il fait crier *a* à un homme qui est représenté se heurtant le ventre à une branche d'arbre; il fait former à l'homme et à la branche tenant à un tronc la lettre A.

Il fait de là passer ses élèves à la lecture de quelques phrases sur *Adam* et *Eve*; chaque syllabe de chaque mot est divisée par un trait d'union.

EXEMPLE:

A-dam et È-ve :
È-ve
é-cou-ta le se-rpent,
A-dam
é-cou-ta È-ve, etc., etc.

La division des syllabes de M. Lemare est très-vicieuse. Dans le mot *serpent*, il divise son mot ainsi, *se-rpent;* le mot ainsi syllabé ne peut plus être prononcé comme dans son entier, *serpent*, *ser-pent:* en suivant cette division du mot par syllabe, on serait obligé de prononcer *se-repent*, *se-rpent*, ce qui est ridicule. J'approuve fortement la division des syllabes de M. Pain; je pense entièrement comme lui quand il dit que chaque syllabe ne forme qu'un son ; que si le doublement des consonnes, dans l'écriture, ne se fait point sentir dans la prononciation, les deux consonnes appartiennent à la syllabe suivante, comme dans *abattu, assassiné, annoncé :* les mots se divisent ainsi naturellement en syllabes, *a-ba-ttu*, *a-ssa-ssiné, a-nnon-cé.* Mais quand le redoublement des consonnes se trouve et dans l'écriture et dans la prononciation, on doit diviser les consonnes comme dans les mots suivans, par exemple, *écorcheur, amortir, raccourcir*, etc. ; on divise ainsi les syllabes, *é-cor-cheur, a-mor-tir, ra-ccour-cir, ab-sorbé, ad-mi-nis-tré, ac-cep-té, ac-ci-dent :* les doubles *cc*, dans *raccourcir,* suivent la deuxième syllabe et en font partie, parce que dans la prononciation on ne double point le *c*, on prononce le mot comme s'il n'y en avait qu'un.

M. Lemare critique avec justesse les noms donnés aux lettres de notre alphabet : il dit que l'on appelle la lettre *p ; pé ;* que celle *n* s'appelle *enne*, etc., etc. ; que si l'on veut que les noms des lettres se rapportent à la lecture, il faut qu'ils mentent le moins qu'il est possible, et qu'à la valeur de chaque lettre ils n'ajoutent que le *minimum* d'une valeur étrangère.

Qu'il est donc ridicule d'épeler ainsi, savoir, le mot *cheval, cé-ache-é-vé-a-elle !* Je pense comme lui ; j'ajoute que l'enfant ayant ainsi nommé les lettres, ne peut plus en former une syllabe, encore moins un mot ; car pour la syllabe *che*, l'enfant, en suivant le nom donné aux lettres, ne peut donner à cette syllabe que l'énonciation suivante, *céacheé ;* et pour la syllabe *val*, *véaelle.* (Ces deux énonciations sont au moins ridicules.)

Dans son *Instruction-pratique,* il dit que la nomenclature *be*, *fe, que,* pour les lettres *b*, *f, q,* est moins vicieuse ; que cependant il vaudrait mieux, par exemple, pour la syllabe *ba*, faire remarquer les deux signes *b* et *a*, sans faire entendre les noms des lettres.

M. Wailly et les meilleurs grammairiens nous disent que l'expérience confirme tous les jours que la prononciation *be, ce, de*, pour les lettres *b, c, d,* etc., facilite beaucoup la lecture aux enfans, en même temps qu'elle épargne bien des peines à ceux qui leur montrent à lire. Pour moi, je dis que cette prononciation ou les noms donnés aux lettres sont, il est vrai, moins vicieux, mais que cependant ils mettent encore l'élève dans de grands embarras. Supposons le mot *muscat :* l'enfant, se rappelant de la prononciation donnée aux lettres ou de leurs noms, ne pourrait prononcer ce mot qu'ainsi, *emmeuseceate.* On voit donc que lequel que ce soit des deux noms donnés précédemment à chaque lettre, bien loin de fournir à l'enfant les moyens de lire, lui trace une route pleine d'écueils, pleine de difficultés, lesquelles lui paraissent insurmontables. C'est pourquoi, dis-je, l'art de la lecture était si difficile à enseigner; c'est pourquoi il fallait autrefois deux à trois ans pour apprendre à lire.

Voyons si M. Lemare agit mieux. Non, sans doute; il parle très-bien et fait encore plus mal; il ne veut pas que l'on nomme les lettres, et cependant il leur donne les noms les plus baroques. Voyons comme l'enfant doit prononcer le mot *cheval.* D'après le nom donné aux lettres par M. Lemare, il nomme le *c queue,* l'*h hache, e œufs,* le *v veut, a* comme on prononce ordinairement *a;* enfin, il nomme *l leu.* Réunissons toutes les prononciations pour en former un mot; nous aurons, au lieu de *cheval*, le joli mot *queuehacheœufsveutaleu.* Je crois avoir assez fait observer combien tous les noms donnés aux lettres consonnes sont ridicules, et quelles difficultés innombrables ils font naître, soit pour le maître, soit pour l'élève. On ne devrait donc nommer aux enfans aucune lettre consonne que quand ils sauraient lire. Tout ce que je viens de dire et tout ce que l'on a dit avant moi, sur les noms des lettres, prouve jusqu'à l'évidence que j'ai trouvé la seule méthode au moyen de laquelle on peut facilement et agréablement apprendre à lire.

Quand l'enfant saura parfaitement lire, nommez-lui les lettres comme vous le voudrez, cela ne changera rien à sa manière de lire; il lira toujours bien, quel que soit le nom donné à chaque consonne : il en est de même pour les langues étrangères, qui ne sont difficiles pour nous que par les noms ridicules donnés aux lettres, etc., etc.

Je dirai encore quelque chose du *Bureau typographique* de M. Dumas. Je ne connais l'ouvrage que par ouï-dire. Une personne qui a enseigné par sa méthode, et que je vois tous les jours, prétend qu'en peu de temps les élèves faisaient des progrès rapides; que l'enseignement de la lecture n'était plus, soit pour le maître, soit pour l'élève, qu'un jeu, qu'une suite d'exercices récréatifs; qu'en outre, l'élève apprenait la bonne prononciation et l'orthographe d'usage.

Elle a ajouté que S. M. Louis XVIII et S. A. R. MONSIEUR ont, dans le plus bas âge, appris à lire par cette méthode;

Que, malgré l'excellence de la méthode de M. Dumas, il ne lui fut point permis de l'enseigner; qu'au contraire, considéré comme novateur, sur la plainte du corps enseignant, soutenu par le premier chantre de Notre-Dame, il lui fut enjoint de sortir de la capitale, avec défense d'enseigner en aucun lieu sa méthode.

Un plaisant (ou plutôt M. Duclos) dit qu'il aurait mieux valu pour M. Dumas avoir été l'inventeur du moindre colifichet qui devînt à la mode, que de fournir les moyens sûrs de s'instruire trop promptement. On dit aussi que, pour enseigner cette méthode, il fallait au moins bien connaître sa langue, et que si cette méthode eût prévalu, ainsi qu'elle le méritait, beaucoup d'instituteurs auraient été obligés de chercher une autre profession. En effet, beaucoup de personnes qui ne savent pas même lire, encore moins connaître les beautés et les difficultés de notre langue, s'avisent néanmoins et impudemment d'enseigner l'art de lire.

Si M. Dumas eût vécu sous le prince qui tient aujourd'hui les rênes du Gouvernement, prince plus instruit lui-même qu'aucun roi ne le fut, protecteur-né des arts et des sciences, non-seulement une si grande injustice n'aurait pu être commise, mais encore M. Dumas aurait obtenu une digne récompense de son ingénieuse et utile découverte.

Le *Bureau typographique* de M. Dumas consistait en une table sur laquelle étaient placées des cases assez en nombre pour recevoir toutes les lettres de l'alphabet, lesquelles, imprimées, étaient collées sur du carton et découpées en conséquence.

Le maître, n'ayant auprès de lui que trois ou quatre élèves, jamais plus, leur enseignait dans la première séance à connaître parfaitement leurs lettres. Il prenait à cet effet devant lui les vingt-cinq lettres de l'alphabet, leur nommait chacune de ces lettres en particulier, et invitait l'élève à les aller cueillir lui-même, une à une, dans leurs cases respectives, etc., etc.

Le maître formait des syllabes, et ensuite des mots, en présence de ses élèves, en leur nommant les lettres, les syllabes et les mots; il détruisait ensuite ces mêmes syllabes et mots, en mêlant le tout ensemble, et invitait l'élève à recomposer ce qui avait été composé et ensuite décomposé. Quand les élèves connaissaient et pouvaient composer toutes les syllabes et mots les plus difficiles, le maître les faisait passer aux phrases. Ainsi, comme on le voit, l'on éloignait par ce moyen la monotonie, si rebutante, de la méthode ordinaire de lire; les ennuyeuses syllabes de *bla, stra, broc, froc, fric*, etc., s'apprenaient par des exercices amusans, actifs et récréatifs.

Cette méthode simple, qui réunissait tout ce qu'il y avait de mieux inventé jusqu'alors, manquait encore de point de départ naturel : on commençait par les parties dont l'enfant devait se servir un jour pour former et savoir lire un tout, au lieu de commencer par ce tout, et en venir ensuite à sa décomposition.

Tout ce que j'ai lu, toutes les méthodes que j'ai examinées avec la plus grande impartialité, avec la plus grande attention, m'ont convaincu : 1° que j'avais réuni tout ce qu'il y avait de bon dans toutes les autres méthodes; 2° que j'avais écarté tout ce qui y était vicieux; 3° que j'avais donné l'âme, l'expression, à tout ce qui était abstrait et ennuyeux.

D'après toutes ces réflexions, je me suis de suite mis en œuvre; j'ai découpé dans différens ouvrages cent dix figures, que j'ai placées sur cinq tableaux, par vingt, vingt-cinq dessins, d'un seul côté de chaque tableau, l'autre côté restant libre pour y placer les mots et décompositions sans figures. J'ai mis au bas de chaque figure le nom de la chose dessinée; j'ai décomposé ce nom comme j'ai fait pour *âne bâté*, dont j'ai parlé au commencement de cet article. Par exemple, pour le dessin représentant un nègre fumant, j'ai composé les deux mots *nègre fumant* et décomposé ainsi qu'il suit :

nègre fumant.
nè-gre fu-m-ant.
n-è-gr-e f-u-m-ant.

J'ai eu la patience de découper toutes les lettres d'impression qui m'étaient nécessaires pour représenter par écrit et de la manière ci-dessus indiquée les 110 figures.

De sorte que, comme on le voit, j'ai, sous chaque dessin, composé et décomposé les mots expliquant ce même dessin ; derrière chaque tableau, j'ai composé et décomposé ces mêmes mots sans figures.

Mes tableaux ainsi construits, je les ai portés dans mes classes, où, à ma grande satisfaction, je n'ai point été trompé dans mon attente ; ils ont produit l'effet que j'en attendais : j'ai été et je suis, de jour en jour, de plus en plus content des progrès de mes élèves.

J'ai défendu à mes élèves des première, deuxième, troisième et quatrième classes, aucune épellation : les quatre autres classes dictent comme de coutume ; les quatre premières s'occupent à faire des lettres d'écriture cursive, ayant de beaux modèles sous les yeux. Quand mon ouvrage sur la lecture sera entièrement confectionné, je les appliquerai à l'écriture, dont je parlerai tout-à-l'heure.

Le nom donné aux consonnes n'est point naturel, ainsi que je l'ai dit ; au contraire, ce nom gêne l'enfant dans la prononciation, et le met dans l'incertitude de donner le véritable son de la liaison des consonnes avec les voyelles. Si enfin on voulait continuer de dicter d'après la méthode de l'Enseignement mutuel, dans les quatre premières classes, les syllabes *ba*, *be*, etc. ; *ab*, *eb*, etc. ; *tra*, *tri*, *blou*, *blin*, etc., je conseillerais de les dicter sans séparer dans la diction les consonnes des voyelles ; il faudrait seulement traîner sur leur liaison, comme je l'ai enseigné plus haut : pour *b-ab-e*, traîner sur le *b*, sans le prononcer, pour arriver à la prononciation entière de la syllabe *ba*, etc., etc.; enfin dicter comme je fais lire la troisième ligne des mots sur mes tableaux : *n-è-gr-e f-u-m-ant*, ainsi qu'on le verra tout-à-l'heure.

Au premier exercice de lecture, pour mes cinq nouveaux tableaux, les moniteurs à qui j'ai donné la manière d'enseigner font lire ainsi qu'il suit.

Supposons le dessin représentant le nègre fumant. Le moniteur fait voir le dessin et demande à l'élève ce que cette figure représente et ce que signifient les deux premiers mots de la première ligne composée : si le premier ne peut le dire, il le demande au second; si celui-ci dit bien, il prend la place du premier : au cas contraire, c'est comme nous avons dit lors de l'explication des exercices de lecture; celui qui dit bien prend la place de celui ou de ceux qui le précèdent et qui ont mal dit. Si aucun des élèves ne peut répondre, le moniteur dit, en touchant le dessin : *ce dessin représente un nègre fumant*. Il est écrit sous ce dessin : *nègre fumant* (par ces deux mots). Il les fait voir aux élèves avec la touche : il fait répéter aux élèves, les uns après les autres, jusqu'à ce qu'ils disent sans se tromper, en voyant la figure et ensuite les deux mots : *nègre fumant*.

On passe ensuite aux quatre syllabes des deux mots. Les élèves lisent ainsi par l'enseignement mutuel et en se reprenant les uns et les autres; savoir : le premier, *nè*, le deuxième *gre*; ce dernier joignant les deux syllabes, dit ensuite le mot entier *nègre*; le troisième dit *fu*, le quatrième *mant*, et, joignant ensuite les deux syllabes, il dit le mot entier *fumant*, par syllabe séparée dans la prononciation, ainsi qu'il est écrit ci-dessus; enfin, le même dit les deux mots *nègre fumant*, en prononçant les quatre syllabes divisées ainsi : *nè-gre fu-mant*, et faisant sentir les quatre syllabes. Le cinquième, si toutefois aucun des quatre premiers n'a perdu sa place pour avoir mal dit; le cinquième, dis-je, commence à lire à la troisième ligne *n-è*; il traîne beaucoup sur la lettre *n*, sans la prononcer, pour arriver lentement à la prononciation de la syllabe *nè*. Le sixième, pour *gr-e*, traîne beaucoup sur les deux lettres *gr* pour arriver à la prononciation, d'une seule énonciation de voix, de la syllabe *gre*. Pour le mot *f-u-m-ant*, le septième élève dit *f-u*, en traînant beaucoup sur la lettre *f* sans la prononcer, en ne faisant entendre qu'une espèce de sifflement pour arriver lentement à la prononciation de la syllabe *fu*. Le huitième fait le même exercice sur la syllabe *m-ant*; il traîne beaucoup sur la lettre *m* pour arriver lentement à la prononciation entière de la syllabe *mant*. Ce dernier dit ensuite le mot entier *fumant*; enfin il dit, *nègre fumant*, en divisant le mot fumant et lisant chaque syllabe comme il vient d'être dit, *f-u-m-ant*, et les deux mots, en lisant chaque syllabe de la même manière, *n-è-gr-e f-u-m-ant*.

On fait les exercices en remontant et partant de la dernière ligne pour arriver aux mots entiers *nègre fumant*. Tous les exercices sont les mêmes pour toutes les figures.

Le maître donne un coup de sifflet pour changer l'exercice; les moniteurs retournent les tableaux : les mêmes exercices que ceux décrits ont lieu sur les mêmes mots, *nègre fumant*. Ces exercices sont plus difficiles, attendu que le dessin n'est plus à la vue des élèves, qu'ils ne voient plus que les mots *nègre fumant* et leur décomposition.

Enfin, pour suivre en entier la méthode de l'Enseignement mutuel et ne rien changer aux exercices, dont je serais bien fâché de me départir, j'ai eu l'idée de former un troisième exercice : le moniteur dit au premier élève, supposons toujours les deux mots *nègre fumant*; ce premier élève répète les deux mots *nègre fumant*, le deuxième dit *nè*, le troisième *gre*, *nègre*, le quatrième *fu*, le cinquième *mant*, *fumant*; le sixième dit, en traînant, *n-è*, le septième *gr-e*, *nègre*, le huitième *f-u*, le neuvième *m-ant*, *fumant*. Enfin les élèves font les mêmes exercices, par mémoire, que ceux qui ont été décrits dans les deux précédens exercices.

Quand les enfans savent lire sur les deux côtés de mes tableaux, les mots, syllabes et composition des mots, dans l'ordre que le tout est écrit et suivant le placement des figures, alors, pour se convaincre s'ils ne lisent que de mémoire seulement, et si l'entendement y est pour quelque chose (le tableau tourné du côté qui n'est point orné de figures), on leur désigne les mots tantôt du commencement, tantôt du milieu, tantôt de la fin du tableau ; s'ils les disent sans se tromper, on passe aux syllabes, enfin aux liaisons des consonnes avec les voyelles, en ne demandant point de suite les syllabes du même mot, ainsi que les liaisons des consonnes avec les voyelles, mais au contraire les prenant dans toutes les parties du tableau et détachées ; s'ils se trompent, on leur rappelle le dessin ou la figure, soit pour le mot que l'élève ne saurait pas lire, soit pour les syllabes et décompositions.

J'ai été obligé de me servir des premiers dessins que j'ai rencontrés ; ces dessins sont très-mauvais, et j'ai eu bien de la peine à y appliquer ma méthode. Mais, dans mon ouvrage de lecture, les dessins seront tous différens, bien choisis, et analogues aux mots, aux syllabes, aux difficultés que je veux enseigner, et à l'orthographe. Je me servirai presque en entier des dessins représentant des animaux. A la fin de mon ouvrage de lecture, l'histoire analytique de ce que représentera chaque dessin sera écrite ; toutes les syllabes de chaque mot seront divisées suivant la prononciation et naturellement. La division des syllabes dans les tableaux de lecture est, dans beaucoup d'endroits, très vicieuse : dans la rédaction de mon nouveau Cours de lecture, je ferai sentir la nécessité de changer cette division. Je les ferai imprimer propres à former des tableaux pour la lecture ; et c'est ce que je ferai lire aussitôt que mes élèves connaîtront parfaitement les cent ou cent trente-cinq figures que je me propose de mettre en action dans mon Cours de lecture. Les trente premières figures seront simples ; on apprendra par leur moyen, outre les mots et syllabes des mots désignant ce que représentent ces mêmes dessins ; on apprendra, dis-je, les sons simples de la langue française : les autres figures seront de plus en plus compliquées ; elles serviront à enseigner toutes les difficultés de la langue française, la prononciation et l'orthographe d'usage.

J'oubliais encore de dire que quand mes élèves auront appris la lecture des mots, syllabes, sons et articulations; qu'en outre, ils auront lu l'histoire de chaque figure ou des objets dessinés, on leur fera lire les tableaux des phrases des cinquième, sixième, septième et huitième classes, qu'ils parcourront et sauront certainement lire en moins d'un mois.

J'ai joint à ma Méthode de lecture le Bureau typographique de M. Dumas; et voici comme je m'en sers. J'ai fait imprimer, d'un plus gros caractère, cent fois et plus chaque lettre de l'alphabet, autant de fois les voyelles longues et brèves, autant de fois les traits d'union, les virgules, les points et virgules, les deux points, les points, les points d'interrogation et d'admiration; j'ai fait faire des cases analogues et suffisantes pour y placer chaque espèce de lettres, etc.

Je mets un de mes tableaux de figures et mots assez élevé au-dessus du Bureau, en faisant voir à l'enfant le mot ou les mots que je veux qu'il compose; il cherche alors dans le casselin analogue chaque lettre nécessaire pour former son mot ou ses mots. On a le soin de réunir toujours sept, huit élèves; si le premier ne compose pas bien, le second prend la place, ainsi de suite : ils doivent placer ou composer les mots comme ils sont écrits dans les trois lignes suivantes, par exemple, *chien couché* :

chien couché.
ch-ien cou-ché.
ch-i-en c-ou-ch-é.

Quand les cinq lignes sont ainsi composées, on fait lire comme au cercle de lecture, soit aux élèves qui ont composé, soit à ceux qui ont assisté à cette composition; on procède ainsi pour tous les autres mots.

Quand les élèves connaîtront toutes leurs figures, tous les mots et décompositions, je leur ferai composer, par les moyens typographiques, les phrases de l'histoire de mes figures.

Les mêmes mots, syllabes et décompositions qui seront composés sur les tableaux, seront répétés en écriture cursive; je me suis procuré une quantité de lettres cursives différentes, je les ai placées dans des cases séparées; l'élève, après avoir composé en lettres d'impression les mots, les syllabes, composera ensuite avec les lettres d'écriture cursive.

Pour l'enfant qui ne sait pas écrire, les lettres ainsi imprimées, et les lettres d'écriture cursive collées sur des cartons, coupées ensuite proprement, lui seront plus utiles que si on le faisait écrire, parce qu'il lui faudra les trois quarts moins de temps pour composer les mots, les syllabes et la décomposition de ces dernières, que s'il les écrivait; qu'ensuite ce sera pour lui très-récréatif; cela n'empêche pas, néanmoins, que les enfans écrivent pendant une heure le matin; on leur donnera devant eux un dessin détaché où ils verront les mots imprimés et les mêmes mots écrits en écriture cursive; ils chercheront à écrire tout ce qu'ils verront sur le tableau; l'enfant sera bien surveillé dans cette opération, soit par un moniteur, soit par le maître.

D'après ma nouvelle méthode de lecture, tout étranger pourra apprendre à lire et à prononcer parfaitement, et en très-peu de temps, tous les mots de la langue française; il apprendra aussi parfaitement l'orthographe d'usage, et toutes les difficultés de la langue française, en composant les mots, les syllabes, et leurs décompositions par les moyens typographiques; ils se graveront facilement dans sa mémoire, parce que, d'abord, le dessin lui rappellera ces mêmes mots et difficultés, et qu'en outre, cette manière de composer et décomposer les mots lui sera bien plus avantageuse que s'il les écrivait; enfin, en ce qu'il lui faudra bien plus de temps, plus d'action pour composer un mot, et la décomposition d'icelui, qu'il ne lui en faudrait pour l'écrire; en outre, l'exercice de lecture de mes tableaux, joint à la nouvelle manière que je donne de se servir du bureau typographique, est récréatif, amusant, et fait naître le goût de l'étude et un vif désir de s'instruire.

Par exemple, pour apprendre la différence de prononciation de la dernière syllabe des deux mots, *mangent amicalement*, j'ai fait dessiner un chien et un chat mangeant ensemble; j'ai écrit en dessous, *ce chien et ce chat mangent amicalement.*

J'expliquerai, soit à mes élèves, soit aux élèves étrangers, la cause de cette différence dans la prononciation, etc., etc.; il en sera ainsi de toutes les autres difficultés de notre langue et de toutes celles des langues étrangères.

Au commencement de chacun de mes volumes, pour chaque langue étrangère (anglais, allemand, espagnol, italien), sera imprimée la manière de lire, d'écrire et de connaître parfaitement la prononciation de chaque langue; je me servirai des figures analogues, des mots et décompositions des mots; on apprendra à lire et bien prononcer quatre langues, par les mêmes moyens que ceux employés pour la langue française, en cherchant, néanmoins, ceux analogues à l'étude de chaque langue; avec cette manière d'enseigner les prolégomènes de chaque langue, on acquerra bien vite et avec une grande facilité la prononciation et l'orthographe d'usage, et on se familiarisera aisément avec toutes les difficultés qui sont si multipliées, si abstraites, si ennuyeuses dans toutes les langues parlées et écrites.

Je vais faire construire dix ou douze pupitres typographiques, dans le genre des bureaux dont j'ai parlé; ces pupitres serviront à un ou deux élèves, et, par ce moyen, je pourrai faire lithographier vingt, vingt-quatre élèves à la fois, ce qui aura lieu seulement pour l'exercice d'écriture; car, comme on l'a vu, les élèves sont toujours réunis au nombre de sept ou huit : la dépense sera peu considérable.

J'ajouterai enfin, qu'au moyen de mes pupitres typographiques, je ferai apprendre avec plus de facilité les tableaux que j'ai construits pour les langues latine, grecque; je parlerai de la manière de me servir de mes pupitres typographiques pour ces deux langues mortes; j'emploierai les caractères d'impression et les lettres d'écriture cursive lithographiées.

Il serait fastidieux de m'étendre davantage sur l'art de la lecture et sur ma nouvelle méthode; dans ce dernier ouvrage, je ferai mes efforts pour ne rien oublier, et me rendre le plus intelligible possible; cet ouvrage, enrichi de près de cent cinquante figures, paraîtra dans le courant de novembre prochain.

On trouvera le cours nouveau de lecture, chez l'auteur et chez les libraires désignés au bas du titre de cet ouvrage.

ARITHMÉTIQUE.

L'Arithmétique est la science des nombres, c'est-à-dire, l'arithmétique est une science au moyen de laquelle on peut se rendre compte avec la plus grande justesse de toutes les opérations commerciales ou autres que nous faisons, que nous avons faites, ou que nous pourrions faire ; par son moyen, nous connaissons ce qui nous est dû, ce que nous devons, ce que nous gagnons, ce que nous perdons, ce que nous avons gagné, ce que nous pourrions gagner, ce que nous avons perdu et ce que nous pourrions perdre dans les différentes opérations, argent ou marchandises qui ont lieu dans le cours de notre vie; enfin, par son moyen, on se rend un juste compte des pertes et bénéfices que l'on a faits, que l'on fait, que l'on aurait pu faire, ou, enfin, que l'on pourrait faire jour par jour, mois par mois, année par année, etc., etc.

Pour parvenir à toutes ces opérations, nous nous servons de dix figures nommées chiffres; ces dix figures, différemment combinées ou placées, sont suffisantes pour tous les calculs arithmétiques.

Nous entendons par nombre une quantité ou collection de plusieurs unités; nombrer, est supputer combien il y a d'unités dans une quantité, etc.

EXERCICES D'ARITHMÉTIQUE SUIVANT L'ENSEIGNEMENT MUTUEL.

Je ne parlerai point, pour le moment, de ce qui se fait dans les classes d'arithmétique, je ne parlerai que des exercices.

Les élèves revenus de la lecture, faisant face au télégraphe, debout et sur le côté entre les bancs, et les moniteurs d'arithmétique droits sur les bancs, exécutent les exercices suivans : au coup de sonnette du moniteur-général, les moniteurs descendent des bancs; alors le moniteur-général, pour faire entrer et asseoir les élèves dans les bancs, pour faire nettoyer les ardoises, pour donner les crayons, fait les mêmes signes dont nous avons parlé, lors de l'exercice d'écriture. Quand les crayons sont donnés et que les élèves ont tous les mains sur les genoux, le moniteur-général dit : *Commencez !* Chaque moniteur se place alors debout devant les élèves de sa classe et au milieu, c'est-à-dire, devant le cinquième élève, si la classe est composée de neuf élèves; il se fait ensuite, dans chaque classe, les opérations dont nous parlerons. Cet exercice fini, ou plutôt l'écriture ou dictée arithmétique achevée, les moniteurs rentrent à leur place; le moniteur-général fait ensuite les signes d'effacer; les moniteurs visitent les ardoises pour s'assurer si elles sont bien propres (ces exercices sont les mêmes que ceux dont j'ai parlé pour l'écriture); les moniteurs ne prennent point les crayons, parce que les élèves doivent s'en servir lorsqu'ils seront au cercle d'arithmétique.

Les ardoises propres et les exercices nécessaires pour y parvenir étant achevés, le moniteur-général fait les signes pour sortir des bancs; la chose exécutée, au premier coup de sonnette du moniteur-général, les élèves qui étaient droits se tournent, font face à leur banc, et regardent avec attention le moniteur-général pour obéir aux signes qu'il va faire. Le moniteur-général baisse les mains; tous les élèves, à ce signe, mettent les mains sur leurs ardoises et leurs crayons; le moniteur-général relève les mains, tenant les doigts placés comme s'il enlevait perpendiculairement une ardoise par son arête, le pouce en dedans et les deux premiers doigts fermés sur le pouce; à ce signe, les élèves prennent leurs ardoises et leurs crayons des deux mains (les deux arêtes perpendiculairement à la table); le moniteur-général fait un signe qui indique parfaitement aux élèves qu'il faut mettre leurs ardoises et leurs crayons derrière eux, tenir l'ardoise des deux mains par les deux bouts, un bout de chaque main; enfin, l'élève tourne le côté à l'estrade et fait face au télégraphe; le moniteur-général, pour indiquer tous ces mouvemens, paraît quitter de la main gauche le bout d'une ardoise; en même temps que la main droite porte cette même ardoise derrière lui, la main gauche vient se replacer aussi derrière pour reprendre le bout de l'ardoise abandonné; en même temps, le moniteur-général se tourne de côté; tous ces mouvemens se font presque en même temps, et sont pareillement exécutés par l'élève.

Le moniteur-général dit ensuite, *toutes les classes au cercle d'arithmétique!* Alors toutes les classes viennent passer devant l'estrade du maître, et vont au cercle d'arithmétique. Aux coups de sifflet dont nous parlerons, on change d'exercice; l'exercice d'arithmétique prend aussi fin au coup de sifflet du maître. Au premier coup de sonnette, le moniteur de chaque classe s'avance d'un pas avec l'élève qui a le mieux fait; cet élève reçoit du maître ou du moniteur-général un petit billet qui lui vaut un bon point, comme il a été dit pour la lecture. A un autre coup de sonnette, ils rentrent au rang : le moniteur-général ayant dit, *toutes les classes, rentrez en classe d'arithmétique*, les élèves et les moniteurs mettent leurs ardoises derrière eux, et rentrent dans les mêmes classes ou bancs d'où ils étaient partis, et ce, afin que les ardoises et les crayons soient remis aux classes auxquelles ils appartiennent : les télégraphes sont tournés du côté de l'entrée des bancs, de manière à indiquer les classes. Les élèves droits, on fait les signes suivans. Chaque moniteur est droit sur le banc de sa classe : après avoir remis son ardoise et son crayon sur la table, les élèves tiennent toujours leurs ardoises derrière eux; le moniteur-général donne un coup de sonnette, les élèves font alors face à leur banc, toujours debout, et portent devant eux les ardoises qu'ils avaient derrière; ils les tiennent des deux mains à chaque bout, les ardoises placées perpendiculairement à la table par ses deux arêtes, tenues entre les trois premiers doigts de chaque main, et élevées à deux ou trois doigts de la table, comme s'ils étaient assis, qu'ils les eussent nettoyées, et qu'ils eussent décroisé les bras. Au signe du moniteur, ils frappent avec l'arête de l'ardoise, tous ensemble, la table d'écriture. Au deuxième signe, ils mettent sur les pouces, et au troisième ils abaissent entièrement l'ardoise, comme nous l'avons expliqué lors des exercices d'écriture. Cet exercice fait, le moniteur donne un coup de sonnette; les moniteurs descendent des bancs, prennent leurs tiroirs, passent devant les élèves de leurs classes; parvenus au bout de la table, ils se retournent. Au coup de sonnette du moniteur-général, tous les élèves en même temps, et d'un seul coup, placent leurs crayons sur leurs ardoises; les moniteurs les recueillent et les mettent dans les boîtes, replacent ces mêmes boîtes, et viennent se mettre droits dans les bancs. Le moniteur-général fait à tous les moniteurs les questions suivantes : *combien* (c'est-à-dire, combien de crayons)? les moniteurs répondent à leur tour, en commençant par la deuxième classe, s'ils en ont reçu autant qu'il y a d'élèves dans la deuxième classe; *tant, complet;* si, au contraire, ils en ont moins, ils disent, *tant, manque tant;* ils ont pris note de ceux qui les ont cassés, pour en rendre compte au maître.

Le moniteur-général dit : *attention!* Il donne un coup de sonnette, tous les élèves et moniteurs se mettent à genoux; savoir les moniteurs sur les tables d'écriture et les élèves sur les bancs; le moniteur-général se croise les bras, les élèves en font autant; le moniteur-général dit : *la prière commence;* il la récite, les élèves répètent les finales; la prière finie, les élèves, au signe du moniteur-général, descendent des bancs, les moniteurs restent droits dessus : le moniteur-général dit ensuite : *toutes les classes au préau!* Les élèves vont au préau en ordre; les moniteurs, au coup de sonnette, descendent des bancs, et se rendent auprès du maître pour lui donner les notes qu'ils ont prises sur chaque élève.

L'exercice arithmétique ne se fait que le matin en hiver, attendu que les leçons du matin sont, en hiver comme en été, de trois heures, et celles du soir ne sont que de deux en hiver; mais en été les leçons du soir étant de trois heures, on donne aussi leçon d'arithmétique.

AVANT de passer à ma nouvelle méthode, je vais parler de ce

qui s'est pratiqué jusqu'à ce jour, et de ce qui se pratique encore dans les établissemens d'enseignement mutuel, à l'égard de l'arithmétique.

La première classe d'arithmétique commençait par les élèves qui étaient dans le deuxième banc d'écriture; ces élèves apprenaient à tracer des chiffres et la composition des quatre règles ainsi qu'il suit :

Pour l'addition on combinait le chiffre 1 avec les chiffres 1, 2, 3, 4, 5, 6, 7, 8, 9, 10, 11, 12, c'est-à-dire que l'on exprimait la valeur totale de deux chiffres représentant chacun des unités (un de ces deux chiffres étant toujours 1).

EXEMPLE :

$$\left.\begin{array}{r} 1 \\ +\ 1 \\ \hline =\ 2 \end{array} \quad \begin{array}{r} 1 \\ +\ 2 \\ \hline =\ 3 \end{array} \quad \begin{array}{r} 1 \\ +\ 3 \\ \hline =\ 4 \end{array}\right\} \text{ ainsi de suite jusqu'à } \left\{\begin{array}{r} 1 \\ +\ 9 \\ \hline =10 \end{array}\right.$$

On faisait les mêmes opérations sur les chiffres 2, 3, 4 :

$$\left.\begin{array}{r} 2 \\ +\ 1 \\ \hline =\ 3 \end{array} \quad \begin{array}{r} 2 \\ +\ 2 \\ \hline =\ 4 \end{array} \quad \begin{array}{r} 2 \\ +\ 3 \\ \hline =\ 5 \end{array} \quad \begin{array}{r} 2 \\ +\ 4 \\ \hline =\ 6 \end{array}\right\} \text{ etc. . . . . . jusqu'à } \left\{\begin{array}{r} 2 \\ +\ 9 \\ \hline =11 \end{array}\right.$$

$$\left.\begin{array}{r} 3 \\ +\ 1 \\ \hline =\ 4 \end{array} \quad \begin{array}{r} 3 \\ +\ 2 \\ \hline =\ 5 \end{array} \quad \begin{array}{r} 3 \\ +\ 3 \\ \hline =\ 6 \end{array}\right\} \text{ etc., jusqu'à } \left\{\begin{array}{r} 3 \\ +\ 9 \\ \hline =12 \end{array}\right.$$

$$\left.\begin{array}{r} 4 \\ +\ 1 \\ \hline =\ 5 \end{array} \quad \begin{array}{r} 4 \\ +\ 2 \\ \hline =\ 6 \end{array} \quad \begin{array}{r} 4 \\ +\ 3 \\ \hline =\ 7 \end{array}\right\} \text{ etc., jusqu'à } \left\{\begin{array}{r} 4 \\ +\ 9 \\ \hline =13 \end{array}\right.$$

Il en était de même pour les chiffres ou sommes 5, 6, 7, 8, 9, 10, 11, 12, que l'on additionnait chacun avec les chiffres ou sommes 1, 2, 3, 4, 5, 6, 7, 8, 9, 10, 11, 12.

Par exemple, pour 12 :

$$\begin{array}{r} 12 \\ +\ 1 \\ \hline =13 \end{array} \quad \begin{array}{r} 12 \\ +\ 2 \\ \hline =14 \end{array} \quad \begin{array}{r} 12 \\ +\ 3 \\ \hline =15 \end{array} \quad \begin{array}{r} 12 \\ +\ 4 \\ \hline =16 \end{array} \quad \begin{array}{r} 12 \\ +\ 5 \\ \hline =17 \end{array} \quad \begin{array}{r} 12 \\ +\ 6 \\ \hline =18 \end{array} \quad \begin{array}{r} 12 \\ +\ 7 \\ \hline =19 \end{array}$$

$$\begin{array}{r} 12 \\ +\ 8 \\ \hline =20 \end{array} \quad \begin{array}{r} 12 \\ +\ 9 \\ \hline =21 \end{array} \quad \begin{array}{r} 12 \\ +\ 10 \\ \hline =22 \end{array} \quad \begin{array}{r} 12 \\ +\ 11 \\ \hline =23 \end{array} \quad \begin{array}{r} 12 \\ +\ 12 \\ \hline =24 \end{array}$$

Exemple pour la soustraction.

Pour le chiffre 1 : qui	de 2		3		4, etc. jusqu'à 10
	ôte 1	—	1	—	1 ... — 1
	Reste 1		R. 2		R. 3 ... R. 9

Pour le chiffre 2 : qui	de 3		4		5, etc. jusqu'à 11
	— 2	—	2	—	2 ... — 2
	R. 1		R. 2		R. 3 ... R. 9

Pour le chiffre 3 : qui	de 4	5	6, etc, jusqu'à 12
	— 3	3	3 ... — 3
	R. 1	R. 2	R. 3 ... R. 9

Il en est de même pour toutes sommes depuis 4 jusqu'à la somme 12.

Qui de	13		14		15, etc. jusqu'à 21
	— 12	—	12	—	12 ... — 12
	R.01		R.02		R.03 ... R.09

Exemple pour la multiplication.

Pour le chiffre 1, multiplié par tous les nombres 1, 2, 3, 4, 5, 6, 7, 8 et 9 :

1	2	3, etc. jusqu'à	9
× 1	× 1	× 1	× 1
= 1	= 2	= 3	= 9

Pour le chiffre 2 :

1	2	3	4, etc. jusqu'à	9
× 2	× 2	× 2	× 2	× 2
= 2	= 4	= 6	= 8	= 18

Il en est de même pour tous les autres chiffres, depuis 3 jusques à 12 × 1 = 12, 12 × 2 = 24, etc., etc., et 12 × 9 = 108.

Division.

Exemple. Pour le chiffre 1 :

D. En 1 (dividende), combien de fois 1 (diviseur)?—*R.* 1 (quotient) ou une fois.

Pour le chiffre 2 :

2	2	4	2		2	jusqu'à	18	2
2	1^f	4	2^f	6	3		18	9^f
0	2	0		0			00	

Il en est de même jusqu'au nombre :

12	12	24	12	jusqu'à	108	12
12	1	24	2		108	9^f
00		00			000	

La composition des quatre règles était donc l'occupation de la première classe d'arithmétique;

La deuxième classe (3e banc y compris le banc de sable) s'occupait de l'addition simple, appelée ainsi quoique composée de francs et centimes, comme :

fr.	c.
8 742 .	35
5 628 .	45
6 342 .	29
7 352 .	82, etc. etc., etc.,
28 065fr.	91c

Dans la troisième classe (4e banc d'écriture) on s'occupait de l'addition complexe, addition composée de livres, sous et deniers, etc., etc.

Dans la quatrième (5e banc) on s'occupait de la soustraction simple en francs et centimes; dans la cinquième classe on dictait la soustraction complexe, sous et deniers.

Dans la sixième (7e banc) on dictait la multiplication simple en francs et centimes ; dans la septième (8e banc) on dictait la division complexe, sous et deniers.

Quand j'ai suivi le cours normal, on divisait l'arithmétique en dix classes : dans la première, qui était la deuxième d'écriture, on apprenait à nombrer toutes sommes, depuis la plus petite jusqu'à la plus considérable.

Dans la deuxième d'arithmétique, ou troisième classe d'écriture, on apprenait à composer les quatre règles, ainsi de suite des autres classes.

L'écriture ou dictée arithmétique finie, on allait au cercle arithmétique ; là, au premier exercice, on lisait sur l'ardoise de chaque moniteur ce qu'il avait dicté en classe d'arithmétique : car, comme nous l'avons dit aux exercices, les moniteurs n'effacent point ce qu'ils ont écrit sur leur ardoise, ils le conservent au contraire pour le faire lire.

Au coup de sifflet, l'exercice changeait, chaque moniteur dictait des opérations à faire et qui venaient d'être lues ; par exemple, celui de la première classe disait : *écrivez telle somme;* sans autre explication les élèves tâchaient de bien l'écrire, etc.

Dans la deuxième, les élèves composaient eux-mêmes les quatre premières règles, après que le moniteur avait dicté les sommes à additionner ensemble ; celles à soustraire les unes des autres ; celles à multiplier les unes par les autres, et enfin combien un chiffre représentant des unités, contenait de fois un autre chiffre qui représentait aussi des unités, etc. ; ainsi de suite pour les autres. Chaque élève faisait l'opération ; celui qui avait le mieux fait et le premier fini était le premier, et recevait la récompense à la fin de l'exercice.

L'on voit à l'évidence que cette manière d'enseigner l'arithmétique est très-vicieuse, et en outre presque impraticable.

Comment est-il possible d'enseigner aux élèves de la première classe d'arithmétique, la composition des quatre règles ? Ces enfans ne connaissent pas même leurs chiffres ; quand même ils les connaîtraient, combien faudrait-il de temps pour y parvenir ? Y parviendrait-on facilement, que le peu de temps que l'on mettrait pour enseigner ces quatre combinaisons de chiffres, serait encore un temps perdu, puisqu'à la deuxième classe d'arithmétique (3e banc d'écriture) on ne fait plus faire aux élèves que l'addition; les trois autres règles sont abandonnées pour être vues séparément, à des époques très-éloignées les unes des autres, etc.

Toutes les règles composées de livres, sous et deniers, que l'on faisait faire avant d'avoir appris à faire les règles simples, étaient encore contre la marche que l'on doit suivre en mathématique, etc.

Je ne dirai rien autre contre cette méthode qui est entièrement vicieuse; je sais que tous ceux qui l'enseignent la trouvent mauvaise, et que l'on cherche à y remédier; je sais enfin que quelqu'un est chargé de ce travail; mais comme je ne puis savoir comment il s'acquittera de cette commission, et que depuis près de deux ans mon travail est fait, je me suis décidé à faire imprimer mon ouvrage, heureux si du moins j'ai atteint le but que je me suis proposé, celui d'être utile à mes concitoyens, et par suite à la jeunesse. J'ai fait voir, il y a environ un an, mon travail à un homme instruit, et l'un des chefs de la société d'enseignement mutuel; il l'a trouvé bon et très-praticable.

Je vais actuellement donner connaissance de ma nouvelle méthode d'arithmétique, à laquelle j'ai appliqué l'enseignement mutuel.

Les trois exercices d'arithmétique sont d'environ quarante-cinq minutes, que nous diviserons en quinze minutes pour chacun d'eux; les quinze minutes pour former le complément de l'heure seront employées aux exercices ou mouvemens.

ÉCRITURE ARITHMÉTIQUE. — *Première classe d'arithmétique.*

LORSQUE les élèves de la première classe d'écriture (les élèves du sable) savent former les lettres d'impression, et qu'ils commencent à former les lettres d'écriture cursive, alors je leur fais former les chiffres 1, 2, 3, 4, 5, 6, 7, 8, 9, 0; on les occupe ainsi pendant que les autres classes d'arithmétique font les opérations dont je parlerai. Ainsi, suivant nous, la première classe d'écriture sera aussi la première d'écriture arithmétique. Les élèves apprendront à former les chiffres tels qu'ils sont au bas du tableau du numéro 4, dans lequel sont les minuscules d'écriture cursive.

Dans les deux exercices au cercle d'arithmétique, les élèves de cette classe apprennent à lire ou à nommer les chiffres qu'ils ont écrits sur le sable; le moniteur, de sa baguette, désigne à l'élève un chiffre quelconque (placé au bas des tableaux d'écriture cursive), et lui demande quel est ce chiffre; si l'élève répond bien, le moniteur passe au suivant et lui fait la même question en désignant un autre chiffre; ainsi de suite pour chaque élève, en allant de la tête à la queue, de la queue à la tête, jusqu'à ce que les exercices arithmétiques qui ont lieu pour les autres classes soient finis : bien entendu qu'il en est des exercices au cercle d'arithmétique comme de ceux au cercle de lecture; l'élève ou les élèves qui disent mal perdent leur place, et la cèdent à celui qui les reprend ou à ceux qui les reprennent.

Deuxième classe d'arithmétique (au 2e banc d'écriture).

Le moniteur droit, comme nous l'avons dit, au milieu et devant les élèves de sa classe, son ardoise et son crayon dans les mains, dictera aux élèves un ou plusieurs chiffres pour être placés horizontalement à la suite les uns des autres : il nommera les chiffres qu'il dictera; il commencera par faire connaître aux élèves ce que c'est qu'unité; il leur enseignera que depuis 1 jusqu'à 9 chaque chiffre isolé ne signifie que des unités, que le chiffre 1 seul ne signifie qu'une unité, le chiffre 2 deux unités, etc.; enfin que le chiffre 9 seul signifie neuf unités.

Les élèves écrivent les chiffres que leur dicte le moniteur, et écoutent dans le plus grand silence; quand le moniteur croit que ses élèves connaissent les unités, il leur fait connaître ce que c'est que les dizaines, en leur rappelant néanmoins les unités; quand il croit qu'ils savent, ce que c'est qu'unité, ce que c'est qu'unité et dizaines, il passe aux centaines, ainsi de suite jusqu'à 9999 qui est la somme la plus haute ou la plus forte qui sera enseignée dans cette classe. Je vais donner quelques exemples de cet exercice; ils seront, je pense, suffisans pour indiquer ce qu'il faut faire pour donner la connaissance nécessaire aux élèves pour nombrer jusqu'à la somme 9999.

Le moniteur dira : on appelle unité d'unité en arithmétique, toute somme qui n'est composée que d'un chiffre; ainsi toutes les sommes qui ne seront composées que d'un chiffre ne seront que des sommes d'unité d'unités. Toutes les unités sont représentées par les chiffres que vous avez appris à tracer sur le sable, pris un à un.

Le moniteur écrit sur son ardoise le chiffre 1 ; il dit aux élèves : *écrivez le chiffre* 1 ; quand ils l'ont écrit, et après avoir vérifié s'ils ont bien exécuté, il leur explique que ce chiffre représente une unité, parce qu'il n'est suivi à droite et horizontalement d'aucun autre chiffre; il écrit, dicte et donne les explications analogues à tous les chiffres 2, 3, 4, 5, 6, 7, 8, 9. Quand les élèves ont bien conçu ce que c'est qu'unité, avant de passer aux dizaines, j'ai fait expliquer le chiffre o ainsi qu'il suit : Le chiffre o ne représente rien par lui-même; mais si l'on écrit à gauche un ou plusieurs chiffres de quelque valeur que ce soit, le o donne à ce chiffre ou à ces chiffres une valeur dix fois plus considérable qu'ils n'avaient auparavant, ou qu'ils auraient eue s'ils étaient seuls. Quand les chiffres significatifs représentant les unités ont tous été expliqués les uns après les autres, et que les élèves paraissent en avoir une parfaite connaissance, le moniteur passe à l'explication des dizaines.

Écrivez, dit le moniteur, deux chiffres : savoir le chiffre o et le chiffre 1 à gauche du chiffre o ; ces deux chiffres ensemble forment dix unités, tandis qu'isolés l'un de l'autre, le chiffre o ne signifierait rien, et le chiffre 1 ne désignerait qu'une unité, ainsi que je vous l'ai expliqué; donc vous avez placé o aux unités d'unité et 1 aux dizaines d'unité, en plaçant ce dernier chiffre à gauche du o; si vous mettiez le chiffre o à droite du chiffre 1, votre somme, quoique forte de deux chiffres, savoir 1 aux unités et o aux dizaines, ne serait composé que d'une unité, parce que le chiffre o ne signifie rien qu'autant qu'il est suivi à gauche d'un chiffre quelconque significatif; ainsi que nous l'avons dit..

Le moniteur écrit en chiffres sur son ardoise 11, et dit à ses élèves : écrivez 1 aux unités et 1 aux dizaines; ces deux chiffres représentent onze unités, 1 aux dizaines et 1 aux unités : bien entendu que le moniteur ne vient à la phrase 1 aux dizaines et 1 aux unités que quand il s'est convaincu que les élèves ont écrit la somme; il ne leur fait cette seconde explication qu'en visitant leurs ardoises pour savoir s'ils ont bien écrit la somme qu'il leur a dictée, et en leur montrant avec le bout de son crayon chaque chiffre qu'il désigne l'un après l'autre.

Ainsi de suite, les mêmes explications et opérations jusqu'à 99 unités, sans oublier de faire faire et expliquer toutes les sommes intercalées entre 11 et 99. Le moniteur, à chaque chiffre marquant une dizaine de plus que celui placé dans la somme précédemment écrite (11), dit qu'il en est des dizaines comme des unités, que chaque chiffre contient autant de dizaines d'unité qu'il désignerait d'unités d'unité placées aux unités s'il était seul; que le chiffre 2, par exemple, aux unités d'unité, ne signifie que deux unités, mais que 2 placé aux dizaines signifie vingt unités (20) ou deux dizaines; que 3 aux unités d'unité ne signifie que trois unités, mais que 3 placé aux dizaines vaut dix fois plus que placé aux unités; qu'aux dizaines 3 désigne trois dizaines ou trente unités (30), etc. Les mêmes explications pour chaque chiffre, depuis ce dernier chiffre 3 jusqu'au chiffre 9; que 9 aux unités d'unité ne désigne qu'une somme de 9 unités, tandis que placé aux dizaines il vaut neuf dizaines ou quatre-vingt-dix unités (90). Quand les deux mêmes chiffres seront placés aux dizaines comme aux unités, on dira, outre les explications que nous avons données, supposons 88, que huit placé aux dizaines vaut quatre-vingts ou huit dizaines; que le chiffre 8 placé aux unités vaut huit unités; que quatre-vingts unités et huit unités font quatre-vingt-huit unités représentées par les deux chiffres 88.

On donnera les mêmes explications pour chaque chiffre; on ajoutera encore l'explication suivante pour bien faire entendre aux élèves ce qui leur est enseigné ; par exemple, pour 28 on dira à l'élève, outre ce qui vient d'être dit : 2 aux dizaines vaut vingt unités (20) ; vingt unités, plus le chiffre 8 aux unités représentant huit unités, font en tout vingt-huit unités.

Il donnera les mêmes explications et autres dont nous parlerons lorsque nous traiterons des exercices et opérations qui ont lieu au cercle d'arithmétique pour la lecture arithmétique, et lors des questions et réponses qui ont aussi lieu au cercle d'arithmétique pour toute somme, depuis une unité jusqu'à 9999, desquelles sommes s'occupera la deuxième classe d'arithmétique.

Ardoise du MONITEUR.	*Premier exercice au cercle d'arithmétique pour la 2e classe.* LECTURE ARITHMÉTIQUE.
1 2 3 4 5 6 7 8 9 0 01 depuis 10 jusqu'à 19 02 depuis 20 jusqu'à 29 03 depuis 30 jusqu'à 39 04 depuis 40 jusqu'à 49	Le premier élève lit sur l'ardoise du moniteur, et dit : le chiffre 1 seul représente une unité, parce qu'il n'est suivi d'aucun autre chiffre à droite. Le deuxième élève lit sur l'ardoise du moniteur, et dit : le chiffre 2 seul représente deux unités, etc. ; ainsi de suite, disent les élèves, jusqu'au chiffre 9 exclusivement. Le moniteur fait voir avec son crayon à l'élève qu'il interroge, le chiffre dont il veut qu'il lui soit donné explication. Bien entendu que si l'élève qui lit, ne lit pas bien, le moniteur fait lire le suivant, etc. ; celui ou ceux qui lisent mal perdent leur place pour la céder à celui qui les a repris, ainsi que nous l'avons dit dans les autres exercices. Le moniteur fait lire les chiffres 0 et 1 (01), les chiffres 1 et 0 (10) ; les élèves sont tenus

Ardoise du MONITEUR.	*Premier exercice au cercle d'arithmétique pour la 2ᵉ classe.* [Suite.] LECTURE ARITHMÉTIQUE.
05 depuis 50 jusqu'à 59 06 depuis 60 jusqu'à 69 07 depuis 70 jusqu'à 79 08 depuis 80 jusqu'à 89 09 depuis 90 jusqu'à 99	de donner les mêmes explications que celles qui leur ont été données par le moniteur, lors de l'écriture arithmétique. Nous ne donnerons ici que l'explication des trois dernières sommes pour fixer la manière de faire lire les élèves ; l'élève désigné dira, par exemple : ces deux chiffres (09), 9 aux unités et 0 aux dizaines, ne représentent que neuf unités, parce que le chiffre 9, signe significatif, est placé aux unités, et que le chiffre 0, placé dans cette circonstance aux dizaines, ne signifie rien, puisqu'il n'est pas suivi à gauche d'un signe significatif; les deux chiffres 0 aux unités et 9 aux dizaines, ou 9 aux dizaines et 0 aux unités, signifient quatre-vingt-dix unités ou neuf dizaines, parce que le chiffre 9 est placé dans la colonne des dizaines, le second à gauche, et que le chiffre 0 est placé dans la colonne des unités ou le premier à droite, etc. Ces deux chiffres 9 aux unités et 9 aux dizaines, ou 9 aux dizaines et 9 aux unités d'unité, signifient quatre-vingt-dix-neuf unités. Toutes les sommes de deux chiffres devront s'expliquer ainsi, soit par le moniteur lors de l'écriture arithmétique, soit par les élèves lors de la lecture arithmétique.
001 010 100	Le moniteur aura soin de n'oublier aucune des sommes depuis 100 jusqu'à 9999; il donnera toutes les explications, fera toujours

Ardoise du MONITEUR.	*Premier exercice au cercle d'arithmétique pour la 2e classe.* [Suite.] LECTURE ARITHMÉTIQUE.

de 101
jusqu'à 109
de 110
jusqu'à 120
à 129
de 130
à 139
à 150
à 169
de 170
à 179
à 200
à 299
de 300
jusqu'à 399
de 400
de 499
de 500
à 599
de 600
à 699
de 700
à 799
de 800
à 899
de 900
à 999
de 1000
à 9999
1234
009
090
900
1000

lire au cercle d'arithmétique les mêmes sommes qu'il aura fait écrire sans les changer; il dictera aussi pour le deuxième exercice au cercle de lecture les mêmes sommes que l'on aura vues soit à l'écriture arithmétique, soit au premier exercice d'arithmétique, parce qu'il faut que l'élève voie trois fois les mêmes sommes dans la même séance arithmétique et dans les trois exercices. Donnons quelques exemples :

Supposons 100; l'élève désigné, en lisant sur l'ardoise du moniteur, dira : ces trois chiffres o aux unités d'unité, o aux dizaines d'unité et o aux centaines d'unité, ou bien 1 aux centaines, o aux dizaines, o aux unités d'unité, égalent cent unités : 1 aux unités ne vaut qu'une unité; si le chiffre 1 était aux dizaines, il ne vaudrait que dix unités; enfin s'il était aux unités, il ne vaudrait qu'une unité d'unité.

Toutes les explications que j'ai données sont, je crois, suffisantes pour bien faire concevoir aux élèves : cependant, nous allons donner une dernière explication que le moniteur sera tenu de faire, et les élèves de répéter dans l'ordre suivant :

Supposons 1234; le premier élève dira : ces quatre chiffres, 4 aux unités d'unité, 3 aux dizaines d'unité, 2 aux centaines d'unité et 1 aux unités de mille, ou bien 1 aux unités de mille, 2 aux centaines d'unité, 3 aux dizaines

Ardoise du MONITEUR.	*Premier exercice au cercle d'arithmétique pour la 2e classe.* [Suite.] LECTURE ARITHMÉTIQUE.
0100 0010 0001 etc., etc.	d'unité et 4 aux unités d'unité, font ou égalent (=) la somme de douze cent trente-quatre unités, ou mille deux cent trente-quatre unités. Le deuxième élève dira : quatre ne vaut que quatre unités, parce qu'il est aux unités ; si 4

était aux dizaines, il vaudrait quarante unités ; si 4 était aux centaines, il vaudrait quatre cents unités ; si 4 était aux unités de mille, il vaudrait quatre unités de mille, quatre mille. Le troisième élève dira : 3 étant aux dizaines d'unité, vaut trente unités ; s'il était aux unités d'unité, il ne vaudrait que trois unités ; si trois était aux centaines, il vaudrait trois cents unités ; si 3 était aux mille il vaudrait 3 unités de mille (trois mille). Le quatrième élève dira : le chiffre 2 étant dans la colonne des centaines d'unité, vaut deux cents unités ; à la colonne des unités d'unité il ne vaudrait que deux unités ; s'il était à la colonne des dizaines d'unité, il vaudrait vingt unités ; si enfin il était à la colonne des unités de mille, il vaudrait deux mille. Le cinquième dira : pour le chiffre 1, si ce chiffre était aux unités d'unité, il ne vaudrait qu'une unité, à la colonne des dizaines qu'une dizaine ; et enfin s'il n'était qu'à la colonne des centaines, il ne vaudrait que cent unités, au lieu qu'étant actuellement à la colonne des unités de mille, il vaut mille.

Nous ne donnerons plus qu'un dernier exemple : supposons 7089 ; le premier élève dira : ces quatre chiffres, savoir 9 aux unités d'unité, 8 aux dizaines d'unité, 0 aux centaines d'unité et 7 aux unités de mille, ou 7 aux unités de mille, 0 aux centaines d'unité, 8 aux dizaines d'unité et 9 aux unités d'unité, font ou égalent (=) sept mille quatre-vingt-neuf.

J'observerai qu'il faut que le maître fasse faire à ses élèves toutes les sommes intercalées entre 1 et 9999, afin qu'ils connaissent toutes les positions et la valeur de toutes les transpositions de chiffres significatifs et des zéros.

J'ai pensé qu'il n'était point nécessaire de faire nombrer aux élèves de la deuxième classe des sommes plus considérables que 9999; qu'il faut enseigner toutes choses d'après l'âge et la capacité de chaque élève, sans quoi on ne peut parvenir à enseigner avec fruit et avec agrément, soit pour le maître soit pour le disciple.

Deuxième exercice au cercle d'arithmétique pour la 2e classe. DEMANDES et RÉPONSES.	Ardoise des ÉLÈVES.
Le moniteur fait les questions suivantes: *Comment écrivez-vous en chiffre* (supposons) *trois unités?* Tous les élèves écrivent sur leur ardoise le chiffre qu'ils croient devoir représenter trois unités; le moniteur visite les ardoises à chaque dictée, et fait céder la place de celui ou de ceux qui ont mal écrit à celui qui a bien exécuté la chose dictée; l'écriture est donc la réponse tacite; ensuite l'élève désigné par le moniteur dit à haute voix: j'ai écrit trois unités par le chiffre 3, parce que le chiffre 3 n'étant suivi à droite d'aucun autre chiffre significatif ou de 0, signifie trois unités d'unité. Quoique l'élève aurait bien écrit la somme dictée, s'il ne donnait pas les explications nécessaires de ce qu'il a fait, alors le moniteur interroge l'élève qui suit et lui fait cette question: *Comment avez-vous écrit trois unités?* Si le second élève interrogé répond bien après avoir écrit la somme dictée, il prend la place du pre-	1 2 3 4 5 6 7 8 9 0 01 de 10 à 19 02 de 20 à 29 03 de 30 à 39 04 de 40 à 49 05

Deuxième exercice au cercle d'arithmétique pour la 2e classe. [Suite.] DEMANDES et RÉPONSES.	Ardoise des ÉLÈVES.
mier, ainsi de suite si le premier et le second disent mal, etc. L'élève ou les élèves qui auraient mal écrit, récrivent la somme quand celui interrogé et qui a bien écrit donne les explications. Le moniteur fait les mêmes questions depuis une unité jusqu'à neuf; l'élève ou les élèves doivent répondre et exercer comme il vient d'être dit.	de 50 à 59 06 de 60 jusqu'à 99

Le moniteur dit ensuite : *Comment écririez-vous* o ? Les élèves ayant écrit le chiffre, l'élève désigné donne les explications que nous avons données pour le o, soit à l'écriture arithmétique soit à la lecture.

Je vais donner quelques exemples pour faciliter à mes lecteurs maîtres les moyens de bien exercer. Par exemple, supposons la somme 29; le moniteur dira : *Comment écrivez-vous* 29? Les élèves ayant écrit les chiffres qu'ils croient devoir représenter 29, le moniteur visite les ardoises; celui qui a le mieux fait devient le premier; ceux qui ont mal écrit cèdent leur place (s'ils en ont une au-dessus) à celui qui a bien écrit; le moniteur corrige l'ardoise de ceux qui ont mal fait; ensuite celui désigné dit : j'ai écrit 29 par deux chiffres, savoir 9 aux unités et 2 aux dizaines, ou 2 aux dizaines d'unité et 9 aux unités d'unité = 29 unités. Si le chiffre 9, dira l'élève, au lieu d'être le premier à droite de la somme 29, se trouvait être le second et par suite à la colonne des dizaines, au lieu de ne représenter que neuf unités, il représenterait au contraire neuf dizaines d'unité ou quatre-vingt-dix unités : de même si le chiffre 2 était placé le premier à droite, au lieu de valoir deux dizaines ou vingt unités, il ne vaudrait plus que deux unités, puisqu'il se trouverait alors placé dans la colonne des unités.

Le moniteur et les élèves passent en revue toutes les sommes depuis une unité jusqu'à 99. Je ne donnerai plus qu'un seul exemple, il serait oiseux d'en donner davantage; les maîtres et les moniteurs donneront les explications par analogie. Supposons 78; le moniteur dira : *Comment écrivez-vous* 78? etc. L'élève désigné répond: j'ai écrit 78 par deux chiffres, savoir 8 aux unités d'unité et 7 aux dizaines d'unité; ou 7 aux dizaines d'unité et 8 aux unités d'unité, égalent soixante-dix-huit unités; le chiffre 8 ne vaut que huit unités, parce que ce chiffre est placé aux unités; mais si le chiffre 8 était placé aux dizaines, il vaudrait huit dizaines ou 80 unités; le chiffre 7 vaut 7 dizaines ou 70 unités, parce qu'il est placé aux dizaines d'unité; mais s'il était placé aux unités, il ne vaudrait que sept unités d'unité. Il en est de même pour toute autre explication.

Deuxième exercice au cercle d'arithmétique pour la 2e classe. [Suite.] DEMANDES, RÉPONSES : écrites et de vive voix.	Ardoise des ÉLÈVES.
Le moniteur dira, supposons : *Comment écrivez-vous* 125 *unités?* Les élèves écrivent la somme qu'ils croient devoir représenter cent vingt-cinq unités; le moniteur visite les ardoises, met le premier celui qui a le plus tôt et le mieux écrit et le mieux fait la somme dont on a fait la question; voilà pour la réponse tacite : pour la réponse de vive voix, l'élève désigné dit : j'ai écrit cent vingt-cinq unités par trois chiffres, savoir 5 aux unités d'unité, 2 aux dizaines d'unité et 1 aux centaines d'unité, font ou égalent (=) cent vingt-cinq unités; ou 1 aux centaines d'unité, 2 aux	100 010 001 101 110 129 130 139 150 169 170 179 200 299 300

Deuxième exercice au cercle d'arithmétique pour la 2e classe. [Suite.] DEMANDES, RÉPONSES : écrites et de vive voix.	Ardoise des ÉLÈVES.
dizaines d'unité et 5 aux unités d'unité, font 125 unités. Il ajoutera : le chiffre 5 ne vaut que cinq unités, parce qu'il est le premier à droite de la somme 125, et par suite suivi à droite d'aucun chiffre; si le chiffre 5 était le second de droite à gauche, il vaudrait cinq dizaines ou 50 unités; s'il était aux centaines, il vaudrait 500 unités. L'élève fera les mêmes explications pour les chiffres 2 et 1.	399 400 499, etc. 900 999 1000 1001, etc. 1234 9999

Donnons un autre exemple : supposons 8,592 ; cette somme écrite, l'élève désigné donnera les explications ; celui qui aurait mal écrit se rectifiera. *J'ai écrit,* dit l'élève, huit mille cinq cent quatre-vingt-douze par quatre chiffres, savoir 2 aux unités d'unité, 9 aux dizaines d'unité, 5 aux centaines d'unité et 8 aux unités de mille = 8,592, ou 8 aux unités de mille, etc. = 8,592. Le chiffre 2 ne vaut que deux unités, parce qu'il est placé le premier à droite et parce qu'il est dans la colonne des unités ; s'il était placé, etc. il vaudrait, etc. : on passe en revue les chiffres 9 et 5 ainsi que nous l'avons dit plus haut. Pour le chiffre 8, l'élève explique que le chiffre 8 vaut 8 mille, parce qu'il est placé aux unités de mille le quatrième à gauche, et immédiatement après la virgule à gauche ; si ce chiffre 8 était placé aux unités d'unité, il ne vaudrait que huit unités ; placé aux dizaines, il ne vaudrait que huit dizaines ou 80 unités ; enfin placé aux centaines, il ne vaudrait que huit cents unités au lieu de huit mille qu'il vaut dans la circonstance ; donc le même chiffre placé de droite à gauche acquiert de dix en dix fois plus de valeur, étant porté de colonne en colonne à gauche.

Troisième classe d'arithmétique. — ÉCRITURE ARITHMÉTIQUE.

DANS la troisième classe on s'occupera de l'explication de toutes les sommes depuis 10,000 jusqu'à 999,999,999. On s'occupera ensuite de la connaissance des signes mathématiques, *plus* +, *moins* —, *égale* = et *signe multiplicatif* ×. On s'occupera ensuite de la connaissance et du placement des centimes et décimes, de la valeur des centimes et décimes, de la valeur du franc en décimes et centimes, de la comparaison de ces valeurs entre elles, enfin de la comparaison du franc aux-sous et des sous aux centimes et décimes. On résumera tout ce qui a été dit, on expliquera ce que signifie un chiffre placé dans diverses parties de chaque tranche.

Pour écrire dix mille, le moniteur dira : prenez la place de cinq chiffres de droite à gauche, écrivez o aux unités d'unité, o aux dizaines d'unité, o aux centaines d'unité, o aux unités de mille et 1 aux dizaines de mille = dix mille; ou 1 aux dizaines de mille, etc. Il expliquera la place de chaque chiffre, etc., tel que nous l'avons dit et que nous en donnerons des exemples dans les exercices au cercle arithmétique. Je vais donner quelques exemples pour les sommes, et je parlerai de ce dont on s'occupera dans la troisième classe.

Supposons 80,634, le moniteur dira : *écrivez* 4 aux unités, 3 aux dizaines d'unité, 6 aux centaines d'unité, o aux unités de mille, et 8 aux dizaines de mille, etc., etc.; ainsi de même et par analogie pour toutes sommes, depuis 10,000 jusqu'à 999,999,999; le moniteur n'oubliera aucune somme, depuis la simple unité jusqu'à la somme dont je viens de parler, il les fera toutes nombrer exactement, sans en excepter une seule. Les maîtres consulteront ce qui sera dit pour les deux exercices aux cercles d'arithmétique. Nous ne donnerons plus ici qu'un seul exemple. Supposons 823,340,200, le moniteur dira : laissez la place de neuf chiffres de gauche à droite, ou de trois tranches de trois chiffres; écrivez o aux unités d'unité, o aux dizaines d'unité, 2 aux centaines d'unité, o aux unités de mille, 4 aux dizaines de mille, 3 aux centaines de mille, 3 aux unités de million, 2 aux dizaines de million, et 8 aux centaines de million, font huit cent vingt-trois millions trois cent quarante mille deux cents, etc. etc. Quand les élèves de la troisième classe connaîtront le placement de toutes les sommes, depuis 1,000 jusqu'à 999,999,999, on passera aux autres objets qui doivent être enseignés dans cette classe.

En arithmétique, dira le moniteur, on se sert de divers signes dont la connaissance est nécessaire : pour marquer qu'une somme doit être additionnée avec une autre, on se sert du signe plus $+$; pour marquer qu'une somme doit être soustraite d'une autre, on se sert du signe moins $-$; par exemple, pour retrancher 5 de 9, je dirais : $9-5=+4$. Pour marquer qu'une somme doit en multiplier une autre, on se sert du $\times$; par exemple, si l'on voulait multiplier 8 par 9, on écrirait ainsi : $8\times9=72$. Enfin, pour désigner qu'une somme doit être divisée par une autre, comme par exemple, 45 par 5, on écrit ainsi : $\frac{45}{5}=9$; c'est-à-dire que 5 est 9 fois dans 45,

$$\text{ou que } \begin{array}{r|l} 45 & 5 \\ \underline{45} & =9 \\ 00 & \end{array}$$

Nous ne parlerons, actuellement, que des deux signes $+$ et $=$; nous parlerons des deux autres à leur place, ainsi que des signes de proportion. Le signe *plus* s'écrit par un trait horizontal, coupé par un trait vertical; ce signe $+$ signifie *plus* ou *et;* le moniteur ayant écrit ce signe sur son ardoise, le fera voir à ses élèves pour qu'ils le copient exactement; il leur dira ensuite, deux traits horizontaux l'un sur l'autre, signifient *font, fait,* ou *égal* $=$. Le moniteur, après avoir écrit ce signe, fait passer son ardoise aux élèves, pour qu'ils écrivent ce signe exactement.

Il leur dira : écrivez cinq centimes, savoir, 5 aux unités, et o aux décimes ou dizaines. Il expliquera que dix centimes ou un décime forment la même somme. Il passera en revue toutes les sommes, depuis et compris 05 jusques à 99 centimes. Quand ils connaîtront le placement des centimes, le moniteur comparera les sommes de centimes avec celles de sous et de décimes : il leur dira d'abord : écrivez cinq centimes ; savoir, 5 aux unités, et 0 aux dizaines ; placez la lettre *c* au-dessus et à droite du 5. Il leur montrera le placement de cette lettre, et ajoutera : placez à droite le signe égal =, écrivez encore à droite l'unité 1ˢ, et mettez *s* au-dessus et à droite ; ces trois choses signifient, cinq centimes font ou égalent un sou. 05ᶜ = 1ˢ. Il en fera de même pour toutes autres sommes de sous et centimes. Quand il aura expliqué et comparé les valeurs de sous avec celles de centimes en décime, 1ˢ = 05ᶜ, etc., etc., etc., il aura soin de bien faire placer les signes et les sommes ; du reste on suivra en entier les explications qui seront données lorsque nous parlerons des deux exercices au cercle d'arithmétique pour la deuxième classe.

Ardoise du MONITEUR.	*Premier exercice au cercle d'arithmétique.* 3ᵉ CLASSE.
de 10,000 à 19,000 de 20,000 à 99,999 de 100,000 à 999,999	L'élève désigné lira sur l'ardoise du moniteur, supposons 43,349, et dira, ces cinq chiffres 9 aux unités d'unité, 4 aux dizaines d'unité, 3 aux centaines d'unité, 3 aux unités de mille, et 4 aux dizaines de mille, = quarante-trois mille trois cent quarante-neuf ; ou bien 4 aux dizaines de mille, etc.
de 1,000,000 à 9,999,999 de 10,000,000 à 99,999,999	Supposons 890,708, l'élève dira ces six chiffres, 8 aux unités d'unité, 0 aux dizaines d'unité, 7 aux centaines d'unité, 0 aux unités de mille, 9 aux dizaines de

Ardoise du MONITEUR.	*Premier exercice au cercle d'arithmétique.* [Suite.] 3e CLASSE.
de 100,000,000 à 999,999,999	mille, et 8 aux centaines de mille, = huit cent quatre-vingt-dix mille sept cent huit; ou 8 aux centaines de mille, 9 aux dizaines de mille, etc., etc., etc., = huit cent quatre-vingt-dix mille sept cent huit.
	Il en est de même pour toutes sommes; nous ne donnerons plus qu'un dernier exemple : supposons 708,378,492; l'élève dira en lisant sur l'ardoise du moniteur ces neuf chiffres; 2 aux unités d'unité, 9 aux dizaines d'unité, 4 aux centaines d'unité, 8 aux unités de mille, 7 aux dizaines de mille, 3 aux centaines de mille, 8 aux unités de million, 0 aux dizaines de million, et 7 aux centaines de million; ou 7 aux centaines de million, 0 aux dizaines de million, etc., = sept cent huit millions trois cent soixante-dix-huit mille quatre cent quatre-vingt-douze francs.
7 78 654 1,697 32,488 499,787 8,789,978 98,879,787 700,800,842	Quand les élèves connaîtront le placement de toutes les sommes, depuis l'unité 1 jusqu'à 999,999,999, on résumera tout ce qui aura été dit, ainsi qu'il suit, et qu'il aura été expliqué lors de l'écriture arithmétique. L'élève dira, en lisant une somme de neuf chiffres, comme celle-ci à côté; on divise la somme ci à côté, par tranche de trois en trois chiffres; chaque tranche est séparée par une vir-

Ardoise du MONITEUR.	*Premier exercice au cercle d'arithmétique.* [Suite.] 3e CLASSE.
de 001 999 001,000 999,000 001,000,000 999,000,000	gule, pour être nombrée plus facilement. Cette division se fait de droite à gauche, ainsi de suite pour toute somme, quelque considérable qu'elle soit. La première tranche à droite, de quelque somme que ce soit, contiendra, de droite à gauche, des unités d'unité, des dizaines d'unité, et des centaines d'unité; la deuxième tranche à droite contiendra des unités de mille, des dizaines de mille, et des centaines de mille; la troisième tranche à droite contiendra, de droite à gauche, des unités de million, des dizaines de million, et des centaines de million; ou bien la première tranche contiendra des unités, depuis 1 jusqu'à 999, la deuxième tranche, des mille depuis 001,000 jusqu'à 999,000, et la troisième tranche, des millions depuis 1,000,000 jusqu'à 999,999,999. On suivra, dans le premier exercice de la troisième classe, ainsi que dans l'écriture, tout ce qui aura été dit dans l'un et l'autre exercice, et ce qui sera dit dans le deuxième exercice au cercle arithmétique (exercice de demandes et réponses); on fera le tout par analogie dans les trois exercices. Nous tâcherons de nous répéter le moins possible dans les trois exercices

Ardoise
du
MONITEUR.

+		=	
c^{es}	s.	s.	c^{es}
05=	1...	1=	05
10=	2...	2=	10
15=	3...	3=	15
20=	4...	4=	20
25=	5...	5=	25
30=	6...	6=	30
35=	7...	7=	35
40=	8...	8=	40
45=	9...	9=	45
50=	10...	10=	50
55=	11...	11=	55
60=	12...	12=	60
65=	13...	13=	65
70=	14...	14=	70
75=	15...	15=	75
80=	16...	16=	80
85=	17...	17=	85
90=	18...	18=	90
95=	19...	19=	95
100=	20...	20=	100
fr.	s.	s.	fr.
1=	20...	20=	1
c^{es}	fr.	fr.	c^{es}
100=	1...	1=	100

Premier exercice au cercle d'arithmétique.
[Suite.]
3e CLASSE.

qui doivent avoir lieu pour les mêmes opérations.

L'élève lira sur l'ardoise : un trait horizontal coupé par un trait vertical, signifie *et* ou *plus*.

Deux traits horizontaux signifient les mots *égale*, *égalent*, *fait* ou *font*.

5 aux unités de centimes, o aux dizaines, ou o aux dizaines de centimes, et 5 aux unités, signifient cinq centimes lorsqu'on a mis au-dessus de l'unité de centimes, en abréviation, le mot centimes C^{es}. On fait passer aux élèves, en revue, toutes les sommes de centimes, de cinq en cinq jusqu'à 100. Quand ils connaissent, ou plutôt quand ils savent lire toutes les sommes de centimes ci-à côté, on leur fait ensuite lire l'inverse, $1^{s} = 05^{ces}$, un sou fait ou égale cinq centimes, ainsi de suite, jusqu'à $20^{s} = 100^{ces}$, vingt sous font ou égalent cent centimes.

Ils disent ensuite qu'un franc fait vingt sous, que vingt sous font ou égalent un franc; que cent centimes égalent un franc, et qu'un franc égale cent centimes. Ils expliqueront que, pour désigner les francs, on se sert de la lettre F; que, cependant, en séparant par une virgule les dizaines et unités de centimes de la somme en

Deuxième exercice au cercle d'arithmétique. 3ᵉ CLASSE. Demandes, réponses écrites sur l'ardoise, et réponses faites de vive voix.	Ardoise des ÉLÈVES.

francs, quoique ces mêmes centimes fussent peu éloignés des francs, et qu'ils soient immédiatement placés à la suite, la virgule est suffisante pour faire faire la distinction ; il n'est pas nécessaire d'écrire la lettre *f* entre les unités de francs et les centimes ; que la raison en est simple, puisque cent centimes valent ou égalent un franc, qu'ainsi les unités de francs se trouvent directement à la place, et pour les centaines de centimes.

Comment écrivez-vous, dira le moniteur, dix mille? Les élèves écrivent la somme qu'ils croient devoir représenter la somme de dix mille ; le moniteur visite les ardoises ; ceux qui ont le mieux fait et le plus tôt, sont les premiers, etc. L'élève désigné dit : j'ai écrit dix mille par cinq chiffres, savoir : 0 aux unités, 0 aux dizaines, 0 aux centaines, 0 aux unités de mille, et 1 aux dizaines de mille ; ou bien, j'ai écrit 1 aux dizaines de mille, 0 aux unités de mille, 0 aux centaines d'unité, 0 aux dizaines d'unité, et 0 aux unités d'unité, égalent ou font (=) dix mille.

Quand les élèves connaîtront, sauront écrire et expliquer toutes les sommes, depuis 10,000 jusques à 999,999,999,

de 10,000
à 99,999
de 100,000
à 999,999
d'un 1,000,000
à 9,999,999
de 10,000,000
à 99,999,999
de 100,000,000
de 999,999,999

Deuxième exercice au cercle d'arithmétique. [Suite.] — 3e CLASSE. Demandes, réponses écrites sur l'ardoise, et réponses faites de vive voix.	Ardoise des ÉLÈVES.

on passera à la connaissance des signes *plus* (+) et *égale* (=). Le moniteur demandera aux élèves : comment écrirez-vous le signe *plus* ou *et?* Les élèves répondent par écrit à cette question; ils traceront sur leurs ardoises les traits qu'ils croieront devoir représenter le signe *plus*. Le moniteur visite les ardoises et voit si tous les élèves ont bien fait; ceux qui ont mal exécuté cèdent leurs places à ceux qui ont bien fait; il en est de même pour tous les exercices, etc., etc. Le moniteur corrige l'ardoise de ceux qui ont mal fait; ensuite l'élève désigné dit : j'ai écrit le signe *plus* (+) par un trait horizontal, coupé par un trait vertical.

Le moniteur fait ensuite les questions suivantes : comment désignerez-vous par un signe tracé sur vos ardoises les mots *fait* ou *font*, *égale* ou *égalent?* Les élèves répondront par écrit, etc. L'élève désigné répond : j'ai écrit ce signe par deux traits horizontaux, au-dessus et parallèles l'un à l'autre.

+			=
ces	s.	s.	ces
05=	1...	1=	05
10=	2...	2=	10
15=	3...	3=	15
20=	4...	4=	20
25=	5...	5=	25
30=	6...	6=	30
35=	7...	7=	35
40=	8...	8=	40
45=	9...	9=	45
50=	10...	10=	50
55=	11...	11=	55
60=	12...	12=	60
65=	13...	13=	65
70=	14...	14=	70
75=	15...	15=	75
80=	16...	16=	80
85=	17...	17=	85
90=	18...	18=	90
95=	19...	19=	95
100=	20...	20=	100
fr.	s.	s.	fr.
1=	20...	20=	1
ces	fr.	fr.	ces
100=	1...	1=	100

Comment écrivez-vous, supposons trente-cinq centimes? Les élèves écrivent, etc., etc. L'élève désigné dit de vive voix : j'ai écrit trente-cinq centimes par deux chiffres, savoir, 5 aux unités de centimes, et 3 aux dizaines de centimes, etc., etc. Il écrit et donne les mêmes explications pour toutes les sommes ci-à côté écrites, écrivant et raisonnant par analogie de ce qui vient d'être dit.

Combien, par exemple, dit le moniteur, quarante-cinq centimes valent-ils de sous? Les élèves écrivent leur réponse telle qu'elle est écrite ici en marge. Voilà leur réponse écrite, le moniteur inspecte les ardoises; celui qui a le mieux fait passe le premier. L'élève désigné dit: j'ai écrit quarante-cinq centimes par 5 aux unités de centimes, et 4 aux dizaines de centimes; j'ai placé un *c* au-dessus du chiffre 5, pour désigner que le chiffre 5 représente des unités de centimes; j'ai écrit 9[s] par 9 aux unités de sous, et ai placé une *s* au-dessus du 9, pour désigner que ce neuf représente neuf sous.

Enfin, l'élève dira de vive voix : quarante-cinq centimes font ou égalent neuf sous. On fait la question inverse : combien, par exemple, 60[ces] font de sous? L'élève répond par écrit et de vive voix, le tout par analogie et pour toutes les sommes écrites, ainsi qu'il a été dit et qu'il sera mieux expliqué par les tableaux, aux exercices de lecture arithmétique.

Nous allons passer au résumé de tout ce que nous avons dit sur la numération; nous le donnerons par demandes et réponses, et le plus analytiquement possible.

RÉSUMÉ. — *Demandes et Réponses.*

On ne fait point de réponse écrite, on répond de suite de vive voix; cependant, on commencera par faire répondre par écrit, jusqu'à ce qu'on sache répondre de vive voix.

D. Comment divise-t-on (dira le moniteur au premier élève) les sommes pour être nombrées plus facilement?

R. Par tranche de trois en trois chiffres; chaque tranche est distinguée par une virgule.

Si le premier élève ne répond pas bien, on passe au deuxième, etc.; celui qui ne dit pas bien perd sa place, etc.

D. Que contiendra la première tranche de trois chiffres?

R. Des unités d'unité, des dizaines d'unité, et des centaines d'unité, depuis une unité (001) jusqu'à neuf cent quatre-vingt-dix-neuf unités (999).

D. Que contiendra la deuxième tranche?

R. Des unités de mille, dizaines de mille, et centaines de mille, depuis un mille (001,000) jusqu'à neuf cent quatre-vingt-dix-neuf mille (999,000).

D. Que contiendra la troisième tranche?

R. Des unités de million, des dizaines de million, et des centaines de million, depuis un million (001,000,000) jusqu'à neuf cent quatre-vingt-dix-neuf millions (999,000,000).

D. A présent que vous connaissez chaque tranche, vous serait-il difficile de dire tout de suite, en voyant une somme, ce que vaudra un chiffre quelconque de chaque tranche?

R. Non, sans doute; si le chiffre est aux unités de la tranche que j'examine, je dirai de suite ce qu'il représente, de même pour les dizaines, de même pour les centaines de chaque tranche.

D. Si le chiffre 5 était placé le troisième de la première tranche, et à gauche, que représenterait-il?

R. 500 unités, parce qu'il se trouverait placé aux centaines de la tranche d'unité, ou le troisième à gauche de la somme proposée.

D. Si le chiffre 3 était placé le deuxième à gauche, dans la deuxième tranche, que représenterait-il?

R. Trente mille, parce qu'il se trouverait placé aux dizaines de la tranche des mille, ou le cinquième chiffre de gauche à droite.

D. Si le chiffre 4 était placé le premier de la troisième tranche de droite à gauche, que représenterait-il?

R. Quatre millions, parce qu'il se trouverait placé aux unités de million dans la tranche des millions, ou le septième chiffre de la somme proposée.

D. Si le chiffre 9 était placé le premier de la première tranche à droite, que représenterait-il?

R. Neuf unités, parce qu'il se trouverait placé aux unités d'unité de la tranche d'unité, ou le premier chiffre à droite de la somme proposée.

D. Si le chiffre 6 était placé le troisième de la deuxième tranche, que représenterait-il ?

R. Six cent mille (600,000), parce qu'il se trouverait placé aux centaines de la tranche de mille, ou le sixième chiffre à gauche de la somme proposée.

D. Si le chiffre 2 était placé le deuxième à gauche de la troisième tranche, que représenterait-il ?

R. Vingt millions, parce qu'il se trouverait placé aux dizaines de la tranche des millions, le deuxième chiffre de cette tranche, ou le huitième chiffre à gauche de la somme proposée.

D. Si le chiffre 7 était placé le deuxième à gauche, dans la première tranche, que représenterait-il ?

R. Soixante-dix unités (70), parce qu'il se trouverait placé aux dizaines de la première tranche, tranche d'unité, ou le deuxième chiffre à gauche de la somme proposée.

D. Si le chiffre 1 était placé le premier à gauche dans la deuxième tranche, que représenterait-il ?

R. Mille (1000), parce qu'il se trouverait placé aux unités de la deuxième tranche, tranche des mille, ou le cinquième chiffre à gauche de la somme proposée.

D. Si le chiffre 8 était placé le dernier ou le troisième à gauche de la troisième tranche, que représenterait il ?

R. Huit cent millions, parce qu'il se trouverait placé aux centaines de la troisième tranche, tranche des millions, ou le neuvième chiffre à gauche de la somme proposée.

On fera comme nous avons dit : l'élève commencera par écrire ; quand il saura bien écrire sa réponse, alors il répondra de vive voix ; bien entendu que soit à la lecture, soit à l'écriture arithmétique au cercle, soit enfin lors des réponses de vive voix, l'élève qui dira mal cédera sa place à celui qui le reprendra, etc.

On fera comprendre aux élèves que chaque place qu'occupe le même chiffre en avançant de droite à gauche, ce même chiffre acquiert de dix en dix fois plus de force ; que pour rendre une somme dix fois plus forte qu'elle n'était, il n'y a qu'à ajouter un zéro à droite, cent fois plus forte on ajoute deux zéros, etc. ; mais que pour la rendre dix fois plus petite il faut ôter un chiffre à droite, ou le séparer du reste de la somme par une virgule. Pour rendre la somme cent fois plus petite, il faut retrancher deux chiffres à droite; enfin qu'en rétrogradant de gauche à droite les sommes représentées sont de dix en dix fois plus petites; qu'ainsi si nous avions, par exemple, la somme 1830; si nous retranchions le chiffre o, nous n'aurions plus que la somme 183,o, cent quatre-vingt-trois (dix fois plus petite); si nous retranchions les deux chiffres o et 3, nous n'aurions plus que 18, 30, dix-huit francs trente centimes, etc.

Addition. — 4e banc.

4e CLASSE.

On s'occupera dans cette classe de l'addition des centimes, des décimes et francs depuis les unités des centimes jusqu'à des sommes de francs très-considérables.

Écrivez, dira le moniteur, pour additionner ensemble ou pour ne former qu'une somme des deux sommes que je vais dicter,

c^{es}	c^{es}	c^{es}
01	01	01
+ 02	+ 01	+ 03
= 03 c^{es}	= 02 c^{es}	= 04 c^{es}

1 aux unités de centimes et o aux décimes ou dizaines de centimes; écrivez sous cette somme 2 aux unités de centimes immédiatement sous le 1 que vous venez de placer, et o aux dizaines de centimes sous le o déjà placé à la colonne des dizaines de centimes; tirez un trait sous cette dernière somme, et dites avec moi, un centime + 2 c^{es} = 3 c^{es}; je place les trois centimes aux unités de centime sous le 2, je viens à la colonne des dizaines de centimes, et je dis, o aux dizaines de centimes et o = o; je pose o sous le o à côté et à gauche des 3 c^{es} placés

aux unités ; j'ai pour total trois centimes ; donc 01 + 02 = 3 centimes ; ainsi de suite jusqu'à $\left\{\begin{array}{r} 01 \\ +\ 09 \\ \hline =\ 10 \end{array}\right.$, qu'il dicte ainsi,

Placez 01 c^es^, savoir 1 aux unités de centimes et 0 aux dizaines ; placez sous cette somme 9 aux unités de centimes et aux dizaines, et dites avec moi, 1 + 9 = 10, posez 0 aux unités de centimes, et comme vous n'avez point de décimes ou dizaines de centimes à additionner dans la colonne des dizaines de centimes, puisqu'il n'y a que des 0, placez votre dizaine de centimes à gauche du 0 que vous venez de placer, ces deux chiffres représentent dix centimes, produit des facteurs 1 + 9 = 10 ; et nous avons placé 1 sous la colonne des décimes, attendu que dix centimes = un décime ; donc dix centimes représentent les deux sommes réunies 01 + 09 = égalent 10 c^es^.

Le moniteur fait ensuite additionner tous les chiffres représentant des unités de centimes, en additionnant deux sommes l'une avec l'autre, et en se conformant aux tableaux que j'ai faits pour les deux exercices au cercle d'arithmétique, avec la seule différence qu'il place ses additions comme nous les avons placées ici, et non comme elles le sont sur les tableaux.

Premier exercice au cercle d'arithmétique.

LECTURE.

Addition. — 4e CLASSE.

Le moniteur a placé sur son ardoise toutes les additions d'unités, combinées de diverses manières, deux à deux, ainsi qu'on va le voir par le tableau suivant.

Les élèves liront chacun une ligne de ce tableau, en se reprenant les uns les autres, etc.

Par le moyen de ces tableaux les élèves apprennent en très-peu de temps l'addition, ainsi qu'on s'en convaincra par la lecture des tableaux et par l'expérience.

	et ou *plus.*		*font* ou *égalent.*		
1	+	1	=	2,	ou 1 et 1 font 2.
2	+	1	=	3,	2 et 1 font 3.
3	+	1	=	4,	3 et 1 font 4.
4	+	1	=	5,	4 plus 1 égalent 5.
5	+	1	=	6,	5 et 1 font 6.
6	+	1	=	7,	6 et 1 égalent 7.
7	+	1	=	8,	7 plus 1 font 8.
8	+	1	=	9,	8 plus 1 font 9.
9	+	1	=	10,	9 plus 1 égalent 10.

Voilà pour le chiffre 1 combiné avec tous les chiffres et ne formant avec chacun d'eux qu'un seul produit.

Passons aux chiffres 2 et 3.

$1+2=3$, ou 1 et 2 font 3.	$6+2=8$, ou 6 et 2 font 8.
$2+2=4$, etc.	$7+2=9$, etc.
$3+2=5$	$8+2=10$
$4+2=6$	$9+2=11$
$5+2=7$	

$1+3=4$, ou 1 et 3 font 4.	$6+3=9$, ou 6 et 3 font 9.
$2+3=5$, etc.	$7+3=10$, etc.
$3+3=6$	$8+3=11$
$4+3=7$	$9+3=12$
$5+3=8$	

Passons à la combinaison de l'unité 4 avec tous les autres chiffres représentant des unités.

$1+4=5$, ou 1 et 4 égalent 5.	$4+6=10$, ou 4 et 6 font 10.
$2+4=6$, etc.	$4+7=11$, etc.
$3+4=7$	$4+8=12$
$4+4=8$	$4+9=13$
$4+5=9$	

Suite du tableau de lecture arithmétique pour l'addition.

4ᵉ CLASSE.

1+5 = 6, ou 1 et 5 font 6. 2+5 = 7, etc. 3+5 = 8 4+5 = 9 5+5 = 10	6+5 = 11, ou 6 et 5 font 11. 7+5 = 12, etc. 8+5 = 13 9+5 = 14
1+6 = 7, ou 1 et 6 font 7. 2+6 = 8, etc. 3+6 = 9 4+6 — 10 5+6 = 11	6+6 = 12, ou 6 et 6 font 12. 7+6 = 13, etc. 8+6 = 14 9+6 = 15
1+7 = 8, ou 1 et 7 font 8. 2+7 = 9, etc. 3+7 = 10 4+7 = 11 5+7 = 12	6+7 = 13, ou 6 et 7 font 13. 7+7 = 14, etc. 8+7 = 15 9+7 = 16
1+8 = 9, ou 1 et 8 font 9. 2+8 = 10, etc. 3+8 = 11 4+8 = 12 5+8 = 13	6+8 = 14, ou 6 et 8 font 14. 7+8 = 15, etc. 8+8 = 16 9+8 = 17
1+9 = 10, ou 1 et 9 font 10. 2+9 = 11, etc. 3+9 = 12 4+9 = 13 5+9 = 14	6+9 = 15, ou 6 et 9 font 15. 7+9 = 16, etc. 8+9 = 17 9+9 = 18

J'ai oublié de parler des décimes : je vais en donner quelques exemples.

déc.		s.		s.		déc.	déc.		s.		s.		déc.
1	=	2	. . .	2	=	1	6	=	12	. . .	12	=	6
2	=	4	. . .	4	=	2	7	=	14	. . .	14	=	7
3	=	6	. . .	6	=	3	8	=	16	. . .	16	=	8
4	=	8	. . .	8	=	4	9	=	18	. . .	18	=	9
5	=	10	. . .	10	=	5	10	=	20	. . .	20	=	10

Suite du tableau de lecture arithmétique pour l'addition.

4ᵉ CLASSE.

déc.		c^es		c^es		déc.	déc.		c^es		c^es		déc.
1	=	10	...	10	=	1	6	=	60	...	60	=	6
2	=	20	...	20	=	2	7	=	70	...	70	=	7
3	=	30	...	30	=	3	8	=	80	...	80	=	8
4	=	40	...	40	=	4	9	=	90	...	90	=	9
5	=	50	...	50	=	5	10	=	100	...	100	=	10

Deuxième exercice au cercle d'arithmétique.

Demandes et réponses de vive voix.

Le moniteur demandera au premier élève quelle somme on a ajouté à 1 pour former 2; l'élève répondra : 1 + 1 = 2; on a ajouté, dira-t-il, le chiffre 1 à un autre chiffre 1 pour former la somme 2, ou 2 est le produit de l'addition du chiffre 1 avec un autre chiffre 1. Les élèves feront cet exercice et les suivans en se reprenant les uns les autres.

Le moniteur dira ensuite à un élève :

3 est l'addition de 1 avec etc. L'élève dit : 3 est l'addition de 1 avec 2 = 3; s'il ne dit pas bien, on demande au suivant, etc.

4 est l'addition	de 1 avec...	8 est l'addition	de 1 avec...
5	de 1 avec	9	de 1 avec
6	de 1 avec	10	de 1 avec
7	de 1 avec		

Passons au chiffre 2.

Le moniteur dira à l'élève :

3 est l'addition de 2 avec etc. L'élève doit dire quel est le chiffre qu'il faut additionner avec le chiffre 2 pour former 3, etc.

4 est le produit	de 2 + etc.	8 est le produit	de 2 + etc.
5	de 2	9	de 2
6	de 2	10	de 2
7	de 2	11	de 2

Passons maintenant au chiffre 3.

Le moniteur questionnera l'élève ainsi :

4 est le produit de 3 + etc.		8 est le produit de 3 + etc.	
L'élève répondra, etc. :		9	de 3
5 est le produit de 3 + etc.		10	de 3
6	de 3	11	de 3
7	de 3	12	de 3

Passons au chiffre 4.

5 est le produit de 4 + etc.		10 est le produit de 4 + etc.	
6	de 4	11	de 4
7	de 4	12	de 4
8	de 4	13	de 4
9	de 4		

Passons au chiffre 5.

6 est le produit de 5 + etc.		11 est le produit de 5 + etc.	
7	de 5	12	de 5
8	de 5	13	de 5
9	de 5	14	de 5
10	de 5		

Passons au chiffre 6.

7 est le produit de 6 + etc.		12 est le produit de 6 + etc.	
8	de 6	13	de 6
9	de 6	14	de 6
10	de 6	15	de 6
11	de 6	16	de 6

Passons au chiffre 7.

8 est le produit de 7 + etc.		13 est le produit de 7 + etc.	
9	de 7	14	de 7
10	de 7	15	de 7
11	de 7	16	de 7
12	de 7		

Pour le chiffre 8 :

9 est le produit de 8 + etc.		14 est le produit de 8 + etc.	
10	de 8	15	de 8
11	de 8	16	de 8
12	de 8	17	de 8
13	de 8		

Pour le chiffre 9 :

10 est le produit de 9 + etc.		15 est le produit de 9 + etc.	
11	de 9	16	de 9
12	de 9	17	de 9
13	de 9	18	de 9
14	de 9		

Nous irons jusques à la somme 19, parce que, par ce moyen, les élèves feront les additions de plusieurs sommes avec facilité; car il n'y a plus qu'à ajouter dans la mémoire une ou plusieurs dizaines, ainsi qu'en voilà un exemple : supposons $18+9=27$, $28+9=37$; on a donc ajouté dans la mémoire une dizaine pour former par analogie 37, comme on avait formé 27 par l'addition des deux sommes $18+9=27$, comme par analogie $8+9=17$, etc.

11 est le produit de 10 + etc.		16 est le produit de 10 + etc.	
12	de 10	17	de 10
13	de 10	18	de 10
14	de 10	19	de 10
15	de 10		

12 est le produit de 11 + etc.		17 est le produit de 11 + etc.	
13	de 11	18	de 11
14	de 11	19	de 11
15	de 11	20	de 11
16	de 11		

Suite du tableau de lecture arithmétique pour l'addition.

4e CLASSE.

13 est le produit de 12 + etc.	18 est le produit de 12 + etc.
14 de 12	19 de 12
15 de 12	20 de 12
16 de 12	21 de 12
17 de 12	
14 est le produit de 13 + etc.	19 est le produit de 13 + etc.
15 de 13	20 de 13
16 de 13	21 de 13
17 de 13	22 de 13
18 de 13	
15 est le produit de 14 + etc.	20 est le produit de 14 + etc.
16 de 14	21 de 14
17 de 14	22 de 14
18 de 14	23 de 14
19 de 14	
16 est le produit de 15 + etc.	21 est le produit de 15 + etc.
17 de 15	22 de 15
18 de 15	23 de 15
19 de 15	24 de 15
20 de 15	
17 est le produit de 16 + etc.	22 est le produit de 16 + etc.
18 de 16	23 de 16
19 de 16	24 de 16
20 de 16	25 de 16
21 de 16	
18 est le produit de 17 + etc.	23 est le produit de 17 + etc.
19 de 17	24 de 17
20 de 17	25 de 17
21 de 17	26 de 17
22 de 17	

Suite du tableau de lecture arithmétique pour l'addition.

4ᵉ CLASSE.

19 est le produit	de 18 + etc.	24 est le produit	de 18 + etc.
20	de 18	25	de 18
21	de 18	26	de 18
22	de 18	27	de 18
23	de 18		

20 est le produit	de 19 + etc.	25 est le produit	de 19 + etc.
21	de 19	26	de 19
22	de 19	27	de 19
23	de 19	28	de 19
24	de 19		

Quoique les élèves paraissent savoir leur tableau, il ne faut pas tout-à-fait s'en rapporter à l'apparence, ils ne savent souvent que de mémoire; l'entendement n'y est quelquefois pour rien : je conseille donc de leur faire des questions sur toutes les parties du tableau indistinctement.

Quand les élèves connaîtront dans les trois exercices d'arithmétique les additions d'unités de centimes à deux sommes, on passera à l'addition de deux sommes composées d'unités et dizaines de centimes; mais il n'y aura plus de tableau, l'ardoise du moniteur servira pour la lecture arithmétique; pour le deuxième exercice arithmétique les élèves feront seuls les opérations dictées en écriture arithmétique, et lues au premier exercice du cercle.

Addition.

Passons maintenant à l'addition des centimes et décimes de deux sommes :

10	10	11	12, etc.	jusqu'à 99
+ 10	+ 11	+ 11	+ 12	+ 99
= 20	= 21	= 22	= 24	= 1,98

On expliquera aussi que l'on écrit telle somme d'unité de centimes que ce soit comme 07 c^{es}, 03 c^{es}, en mettant un o à gauche du chiffre significatif, parce que si l'on avait une somme de francs et centimes à écrire sans décimes, les centimes seraient considérés comme des décimes ou dizaines de centimes, si on les écrivait seuls sans o à gauche; qu'ainsi la somme vingt-deux francs cinq centimes écrite par les trois chiffres 22 fr. 5 ou 22,5 représenterait 22,50 c^{es}, vingt-deux francs cinquante centimes ou vingt-deux francs cinq décimes, et qu'en écrivant 22,05 c^{es} on a réellement écrit la somme vingt-deux francs cinq centimes sans équivoque; qu'en écrivant 5 aux décimes, on lui donne dix fois plus de valeur qu'aux unités, etc.

Donnons quelques explications des additions ci-dessus pour la première : o + o aux unités de centimes = o que je place, dit le moniteur, aux unités de centimes sous la colonne des unités de centimes; 1 + 1 aux dizaines de centimes = 2 dizaines de centimes que je place aux dizaines de centimes sous la colonne des dizaines de centimes additionnés. Passons à l'addition des deux sommes 99. Le moniteur dira aux élèves comme il aura dû dire pour toutes sommes à additionner : écrivez 99 c^{es}, savoir 9 aux unités de centimes et 9 aux dizaines de centimes; écrivez une seconde somme de 99 c^{es}, savoir 9 c^{es} sous le 9 de la somme précédente placé aux unités de centimes, et 9 décimes sous le 9 de la somme précédente placé aux dizaines de centimes ou aux décimes; il s'agit d'additionner ces deux sommes pour n'en former plus qu'une représentant la valeur des deux; tirez un trait sous la dernière somme placée et dites avec moi, 9 + 9 placés aux unités de la colonne de centimes = 18 centimes, nous plaçons 8 aux unités de centimes sous la colonne des centimes et retenons 1 décime ou une dizaine de centimes; nous continuons l'opération et disons 9 + 9 placés à la colonne des centimes = 18 dizaines de centimes, 18 + 1 de retenu = 19 dizaines, je place 9 sous la colonne des dizaines de centimes et écris le chiffre 1 à côté et à gauche; ce chiffre 1 se trouve placé à la colonne des centaines de centimes, et comme vous le savez 100 c^{mes} = 1 fr.; ce chiffre 1 placé aux centaines vaudra un franc en plaçant une virgule entre le franc et les dizaines de centimes, le produit de mes deux sommes 99 + 99 = un franc quatre-vingt-dix-huit centimes ou 198 centimes.

Quand les élèves connaîtront parfaitement l'addition des centimes et décimes, on passera à l'addition des deux sommes composées de francs, décimes et centimes. On fera faire toutes les additions de deux sommes depuis les centimes, décimes, unités de francs jusqu'aux centaines de millions; on passera ensuite à l'addition de trois, quatre sommes, etc., en faisant les additions 1° de plusieurs sommes de centimes et décimes; passant ensuite à celles de plusieurs sommes de centimes, décimes et francs; enfin l'addition de plusieurs sommes des plus considérables : on aura soin pour les sommes considérables de bien faire expliquer aux élèves au cercle d'arithmétique, la numération des sommes, telle que nous l'avons expliquée dans les deuxième et troisième classes.

		fr. ces.		
		1,47		
		1,55	8,82	3,244,30
		1,66	7,36	4,322,50
8,73	32,48	1,78	9,37	12,434,60
+ 7,64	+ 50,36	1,05	6,40	8,233,72
= 16,37	= 82,84	7,51	31,95	28,235,12

Nous n'allons faire ici que la dernière addition; elle sera suffisante pour exprimer tout ce qui est à faire dans telle addition que ce soit. Le moniteur dira aux élèves : placez la somme 3,244,30, savoir 0 aux unités de centimes, 3 aux dizaines de centimes; placez une virgule à gauche, et écrivez 4 aux unités de francs, 4 aux dizaines de francs, 2 aux centaines de francs; placez une virgule à gauche, et écrivez 3 aux unités de mille. Passons à la deuxième somme : écrivez 4,322,50, placez cette somme sous celle que vous venez d'écrire, savoir 0 aux unités de centimes et sous le 0 de la somme précédemment placée, ainsi de suite pour cette somme et pour les deux autres; les sommes placées, le trait tiré sous les quatre sommes à additionner, on procède à l'addition ainsi qu'il suit : colonne d'unité de centimes o + o = o, o + o = o, o + 2 = 2 ; je place 2 aux unités de centimes sous la colonne des unités de centimes ; passant à la colonne des dizaines de centimes, on dit : 3 + 5 = 8, 8+6 = 14, + 7 = 21, qui représentent 21 dizaines de centimes ou 2 fr. 10 c^mes; je place 1 aux dizaines de centimes et je retiens deux centaines de centimes ou 2 francs pour être additionnés avec les francs, et je dis à la colonne des francs, 2 francs de retenu produit des centimes additionnés, 2 f. + 4 f. = 6 f., 6+2 = 8, 8+4 = 12, 12+3 = 15 fr. ; je pose 5 aux francs sous la colonne des unités de francs additionnés, et je retiens 1 qui vaut dix francs, pour être porté à additionner à la colonne des dizaines de francs ; je viens aux dizaines de francs : je dis 1 de retenu + 4 = 5, 5 + 2 = 7, 7 + 3 = 10, 10 + 3 = 13 ; je place 3 aux dizaines de francs et retiens 1 pour être porté à additionner avec la colonne des centaines ; je viens à la colonne des centaines, et je dis : 1 de retenu + 2 = 3, 3 + 3 = 6, 6 + 4 = 10, 10 + 2 = 12 ; je place 2 aux centaines de francs, et je retiens 1 pour être porté à la colonne des unités de mille ; je viens à la colonne des unités de mille, et je dis : 1 de retenu + 3 = 4, 4 + 4 = 8, 8 + 2 = 10, 10 + 8 = 18 ; je place 8 aux unités de mille et retiens un pour être porté aux dizaines de mille : 1 de retenu + 1 aux dizaines de mille = 2 ; je place 2 aux dizaines de mille. Les quatre sommes 3,244,30 + 4,322,50 + 12,434,60 + 8,233,72 = 28,235,12, ou les quatre sommes dont je viens de parler sont actuellement réunies en une seule formant la somme de vingt-huit mille deux cent trente-cinq francs douze centimes.

(*Suit le 1er exercice de lecture arithmétique pour la 4e classe.*)

Ardoise du MONITEUR.	*Premier exercice de lecture arithmétique pour la 4e classe.* ADDITION.
fr. c. 8,73 + 7,64 =16,37	On lira dans cet exercice, sur l'ardoise du moniteur, ce qui aura été fait en écriture arithmétique.
fr. c. 32,48 +50,36 =82,84	Supposons la dernière addition, les élèves feront les opérations suivantes en se reprenant les uns et les autres, et celui qui dira bien prendra la place de celui qui aura mal dit.
fr. c. 47 56 66 78 05 2,51	Le premier élève dira à la colonne des centimes : o + o d'unité de centimes = o; le deuxième élève : o + o = o; le troisième élève, o + 2 = 2, que je placerai aux unités de centimes sous la colonne des unités de centimes; le quatrième élève passant à la colonne des dizaines de centimes dira : 3 + 5 = 8; le cinquième élève, 8 + 6 = 14; le sixième élève, 14 + 7 = 21; je placerai 1 aux dizaines de centimes sous la colonne des dizaines de centimes; je retiens 2 fr. qui = 200 centimes ou 20 dizaines de centimes, ou deux dizaines de dizaines de centimes ou deux francs.
fr. c. 8,82 7,36 9,37 6,40 31,95	Le septième élève passant à la colonne des francs dira : 2 de retenu + 4 = 6; le huitième élève, 6 + 2 = 8; le premier élève, 8 + 4 = 12; le deuxième élève, 12 + 3 = 15; je placerai 5 aux unités de francs, et je retiendrai 1 pour être porté à additionner avec les sommes contenues dans la colonne des dizaines de francs.
fr. c. 3,244,30 4,322,50 12,434,60 8,233,72 28,235,12	Le troisième élève, passant à la colonne des

Ardoise du MONITEUR.	*Premier exercice de lecture arithmétique pour la 4e classe.* [Suite.] ADDITION.

dizaines de francs, dira : 1 de retenu + 4 = 5; le quatrième élève, 5 + 2 = 7; le cinquième élève, 7 + 3 = 10; le sixième élève, 10 + 3 = 13; je placerai 3 aux dizaines de francs, et retiendrai 1 pour être porté à additionner à la colonne des centimes.

Le septième élève dira, en passant à la colonne des centimes, 1 de retenu + 2 = 3; le huitième élève, 3 + 3 = 6; le premier élève, 6 + 4 = 10; le deuxième élève, 10 + 2 = 12; je placerai 2 aux centaines de francs sous la colonne des centimes, et retiendrai 1 pour être porté à additionner avec la colonne des unités de mille.

Le troisième élève dira, en passant à la colonne des unités de mille, 1 de retenu + 3 = 4; le quatrième élève, 4 + 4 = 8; le cinquième élève, 8 + 2 = 10; le sixième élève, 10 + 8 = 18; je placerai 8 aux unités de mille sous la colonne des unités de mille, pour être porté à additionner avec la colonne des dizaines de mille.

Le septième élève dira, passant à la colonne des dizaines de mille, 1 de retenu + 1 = 2, que je placerai aux dizaines de mille sous la colonne des dizaines de mille; le huitième élève dira : les quatre sommes additionnées produisent un total de 28,235 fr. 12 ces, savoir 2 aux unités de centimes, etc.

Deuxième exercice au cercle d'arithmétique pour la 4e classe.

ADDITION.

Le moniteur dictera les mêmes sommes qui ont été écrites et additionnées en écriture arithmétique, les mêmes qui ont été lues au cercle arithmétique (1er exercice); les élèves feront l'addition des sommes données; celui qui aura le plus tôt et le mieux fait sera le premier.

Ardoise des élèves.

		47		
		+ 55	8,82	3,244,30
		+ 66	7,36	4,322,50
8,73	32.48	+ 78	9,37	12,434,60
+ 7,64	+ 50,36	+ 05	6,40	8,232,72
= 16,37	= 82,84	= 2.51	= 31,95	= 28,235,12

SOUSTRACTION.

5e *Classe.* — Le moniteur expliquera que la soustraction est le retranchement d'une somme payée à compte d'une autre que l'on nous devrait ou que nous devrions, et que l'opération faite nous savons ce qui nous est dû ou ce que nous devons en reste. C'est pourquoi on appelle le résultat de l'opération reste ou différence.

Écriture arithmétique.

Le moniteur commencera par faire écrire des sommes d'unités d'unité, desquelles il soustraira des sommes d'unités d'unité.

Par exemple : qui de 2 qui de 3, etc.
paie 1 paie 1
R. 1 R. 2

On fera d'abord toutes les soustractions qui sont portées dans les tableaux de lecture arithmétique pour cette classe. Néanmoins le moniteur fera lire sur son ardoise les mêmes opérations qui auront été dictées dans les bancs d'arithmétique, au lieu de les faire lire sur les tableaux ; il fera écrire aux élèves le signe *moins*, en leur disant : pour faire le signe de soustraction ou le signe *moins*, on tire simplement un seul trait horizontal ; ainsi, pour soustraire 1 de 2, on mettrait entre ces deux chiffres le signe *moins*, comme 2 — 1 = 1 ou reste 1.

Pour ce qui est du deuxième exercice arithmétique, le moniteur dictera des sommes d'unités d'unité, desquelles on soustraira d'autres sommes d'unités d'unité, conformément aux tableaux de lecture, la somme ou les sommes capitales ainsi que les sommes à distraire des premières écrites : les élèves font l'opération ; celui qui a le mieux fait et le plus tôt passe le premier.

Lecture arithmétique.

SOUSTRACTION.

Premier exercice. — 5e *classe arithmétique.*

Le signe — (moins) désigne les mots *ôte*, *paie* et *moins;* de sorte que toutes les fois que l'on verra ce signe, il désignera qu'une somme est à soustraire d'une autre.

Commençons à soustraire le chiffre 1 de tous les autres chiffres.

L'élève désigné lira sur l'ardoise du moniteur :

				reste ou égale.							reste ou égale.	
qui de ou qui doit ou	2	ôte paie moins	1	=	1	qui de ou qui doit ou	7	ôte paie moins	1	=	6
	3	—	1	=	2		8	—	1	=	7
	4	—	1	=	3		9	—	1	—	8
	5	—	1	=	4		10	—	1	=	9
	6	—	1	=	5						

Suite du tableau de soustraction du 1er exercice d'arithmétique.

5e CLASSE.

3 — 2, reste ou égale	= 1	8 — 2, reste ou égale	= 6
4 — 2, etc.	= 2	9 — 2, etc.	= 7
5 — 2	= 3	10 — 2	= 8
6 — 2	= 4	11 — 2	= 9
7 — 2	= 5		
4 — 3, reste ou égale	= 1	9 — 3, reste ou égale	= 6
5 — 3, etc.	= 2	10 — 3, etc.	= 7
6 — 3	= 3	11 — 3	= 8
7 — 3	= 4	12 — 3	= 9
8 — 3	= 5		
5 — 4, reste ou égale	= 1	10 — 4, reste ou égale	= 6
6 — 4, etc.	= 2	11 — 4, etc.	= 7
7 — 4	= 3	12 — 4	= 8
8 — 4	= 4	13 — 4	= 9
9 — 4	= 5		
6 — 5, reste ou égale	= 1	11 — 5, reste ou égale	= 6
7 — 5, etc.	= 2	12 — 5, etc.	= 7
8 — 5	= 3	13 — 5	= 8
9 — 5	= 4	14 — 5	= 9
10 — 5	= 5		
7 — 6, reste ou égale	= 1	12 — 6, reste ou égale	= 6
8 — 6, etc.	= 2	13 — 6, etc.	= 7
9 — 6	= 3	14 — 6	= 8
10 — 6	= 4	15 — 6	= 9
11 — 6	= 5		
8 — 7, reste ou égale	= 1	13 — 7, reste ou égale	= 6
9 — 7, etc.	= 2	14 — 7, etc.	= 7
10 — 7	= 3	15 — 7	= 8
11 — 7	= 4	16 — 7	= 9
12 — 7	= 5		

Suite du tableau de soustraction du 1er exercice d'arithmétique.

5e CLASSE.

9 — 8, reste ou égale	= 1		14 — 8, reste ou égale	= 6
10 — 8, etc.	= 2		15 — 8, etc.	= 7
11 — 8	= 3		16 — 8	= 8
12 — 8	= 4		17 — 8	= 9
13 — 8	= 5			

10 — 9, reste ou égale	= 1		15 — 9, reste ou égale	= 6
11 — 9, etc.	= 2		16 — 9, etc.	= 7
12 — 9	= 3		17 — 9	= 8
13 — 9	= 4		18 — 9	= 9
14 — 9	= 5			

Deuxième exercice au cercle d'arithmétique.

SOUSTRACTION. — 5e CLASSE.

Le moniteur dira à l'élève : on devait, par exemple, 2 fr.; on reste devoir encore 1 fr. : combien a-t-on payé? — *Réponse de l'élève.....*

Si le premier élève ne dit pas bien, on passe au second, etc.

Exemple d'exercices pour tout chiffre représentant des unités d'unités, soustrait d'une somme quelconque d'unités d'unités et de dizaines d'unités seulement.

En connaissant ces tableaux, l'élève pourra répondre à toutes les questions sur la soustraction.

On devait	on redoit	combien a-t-on payé?	Réponse de l'élève.
2	1		
3	1		*R.*
4	1		*R.*
5	1		*R.*
6	1		*R.*
7	1		*R.*
8	1		*R.*
9	1		*R.*
10	1		*R.*

Suite du deuxième exercice au cercle d'arithmétique pour la soustraction.

5e CLASSE.

On devait 3,	on redoit 2	: combien a-t-on payé?	*Réponse de l'élève.*
4	2		*R.*
5	2		*R.*
6	2		*R.*
7	2		*R.*
8	2		*R.*
9	2		*R.*
10	2		*R.*
11	2		*R.*

On devait 4,	on redoit 3	: combien a-t-on payé?	*Réponse de l'élève.*
5	3		*R.*
6	3		*R.*
7	3		*R.*
8	3		*R.*
9	3		*R.*
10	3		*R.*
11	3		*R.*
12	3		*R.*

On devait 5,	on redoit 4	: combien a-t-on payé?	*Réponse de l'élève.*
6	4		*R.*
7	4		*R.*
8	4		*R.*
9	4		*R.*
10	4		*R.*
11	4		*R.*
12	4		*R.*
13	4		*R.*

Suite du deuxième exercice au cercle d'arithmétique pour la soustraction.

5ᵉ CLASSE.

On devait 6, on redoit 5 : combien a-t-on payé ? *Réponse de l'élève.*

7	5	*R.*
8	5	*R.*
9	5	*R.*
10	5	*R.*
11	5	*R.*
12	5	*R.*
13	5	*R.*
14	5	*R.*

On devait 7, on redoit 6 : combien a-t-on payé ? *Réponse de l'élève.*

8	6	*R.*
9	6	*R.*
10	6	*R.*
11	6	*R.*
12	6	*R.*
13	6	*R.*
14	6	*R.*
15	6	*R.*

On devait 8, on redoit 7 : combien a-t-on payé ? *Réponse de l'élève.*

9	7	*R.*
10	7	*R.*
11	7	*R.*
12	7	*R.*
13	7	*R.*
14	7	*R.*
15	7	*R.*
16	7	*R.*

Suite du deuxième exercice au cercle d'arithmétique pour la soustraction.

5e CLASSE.

On devait 9,	on redoit 8 : combien a-t-on payé ?	*Réponse de l'élève.*
10	8	*R.*
11	8	*R.*
12	8	*R.*
13	8	*R.*
14	8	*R.*
15	8	*R.*
16	8	*R.*
17	8	*R.*

On devait 10,	on redoit 9 : combien a-t-on payé ?	*Réponse de l'élève.*
11	9	*R.*
12	9	*R.*
13	9	*R.*
14	9	*R.*
15	9	*R.*
16	9	*R.*
17	9	*R.*
18	9	*R.*

Suite de la soustraction.

5e CLASSE. — ÉCRITURE ARITHMÉTIQUE.

On commencera par soustraire une somme d'unités de centimes d'une autre somme plus forte d'unités de centimes ; on passera ensuite aux soustractions dont les sommes seront composées d'unités et dizaines de centimes ; enfin, on passera aux soustractions dont les sommes seront composées d'unités de centimes, dizaines de centimes et unités de francs, dizaines de francs, etc., jusqu'aux centaines de millions. On ne fera faire que des soustractions aisées en commençant; c'est-à-dire, on fera faire des soustractions dont les chiffres de chaque somme principale seront plus forts que ceux qui leur correspondront dans les sommes payées ou reçues; on passera ensuite à toutes autres composées de o et de chiffres qui nécessiteront des emprunts de chiffre à chiffre; ce qui a lieu quand le chiffre qui paie est plus fort que celui duquel il est soustrait. Je vais donner quelques exemples :

qui { de 05	62	2,61	3,92	83,42
qui { paie 04	— 31	— ,21	— 2,80	— 62,30
Reste 01	R. 31	R. 2,40	R. 1,12	R. 21,12
Preuv. 05	62	2,61	3,92	83,42

fr. c.	fr. c.	fr. c.
6,348,49	84,867,37	879,673,432,32
— 4,236,34	P. 73,643,34	— 364,262,302,21
R. 2,112,15	R. 11.224,03	R. 515,411,130,11
Preuv. 6,348,49	84,867,37	879,673,432,32

Le moniteur dira : écrivez cinq centimes; supposons que vous deviez cette somme et que vous payiez à compte quatre centimes, vous dites, qui de 5 — 4, R. 1. Écrivez 62 centimes; supposons que nous devions cette somme, et que nous payions 31 centimes, j'écris la somme payée sous la somme due, et je dis, qui de 2 — 1, R. 1. Je place ce reste aux unités de centimes, sous la colonne des unités; je passe au chiffre 6, qui est aux dizaines de la somme, et je dis, qui de 6 — 3, R. 3. Je place ce reste 3 aux dizaines de centimes, j'ai un reste de 31 centimes, ou je redois 31 centimes.

Écrivez, dira le moniteur, la somme de 84,867 fr. 37 c., que je suppose devoir : savoir, etc. etc. etc.; écrivez sous cette somme celle de 73,643 fr. 34 cent., que je suppose donner à compte, et dites avec moi, qui de 7 centimes en paie 4, R. 3 : je place ce chiffre 3, somme en reste, aux unités de centimes;

je dis ensuite, qui de 3 décimes ou 3 dizaines de centimes paie 3 décimes, R. o; je place ce o aux dizaines de centimes. Je passe aux unités de francs, et je dis, qui de 7 fr. — 3, R. 4. Je place le reste 4 aux unités de francs : qui de 6 dizaines de francs en paie 4, R. 2. Je place ce reste 2 aux dizaines de fr.; qui de 8 centaines en paie 6, reste 2 centaines, que je place aux centaines; qui de 4 mille en paie 3, reste 1 mille; je place ce reste un aux unités de mille; qui de 80 mille en paie 70, ou qui de 8 — 7, reste 1 ou dix mille; je place ce 1 aux dizaines de mille. Il en est de même pour toute soustraction dont les deux sommes sont plus ou moins considérables, et dont chaque chiffre de la somme due est plus fort, ou au moins de même force que celui qui lui correspond dans la somme payée, excepté le dernier à gauche de la somme due, qui doit être toujours plus fort que celui qui lui correspond de la somme payée.

Exemple de soustraction, plus difficile :

Je dois	8,747,00	Je dois	7,800,403,09	Additionner la somme payée et le reste ou la différence pour la preuve; cette addition doit reproduire la somme due en principal.
Je paie	7,840,20	Je paie	6,973,264,39	
R.	0,906,80	R.	0,827,138,70	
Preuve.	8,747,00	Preuve.	7,800,403,09	

Le moniteur expliquera ces sortes de soustractions de la manière suivante : il dira, pour la première (après avoir fait placer la règle comme il a été dit), aux unités de centimes, qui de o de centimes paie o de centimes, reste o, qu'il faut placer sous la colonne des unités de centimes; qui de o aux décimes paie 2 décimes, ou paierait trop, ou la chose ne se peut (c'est-à-dire, la chose ne peut avoir lieu); il faut emprunter 1 sur le chiffre 3 placé aux unités de francs. Pour reconnaître que l'emprunt a été fait, on met un point au-dessus du chiffre sur lequel on a emprunté : ce chiffre emprunté vaut dix décimes. Nous dirons, qui de dix décimes ou de dix dizaines de centimes, ou qui de 10 paie 2, reste 8. Je place ce reste 8 sous la colonne des décimes, je viens à la colonne des francs. Le chiffre 7 ne vaut plus que 6 francs, puisque nous avons emprunté 1 : nous disons, qui de 6 paie 0, reste 6; nous plaçons ce 6 sous le 0, aux unités de francs. Venant aux dizaines de francs, nous disons, qui de 4 paie 4, reste 0, que nous plaçons aux dizaines, sous la colonne des dizaines de francs. Venant à la colonne des centaines de francs, nous disons, qui de 7 paie 8 ne se peut : nous empruntons 1 sur le chiffre 8 placé aux unités de mille; cet 1 vaut dix centaines. Nous disons alors, qui de 17 paie 8, reste 9; nous plaçons ce 9 sous la colonne des centaines; nous venons ensuite à la colonne des mille, et ne considérant le chiffre 8 que pour un 7, puisque nous avons emprunté 1, nous disons, qui de 7 paie 7, reste 0, que nous plaçons sous la colonne d'unités de mille; nous avons pour reste 0,906,80; c'est-à-dire, nous devons ou il nous est dû en reste cette somme.

2e *Exemple, commençant par la droite.*

Qui de 9 P. 9, R. 0, que je place aux unités de centimes, sous la colonne d'unités de centimes. Qui de 0 aux dizaines de centimes paie 8, ne se peut; il faut emprunter 1 sur le chiffre 3. Cet 1 vaut un franc, ou dix décimes, ou dix dizaines de centimes. Je dis alors, qui de dix paie 8, R. 2, que je place aux décimes, sous la colonne des décimes. Je viens aux unités de francs; au lieu de dire qui de 3, je dis qui de 2, attendu que j'ai emprunté un fr. Qui de 2 paie 4, ne se peut; il faut emprunter 1 sur les dizaines de francs; mais comme ce chiffre est un 0, et qu'un 0 n'a de valeur que par le chiffre significatif qui le suit à sa gauche, j'emprunte 1 sur le 4, 3e chiffre à gauche, placé aux centaines de francs. Cet 1 vaut cent unités ou dix dizaines d'unités. Je mets un point sur le 0 et un point sur le chiffre 4; j'emprunte alors dans mon imagination une dizaine sur les dix dizaines, ou 1, qui vaut dix unités, et je mets imaginairement à la place du 0 le chiffre 9, représentant neuf dizaines. Je continue ainsi mon opération : dix que j'ai empruntés, et deux que vaut le chiffre 3 réduit,

= 12. Qui de 12 unités de francs (dis-je alors) paie 4, reste 8, que je place aux unités de francs, sous la colonne de même espèce. Je viens au 0; le point qui est dessus me fait ressouvenir que le 0 vaut actuellement neuf dizaines, reste des dix dizaines ou d'une centaine empruntée sur le chiffre 4. Je dis donc, qui de 9 dizaines en paie 6, R. 3, que je place aux dizaines, sous la colonne des dizaines: je viens au chiffre 4, placé aux centaines, et je dis (du chiffre 4 pointé ne valant plus que 3), qui de 3 paie 2, reste 1, que je place aux centaines, sous la colonne des centaines. Je viens ensuite à la colonne des mille, et je dis, qui de 0 paie 3, ne se peut: je suis obligé d'emprunter; je ne puis le faire sur les dix mille, puisque le chiffre qui y est placé est un zéro; je le marque néanmoins d'un point, et passe au chiffre 8, placé aux centaines de mille. Je marque ce chiffre d'un point, j'emprunte sur lui 1, que je porte imaginairement sur le 0 placé aux dizaines de mille. J'emprunte alors 1 sur ces dix; cet 1 vaut dix mille, que je porte encore imaginairement à gauche du 0 placé aux unités de mille, ou plutôt je considère ce 0 comme valant dix unités de mille, desquelles je soustrairai 3 unités de mille. Par ce jeu d'imagination, le chiffre 8 placé aux centaines de mille ne vaut plus que 700,000, le 0 placé aux dizaines de mille vaut 90,000, et le 0 placé aux unités de mille vaut dix unités de mille; le tout retenu et classé dans l'imagination et sans effort de mémoire, puisque les points marqués sur les chiffres sur lesquels on a opéré fixent notre mémoire, je continue la soustraction, et je dis: qui de dix mille ou qui de dix paie 3, R. 7, que je place aux unités de mille. Je viens au 0 placé aux dizaines de mille, et je dis, qui de 9 paie 7, reste 2, que je place aux dizaines de mille. Je viens au chiffre 8 pointé; ce chiffre ne valant plus que 7, je dis, qui de 700,000 ou qui de 7 paie 9, ne se peut; j'emprunte 1 sur le chiffre 7 placé à gauche, aux unités de millions; je pointe ce chiffre pour désigner l'emprunt opéré: cet 1 vaut dix cent mille ou dix. 10 × 7 = 1,700,000; alors je dis, qui de 17 paie 9, reste 8, que je place aux centaines de mille. Enfin, je viens au chiffre 7 qui ne vaut plus que 6, puisqu'il est pointé, et je dis, qui de 6,000,000 ou qui de 6 paie 6, reste 0. Le moniteur expliquera la valeur de la somme qui exprime le reste ou la différence, etc.

Dernière règle de soustraction pour faire connaître et sentir la manière d'emprunter.

Supposons que l'on doive. .	10,000^{f} 00^{c}
que l'on paie. .	954^{f} 55^{c}
R. .	9,045^{f} 45^{c}
Preuve.	10,000^{f} 00^{c}

L'on voit que la somme due est composée de zéros; qu'il n'y a qu'un seul chiffre significatif qui soit aux dizaines de mille; nous procédons toujours de droite à gauche, et nous disons, qui de 0 aux unités de centimes paie 5, ne se peut; il faut emprunter un, qui vaudra une dizaine. Mais comment faire, puisque nous avons cinq zéros à gauche de celui sur lequel nous voulons faire la soustraction de 5? Il n'est cependant pas difficile de faire cette opération; nous marquerons tous les zéros d'un point, ainsi que le chiffre 1 placé aux dizaines de mille de la somme due. Mais, dira-t-on, emprunter dix mille francs ou cent mille dizaines de centimes pour faire la soustraction de 5 centimes, cette opération paraît extravagante. Non, certainement; cette opération n'est point aussi monstrueuse qu'elle paraît, elle se réduit à rien ou presque rien.

Nous avons 100,000 dizaines de centimes; si nous empruntons une dizaine, il reste certainement, à gauche, 99,999 dizaines de centimes représentant les cinq zéros qui suivent le premier à gauche; mais le chiffre 1 aux dizaines n'existe plus : en effet, si nous plaçons les 9,999,90, représentant la somme 10,000,00 moins une dizaine de centim. empruntée, et que nous plaçions sous cette somme les 10 centimes empruntés, ci. . . . . 0,000,10, nous reproduirons par l'addition la somme due. . . 10,000,00 en principal. Ainsi, le premier o, qui n'avait aucune valeur, vaut dix d'après l'emprunt, et notre soustraction reste à être faite de la manière suivante :

Qui		
	de	9,999^{f}90^{c}
	paie	954,55
	R.	9,045^{f}45^{c}

Pour faire la preuve de cette règle, il faut additionner le reste trouvé avec la somme payée ou avec la somme retranchée : si l'opération de soustraction a été bien faite, l'addition doit reproduire la somme due, ou la somme de laquelle on a retranché.

Somme retranchée. . . .	954^{f}55^{c}
Somme due en reste. . .	9,045,45
Somme due reproduite.	10,000^{f}00^{c}

Pour éviter tous ces emprunts, il faudrait convenir d'un signe qui donnerait, par exemple, une valeur de dix de plus au chiffre qui, étant trop petit, ne pourrait contenir le chiffre qui paie, qui serait plus considérable. Je placerais donc, par exemple, la somme due et celle à soustraire telles qu'elles existent et sans y rien changer : à côté, je placerais une nouvelle somme représentative de la somme due, avec le signe sur le chiffre augmenté d'une valeur de dix, en diminuant d'un le chiffre emprunté, et écrivant les o pointés pour 9, sans rien mettre sur ce 9.

Je dois	87,008,700^{f}97^{c}	Somme représentative de la somme due. .	76,997,699^{f}87^{c}
Je paie	78,259,873,98	Paiement.	78,259,873,98
R.	08,768,826,99	Reste. .	08,768,826,99
Preuv.	87,008,700^{f}97^{c}	Preuve.	87,008,700^{f}97^{c}

Nous avons considéré le chiffre 7 placé aux unités de centimes comme valant 17 centimes, puisqu'il est marqué par une virgule; nous avons considéré le chiffre 8 placé aux dizaines de centimes, etc., comme valant 18 dizaines de centimes; nous avons considéré le chiffre 6 placé aux centaines d'unités de francs comme valant 1600 fr.; nous avons considéré le chiffre 7, marqué par une virgule et placé aux unités de mille, comme valant 16,000 francs; enfin, nous avons considéré le chiffre 6 placé aux unités de millions et marqué par une virgule, comme valant 16,000,000 fr., etc. etc. : tout ceci n'est que réflexions, on verra quel usage on peut en faire.

Passons maintenant aux exercices de soustraction aux cercles d'arithmétique. Dans le premier exercice, chaque élève désigné lira une partie des soustractions que le moniteur aura conservées sur son ardoise de l'écriture arithmétique. Nous ne donnerons qu'un seul exemple, qui sera suffisant pour indiquer la manière de faire faire cet exercice pour toutes soustractions. Supposons cette règle de soustraction placée sur l'ardoise du moniteur.

Je dois	8,734,487^{f}82^c
Je paie	4.845.698 45
Reste	3.888,789'39

Preuve de la règle ci-contre.
Addition.

Payé	4,845,698^{f}45^c
Reste	3,888.789.39
	8.734.487^{f}82^c

Le premier élèvedira, en lisant sur l'ardoise du moniteur, qui de 2 aux unités de centimes paie 5, ne se peut; j'emprunte 1 sur le chiffre 8, qui vaut dix : 10 + 2 = 12. Je dis, qui de 12 paie 5, reste 9, que je place aux unités de centimes; le deuxième élève dira, le chiffre 8 placé aux dizaines de centimes ne vaut plus que 70 centimes. Je dis, qui de 7 paie 4, R. 3, que je place aux dizaines de centimes; le troisième élève vient aux unités de francs, et dit, qui de 7 paie 8, ne se peut; j'emprunte 1 sur le chiffre 8, à gauche, en le marquant d'un point, et je dis, l'un emprunté vaut 10, 10 + 7 = 17. Qui de 17 paie 8, R. 9; je place 9 aux unités de francs, sous la colonne des unités de francs; ainsi de suite pour les autres élèves, bien entendu que celui qui dit ou fait mal, perd sa place pour la céder à celui qui le reprend.

Deuxième exercice au cercle d'arithmétique pour la soustraction.

Le moniteur dicte aux élèves (qui ont leurs ardoises en main et bien nettoyées) les mêmes soustractions à faire que celles qui ont été dictées et lues; celui qui a le plus tôt fait et le mieux, passe le premier; mais, pour éviter la confusion, on empêche les élèves de bouger de leurs places; le moniteur visite les ardoises; si le premier a bien fait, il reste à sa place; s'il a mal fait, le moniteur visite l'ardoise du second; si le second a réussi, le moniteur fait placer le second premier, et le premier devient second; il visite toutes les ardoises en allant de droite à gauche ou de gauche à droite, suivant comme sont placés les élèves par rapport au premier. Les élèves ont le dos tourné contre le mur, et font face au moniteur, qui se place dans le milieu; en visitant les ardoises il fait passer, à la place de celui qui n'a pas encore fait l'opération, ou qui l'a mal faite, celui qui a le plus tôt fait et le mieux. Il en est de même pour toutes les classes qui sont ou seront au deuxième exercice au cercle arithmétique, excepté pour le premier qui ne fait que lire encore les chiffres, et dont le deuxième exercice au cercle arithmétique est de même que le premier.

Le moniteur, après chaque règle de soustraction, fera faire la preuve par l'addition, ainsi qu'elles sont faites; en outre, lors des exercices arithmétiques, les élèves liront la preuve au premier exercice d'arithmétique et au deuxième; leurs règles ne seront finies que quand ils auront écrit la preuve.

MULTIPLICATION.

A la sixième classe arithmétique (écriture), le moniteur, placé comme nous l'avons dit, expliquera d'abord que la multiplication a été inventée pour éviter les difficultés et les longueurs de l'addition, quand il s'agit de faire un total de deux ou plusieurs quantités de sommes semblables. La multiplication est donc l'abréviation de l'addition : en effet, si on avait à additionner trois fois la somme 3, on mettrait trois chiffres 3 les uns sous les autres, alors on ferait l'addition $3+3=6$, $6+3=9$. On se sert de la multiplication pour éviter une opération longue, très-ennuyeuse, et même impraticable si onvoulait ajouter une somme un peu considérable. Par exemple, si l'on voulait savoir quelle somme produirait 999 fois 999, il faudrait répéter ou placer la somme 999 999 fois, chaque somme l'une sous l'autre, les unités sous les unités, etc. ; et faire une addition de toutes ces sommes. Le produit de l'addition serait la réponse ; ou bien additionner ces 999 sommes de 999 chacune deux à deux ou trois à trois, etc., et faire un nombre infini d'additions ; tandis que ce même nombre 999×999, ne nécessite que trois petites opérations. Le moniteur expliquera et montrera la manière d'écrire le signe multiplicatif $\times$. On nomme *multiplicande* (dira le moniteur) la somme à multiplier, *produit* le résultat des opérations, et *multiplicateur* la somme qui en multiplie une autre.

On commencera par multiplier toutes les unités d'unités les unes par les autres avant d'en venir aux dizaines ; on suivra en cela les tableaux de lecture arithmétique qui seront donnés pour cette classe, ainsi que les autres tableaux contenant les opérations qui auront lieu au dernier exercice par demande et réponse.

1	2	8	7	7
× 2	× 3	× 4	× 5	× 8
= 2	= 6	= 32	= 35	= 56

Le moniteur dictera le multiplicande et le multiplicateur ; par exemple, les cinq multiplications ci-dessus ou toutes autres. Cependant il ne fera faire aucune multiplication de dizaines ou centaines, etc., par des unités, que les élèves n'aient une parfaite connaissance des tableaux.

Premier exercice au cercle d'arithmétique pour la 6e classe.

MULTIPLICATION.

L'élève désigné lira sur l'ardoise du moniteur :

1	multiplié par	1	égale	1	1	multiplié par	6	égale	6
1	×	2	=	2	1	×	7	=	7
1	×	3	=	3	1	×	8	=	8
1	×	4	=	4	1	×	9	=	9
1	×	5	=	5					
2	multiplié par	1	égale	2	2	multiplié par	6	égale	12
2	×	2	=	4	2	×	7	=	14
2	×	3	=	6	2	×	8	=	16
2	×	4	=	8	2	×	9	=	18
2	×	5	=	10					
3	multiplié par	1	égale	3	3	multiplié par	6	égale	18
3	×	2	=	6	3	×	7	=	21
3	×	3	=	9	3	×	8	=	24
3	×	4	=	12	3	×	9	=	27
3	×	5	=	15					
4	multiplié par	1	égale	4	4	multiplié par	6	égale	24
4	×	2	=	8	4	×	7	=	28
4	×	3	=	12	4	×	8	=	32
4	×	4	=	16	4	×	9	=	36
4	×	5	=	20					
5	multiplié par	1	égale	5	5	multiplié par	6	égale	30
5	×	2	=	10	5	×	7	=	35
5	×	3	=	15	5	×	8	=	40
5	×	4	=	20	5	×	9	=	45
5	×	5	=	25					

Suite du premier exercice au cercle d'arithmétique pour la 6e classe.

MULTIPLICATION.

L'élève désigné lira sur l'ardoise du moniteur :

6 multiplié par	1	égale	6		6 multiplié par	6	égale	36
6 ×	2	=	12		6 ×	7	=	42
6 ×	3	=	18		6 ×	8	=	48
6 ×	4	=	24		6 ×	9	=	54
6 ×	5	=	30					
7 multiplié par	1	égale	7		7 multiplié par	6	égale	42
7 ×	2	=	14		7 ×	7	=	49
7 ×	3	=	21		7 ×	8	=	56
7 ×	4	=	28		7 ×	9	=	63
7 ×	5	=	35					
8 multiplié par	1	égale	8		8 multiplié par	6	égale	48
8 ×	2	=	16		8 ×	7	=	56
8 ×	3	=	24		8 ×	8	=	64
8 ×	4	=	32		8 ×	9	=	72
8 ×	5	=	40					
9 multiplié par	1	égale	9		9 multiplié par	6	égale	54
9 ×	2	=	18		9 ×	7	=	63
9 ×	3	=	27		9 ×	8	=	72
9 ×	4	=	36		9 ×	9	=	81
9 ×	5	=	45					

(*Suit le deuxième exercice.*)

Deuxième exercice au cercle d'arithmétique pour la 6e classe.

MULTIPLICATION.

Demandes et Réponses.

Le moniteur dira au premier élève : 1° qu'entendez-vous par multiplication?

R. La multiplication est l'abrégé de l'addition.

D. Comment la multiplication est-elle l'abrégé de l'addition?

R. Parce qu'en peu d'opérations nous connaissons le produit de plusieurs sommes réunies, tandis que, par l'addition, il est des circonstances où nous ne pourrions pas avoir cette connaissance sans des opérations longues, ennuyeuses, difficiles, et quelquefois même impraticables.

D. Donnez-moi un exemple de ce que vous avancez?

R. Je suppose, dira l'élève, que je veuille savoir quelle somme formeront 99 fois 99; par l'addition, je serais obligé de placer 99 fois la somme 99 l'une au-dessus de l'autre, et d'additionner ces quatre-vingt-dix-neuf sommes pour en connaître le produit, ce qui serait difficile; au lieu que, par la multiplication, je n'ai que deux opérations à faire, et en une minute je connais le produit de 99 fois 99.

Le moniteur fait ensuite les questions suivantes :

D. Comment appelle-t-on les sommes placées en multiplication?

R. Multiplicande, multiplicateur et produit.

D. Qu'est-ce que multiplicande?

R. Le multiplicande est la somme écrite la première, ou celle qui doit être multipliée par une autre somme.

D. Qu'entendez-vous par le multiplicateur?

R. J'entends la somme qui multiplie une autre somme autant de fois que le multiplicateur contient d'unités.

D. Quel signe emploie-t-on pour désigner une somme devant être multipliée par une autre?

R. Par deux traits formant la croix × qui signifient multiplié par.

Le moniteur dit au premier : de quels facteurs est le produit 1?

R. Le produit 1 est le chiffre 1 ×, etc.

D. De quels facteurs est le produit 2 ?

R. Le produit 2 est le facteur de 1 × 2 ; ainsi de suite des questions et réponses. Nous n'allons mettre en tableau que les réponses ; les moniteurs feront les mêmes questions sur toute somme d'unités.

Le moniteur continue de faire des questions :

D. De quel facteur est le produit 1?

R. 1 est le produit du fact. 1 ×			*R.* 6 est le produit du fact. 1 ×	
2	de 1 ×		7	de 1 ×
3	de 1 ×		8	de 1 ×
4	de 1 ×		9	de 1 ×
5	de 1 ×			

D. De quel facteur est le produit 2?

R. 2 est le produit du fact. 2 ×			*R.* 12 est le produit du fact. 2 ×	
4	de 2 ×		14	de 2 ×
6	de 2 ×		16	de 2 ×
8	de 2 ×		18	de 2 ×
10	de 2 ×			

D. De quel facteur est le produit 3?

R. 3 est le produit du fact. 3 ×			*R.* 18 est le produit du fact. 3 ×	
6	de 3 ×		21	de 3 ×
9	de 3 ×		24	de 3 ×
12	de 3 ×		27	de 3 ×
15	de 3 ×			

Suite du 2e exercice au cercle d'arithmétique pour la 6e classe.

MULTIPLICATION.

Demandes et Réponses.

D. De quel facteur est le produit 4?

R. 4 est le produit du fact. 2 ×
4 de 4 ×
8 de 4 ×
12 de 4 ×
16 de 4 ×

R. 20 est le produit du fact. 4 ×
24 de 4 ×
28 de 4 ×
32 de 4 ×
36 de 4 ×

D. De quel facteur est le produit 5?

R. 5 est le produit du fact. 5 ×
10 de 5 ×
15 de 5 ×
20 de 5 ×
25 de 5 ×

R. 30 est le produit du fact. 5 ×
35 de 5 ×
40 de 5 ×
45 de 5 ×

D. De quel facteur est le produit 6?

R. 6 est le produit du fact. 3 ×
6 de 2 ×
6 de 6 ×
12 de 6 ×
18 de 6 ×
24 de 6 ×

R. 30 est le produit du fact. 6 ×
36 de 6 ×
42 de 6 ×
48 de 6 ×
54 de 6 ×

D. De quel facteur est le produit 7?

R. 7 est le produit du fact. 7 ×
14 de 7 ×
21 de 7 ×
28 de 7 ×
35 de 7 ×

R. 42 est le produit du fact. 7 ×
49 de 7 ×
56 de 7 ×
63 de 7 ×

Suite du 2e exercice au cercle d'arithmétique pour la 6e classe.

MULTIPLICATION.

Demandes et Réponses.

D. De quel facteur est le produit 8?

R. 8 est le produit du fact.	4×	*R.* 40 est le produit du fact.	8×
8	de 2×	48	de 8×
8	de 8×	56	de 8×
16	de 8×	64	de 8×
24	de 8×	72	de 8×
32	de 8×		

D. De quel facteur est le produit 9?

R. 9 est le produit du fact.	3×	*R.* 45 est le produit du fact.	9×
9	de 9×	54	de 9×
18	de 9×	63	de 9×
27	de 9×	72	de 9×
36	de 9×	81	de 9×

Quand les élèves paraîtront connaître les tableaux de multiplication, il ne faudra pas pour cela s'en rapporter à l'apparence; car ce n'est souvent que la mémoire qui agit, et non l'entendement : je conseille donc de leur faire des questions sur toutes les parties des tableaux indistinctement.

J'ai bien donné des exemples lorsque j'ai commencé à parler de la multiplication, mais je ne les ai point expliqués par des opérations ou explications d'opérations; je me suis contenté de mettre, à la suite, mes tableaux : j'ai pensé qu'en expliquant des sommes plus fortes, cela serait suffisant pour bien faire entendre tout ce qui est à enseigner à l'élève en arithmétique par l'enseignement mutuel.

Quand les élèves auront acquis une pleine connaissance de tout ce qui doit se pratiquer pour faire une multiplication d'unités d'unité par des sommes d'unités d'unité, et qu'ils connaîtront parfaitement tout ce qui est écrit dans les tableaux aux deux exercices au cercle d'arithmétique, on leur fera multiplier des unités, dizaines d'unité par des unités; ensuite des unités et dizaines; des unités, dizaines et centaines, etc., par des unités d'unité jusqu'à des sommes indéfinies : quand toutes sommes auront été multipliées par un seul chiffre, on passera à la multiplication de deux chiffres, ensuite de trois chiffres, puis de quatre chiffres, etc. par deux chiffres, etc.

Nous allons donner quelques exemples :

	27	457	7,347	etc. jusques à des sommes les plus considérables, multipliées par un seul chiffre.
	× 5	× 8	× 3	
Produits.	1,35	3,656	22,041	

Le moniteur dictera ainsi qu'il suit : écrivez, je suppose, la somme quatre cent cinquante-sept, savoir 7 aux unités d'unité, 5 aux dizaines d'unité, et 4 aux centaines d'unité. La somme que vous venez d'écrire est à multiplier par 8, c'est-à-dire il s'agit de savoir quelle somme produiront huit sommes de 457 réunies ensemble : Nous nous y prendrons de la manière suivante : plaçons le chiffre 8 aux unités d'unité sous le chiffre 7 du multiplicande (ou de la somme à multiplier), le chiffre 8 sera le multiplicateur; plaçons le signe *multiplicatif* × à gauche du chiffre 8, tirons un trait sous le chiffre 8, et disons : 7 unités × 8 unités = 56 unités; je pose 6 aux unités d'unité et je retiens 5 dizaines ou 50 unités ou 5, pour être porté aux dizaines. Je viens aux dizaines, et je dis, 5 dizaines × 8 unités = 40 dizaines, 40 + 5 de retenu = 45; je place 5 aux dizaines et je retiens 4 dizaines de dizaines ou 4 centaines pour être portées aux centaines; je viens au chiffre 4 placé aux centaines, et je dis, 4 × 8 = 32 centaines ou 3,200, 3,200 + 400 = 3,600 4 × 8 = 32, 32 + 4 = 36; je pose 6 aux centaines et j'avance 3 ; on place 3 à gauche aux unités de mille, attendu que la somme à multiplier ou le multiplicande n'a point de mille. J'ai un total de 3,656 fr., produit du multiplicande 457×8 ou huit fois la somme 457 réunies en une seule (3,656), produit de la multiplication des unités par les unités, des dizaines par les unités et des centaines par les unités.

Nous allons passer actuellement à la multiplication des entiers par les centimes, à la multiplication des entiers par les centimes et francs, etc. Nous observerons que la multiplication faite si le multiplicande ne contient que des entiers, et que le multiplicateur contienne deux décimales, il faudra retrancher du produit de la multiplication deux chiffres de droite à gauche ; les deux chiffres retranchés seront des décimales ou décimes et centimes, les autres chiffres à gauche seront des francs. Nous donnerons une ample explication des décimales lorsque nous en serons aux fractions ; nous ne ferons ici que des multiplications d'entiers par des centimes, décimes et francs ; mais nous ne ferons point actuellement des multiplications d'entiers et fractions d'entier par des francs et des fractions de franc.

43 mètres, ×00,55^{c} le mèt.	60 mètres, ×3^{f}44^{c} le mèt.	802 mètres, ×23^{f}34^{c} le mèt.
2,15	2,40	32,08
21,5	24,0	240,6
23^{f}65^{c}	180	2,406
	200^{f}40^{c}	1,604
		18,718^{f}68^{c}

9,846 pièces de vin,
à 346^{fr}39 c^{es} la pièce.

886, 14
2,953, 80
59,076, 00
393,840, 00
2,953,800, 00
3,410,545^{fr}94c^{es}.

Le moniteur dira : placez la somme 43 représentant, je suppose, 43 mètres de rubans de fil, savoir 3 aux unités et 4 aux dizaines; chaque mètre a coûté 55 cent., de sorte que les 43 mètres valent 43 fois 55 c. Je place les 55 c. au-dessous de la somme 43, mais en dehors à gauche, comme si le multiplicande était accompagné de deux décimales, sous lesquelles je placerai mes centimes; je mets o aux unités d'entier sous le 3 au multiplicande, et o aux dizaines sous le 4; je tire un trait sous le placement de cette dernière somme, et je dis, $3\times5=15$, je pose 5 aux unités de centimes et retiens 1; je multiplie le chiffre 4 aux dizaines du multiplicande par 5 unités de centimes, et je dis, $4\times5=20$; $20+1$ de retenu$=21$; je place 1 aux dizaines de centimes et avance 2 aux unités de francs; ce chiffre est placé aux centaines de centimes ou aux francs. Nous allons multiplier le multiplicande par les dizaines de centimes : nous dirons, 3 unités d'entiers$\times$5 dizaines de centimes$=15$ dizaines de centimes ou 150 cent.; je place 5 aux dizaines de centimes et retiens 1, qui vaut 1 fr.; je multiplie enfin le chiffre 4 aux dizaines du multiplicande par les dizaines du multiplicateur $4\times5=20$, $20+1$ de retenu$=21$; je place 1 aux unités de francs et 2 aux dizaines de francs, je tire un trait sous le dernier produit, et, procédant à l'addition des deux produits, je dis, 5 aux unités de centimes sont 5 que je place sous le trait aux unités de centimes, et en direction de la colonne de centimes. Je viens à la colonne des dizaines, et je dis, $1+5=6$, que je place aux dizaines de centimes; je viens à la colonne des unités de francs, et je dis, $2+1=3$ fr., que je place aux unités de francs; je passe à la colonne de dizaines, je dis, 2 aux dizaines de francs sont 2, que je place aux dizaines de francs.

Le résultat de la multiplication est 23 fr. 65 cent., produit des unités d'entiers et dizaines d'entiers par des unités de centimes, et des unités et dizaines de francs par des dizaines de centimes.

Passons au quatrième exemple. Le moniteur dira : supposons que nous ayons à vendre 9,846 pièces de vin, et que l'on nous donne de chacune 346 fr. 39 cent., quelle somme retirerons-nous en totalité du fruit de cette vente, si nous ne connaissions pas la multiplication ? il faudrait faire l'addition de 9,846 sommes de 346 fr. 39 cent., ce qui serait très-long et presque impraticable.

Vous écrirez avec moi d'abord la somme 9,846 ; vous mettrez en abrégé au-dessus et à droite, pièces de vin ; vous écrirez sous cette somme 346 fr. 39 cent. près de chaque pièce, savoir 3 aux centaines de francs ; sous le chiffre 8 aux centaines de la somme des vins ; vous écrirez 4 aux dizaines à droite, sous le chiffre 4, etc. ; vous écrirez le chiffre 6 aux unités de francs, sous le chiffre 6, etc., le tout en venant de gauche à droite ; vous placerez 3 aux dizaines de centimes en dehors, dessous et à droite du multiplicande : enfin, vous placerez le chiffre 9 à gauche aux unités de centimes. Je fais un trait sous cette dernière somme, et je procède à la multiplication ainsi qu'il suit :

6 Pièces de vin à 9 cent. = 54 c. ; je pose 4 aux unités de centimes et je retiens 5 dizaines de centimes ; je multiplie 4 dizaines par 9 c. 4×9 = 36 dizaines, 36 + 5 de retenu = 41 ; je place 1 aux dizaines et je retiens 4. Je dis ensuite, 8 centaines ×9 centaines = 72 centaines de centimes, 72 + 4 de retenu = 76 ; je place 6 aux unités de francs et retiens 7. Je continue, et dis, 9 mille×9 centimes = 81 mille centimes, 81 + 7 = 88 mille. Je place 8 aux dizaines de francs et 8 aux centaines de francs ; je multiplie ensuite le multiplicande par les dizaines de centimes, et je dis, 6 pièces de vin à 3 dizaines de centimes = 18 dizaines ; je place 8 aux dizaines de centimes et retiens 1 pour porter aux francs ; je multiplie le 4 aux dizaines par 3 = 12, 12 + 1 = 13 ; je place 3 aux unités de francs et retiens 1 pour porter aux dizaines ; je multiplie le chiffre 8 aux centaines par 3 dizaines de centimes = 24, 24 + 1 = 25 ; je place 5 aux dizaines de francs et retiens 2 ; je multiplie le 9 au mille par 3 = 27, 27 + 2 = 29 ; je place 29, savoir 9 aux centaines de francs et 2 aux unités de mille, second produit multiplié par les dizaines de centimes. Je multiplie ensuite 6 aux unités du multiplicande par 6 aux unités de francs du

multiplicateur = 36; je place 6 aux unités de francs sous le chiffre 3 à la colonne des unités de francs et le troisième de droite à gauche, et retiens 3. Je multiplie ensuite le chiffre 4 aux dizaines du multiplicande par le chiffre 6 = 24, 24 + 3 de retenu = 27. Je pose 7 aux dizaines de francs, sous la colonne des dizaines d'entiers, et retiens 2. Je multiplie le chiffre 8 aux centaines par les unités 6 = 48, 48 plus 2 de retenu = 50; je place o aux centaines d'unités et retiens 5. Je viens aux mille du multiplicande, et je dis, 9×6 = 54 + 5 de retenu = 59; je pose 9 aux unités de mille et 5 aux dizaines de mille. Je passe à la multiplication du multiplicande par les dizaines de francs du multiplicateur, et je dis, 4 dizaines de francs × 6 unités = 24 dizaines d'unités; je place 4 aux dizaines de francs, et sous la colonne des trois produits précédens, et je retiens 2; je multiplie les dizaines du multiplicande, 4×4 du multiplicateur = 16, 16 + 2 = 18; je place 8 aux centaines, sous la colonne des centaines, et retiens 1. Je multiplie les centaines du multiplicande 8 par les 4 dizaines du multiplicateur = 32, 32 + 1 = 33; je place 3 aux unités de mille, et sous la colonne de mille, et retiens 3. Je multiplie les unités de mille du multiplicande 9 par les 4 dizaines du multiplicateur = 36, 36 + 3 = 39. Je place 9 aux dizaines de mille, sous la colonne des dizaines de mille, et 3 aux centaines de mille en dehors à gauche.

Je passe enfin à la multiplication du multiplicande, par les centièmes de francs du multiplicateur, et je dis, 6 aux unités du multiplicande, × 3 aux centaines du multiplicateur, = 18. Je place 8 aux centaines de francs, sous la colonne des centaines des quatre produits, et retiens 1; je multiplie le chiffre 4 aux dizaines du multiplicande, par le chiffre 3 aux centaines du multiplicateur, = 12. 12 + 1 de retenu, = 13. Je place 3 aux unités de mille, sous la colonne des mille, et retiens 1. Je multiplie le chiffre 8 aux centaines du multiplicande, par le chiffre 3, aux centaines du multiplicateur, = 24. 24 + 1 de retenu, = 25 ou 250,000. Je place 5 aux centaines de mille et retiens 2; enfin, je multiplie les unités de mille, 9 multiplicande par les centaines du multiplicateur, 3 = 27, ou 2,700,000 f. 27 + 2 de retenu, = 2,900,000 f.; je place 9 aux centaines de mille, et j'avance 2 à gauche aux unités de millions.

Les 9,846 pièces de vin à 9 cent. ont produit 886 f. 14 c. Les 9,846 à 30 c., ont produit 2,953 f. 80 c. Les 9,846, à 6 f., ont produit 159,076 f. 00 c. Les 9,846, à 40 f. la pièce, ont produit 393,840 f. 00 c. Enfin, les 9,846 pièces de vin, à 300 f. la pièce, ont produit 2,953,800 f. 00 c. Actuellement, faisons un trait sous le dernier produit, et additionnons les cinq produits. 4 + 0,0.0,0 auxu nités de centimes, = 4 c. que je place aux unités de centimes; 1 + 8 aux dizaines de centimes, = 9 que je place aux dizaines de centimes. 6 + 3 aux unités de francs, = 9 f. 9 + 6 = 15; je place 5 aux unités de francs, et retiens 1. 1 + 8 aux dizaines de francs, = 9. 9 + 5 = 14. 14 + 7 = 21. 21 + 4 = 25. Je pose 5 aux dizaines de francs, et retiens 2. Je viens à la colonne des centaines de francs, et je dis, 2 de retenu + 8 = 10. 10 + 9 = 19. 19 + 0 = 19. 19 + 8 = 27. 27 + 8 = 35. Je pose 5 aux centaines de francs, et retiens 3. Je viens aux unités de mille, et je dis, 3 + 2 = 5. 5 + 9 = 14. 14 + 3 = 17. 17 + 3 = 20. Je place 0 aux unités de mille, et retiens 2. Je passe aux dizaines de mille, et je dis, 2 de retenu + 5 = 7. 7 + 9 = 16. 16 + 5 = 21. Je place 1 aux dizaines de mille, et retiens 2. Je viens à la colonne des centaines de mille, et dis, 2 de retenu et 3 = 5. 5 + 9 = 14. Je pose 4 aux centaines de mille et retiens 1. Je passe enfin aux unités de million, et dis, 1 de retenu = 3 que je place aux unités de million. 9,846 pièces de vin à 346 f. 39. c. la pièce, = 3,410,555 f. 94 c.

Nous en avons dit assez, je crois, pour donner une connaissance parfaite de ce qui doit se passer à l'écriture arithmétique pour la sixième classe de la multiplication.

Passons actuellement au premier exercice du cercle arithmétique pour la sixième classe (multiplication), quand les élèves connaissent parfaitement tout ce qui est écrit dans les tableaux de multiplication pour les deux exercices au cercle arithmétique; le moniteur fera lire aux élèves, sur son ardoise, les multiplications qui auront été par lui dictées, et faites lors de l'écriture arithmétique pour la sixième classe; on commencera par les multiplications de deux chiffres au multiplicande, et un chiffre au multiplicateur; ensuite de trois chiffres au multiplicande et un chiffre au multiplicateur, ainsi de suite jusqu'à des sommes très-considérables, toujours multipliées par un seul chiffre au multiplicateur. Quand les élèves connaissent ces sortes de multiplications, on les fait passer à la lecture des multiplications, 1° de deux chiffres au multiplicande, représentant des entiers par deux chiffres aux centimes; 2° de la même quantité de chiffres au multiplicande par des unités de francs et centimes; 3° par la multiplication d'unité, dizaines et centaines d'entiers, par des dizaines de francs, unités de francs et centimes, etc.; enfin, à mesure que l'élève acquerra des connaissances, on lui fera lire des multiplications plus considérables, tant au multiplicande qu'au multiplicateur. Nous ne donnerons qu'un seul exemple, il sera plus que suffisant.

Supposons 842 pièces de rubans,
× 34fr 52 c^{s}, valeur de chaque pièce.

16, 84
421, 00
3,368, 00
25,260, 00
29,065fr 84 c^{s}.

Le premier élève dira, en lisant sur l'ardoise du moniteur, 842 pièces de rubans à 34 fr. 52 cent., valeur de chaque pièce. Le produit de la multiplication qui va être faite, dira l'élève, représentera 842 fois la somme 34 f. 52 c., prix de chaque pièce.

Je dirai donc, 2 pièces de rubans à 2 c. = 4 c., que je placerai aux unités de centimes; le deuxième élève dira, 40 pièces de rubans à 4 centimes la pièce = 80 c., je place 8 aux dizaines de centimes; le troisième élève dira, 800 pièces de rubans à 2 c. = 16,00 c. ou 16 f. Je placerai 16 f., savoir, 6 aux unités de francs sous la colonne des francs du multiplicande et multiplicateur, et 1 sous les dizaines de francs. Le quatrième élève dira, 2 pièces de rubans à 50 c. la pièce, = 100 c. ou 1 f. Je pose 0 aux dizaines de centimes, et retiens 1 f. Le cinquième élève dit, 40 pièces à 50 c. = 20 f. 20 + 1 de retenu = 21 f., je pose 1 aux unités de francs. Le sixième élève dira, 800 pièces à 50 c. = 400 f. 400 + 20 = 420, je place 2 aux dizaines de francs, et avance 4 aux centaines.

Le septième élève dira, 2 pièces de rubans à 4 f. = 8 f., je place 8 aux unités de francs. Le huitième élève dira, 40 pièces à 4 f. = 160 f., je place 6 aux dizaines de francs et retiens 1. Le premier élève dira, 800 pièces à 4 f. = 3,200 f. 3,200 + 100 = 3,300 f., je place 3 aux centaines de francs, et avance 3 aux unités de mille. Le deuxième élève dira, deux pièces de rubans à 30 f. = 60 f., je pose 6 aux dizaines de francs sous la colonne des dizaines. Le troisième dira, 40 pièces à 30 dizaines de francs = 1200 f., je place 2 aux centaines et retiens 1. Le quatrième dira, 800 pièces à 30 dizaines de francs = 24,000 f. 24,000 + 1,000 = 25,000 f., je place 5 aux unités de mille et 2 aux dizaines de mille.

Le cinquième élève dit, la première somme 16 f. 84 c. est le produit de 842 pièces de rubans par 2 c. Le sixième élève dira, la deuxième somme 421 f. 00 c. est le produit de 842 pièces de rubans × 50 c. Le septième dira, la troisième somme 3,368 f. 00 c est le produit de 842 pièces de rubans × 4 f. Le huitième dira, 25,260 f. 00 c. est le produit de 842 pièces de rubans × 30 f. Le premier élève dira, en additionnant aux unités de centimes, 4 + trois zéros = 4, que je place aux unités de centimes. Le deuxième élève dira, aux dizaines de centimes, 8 + trois zéros = 8, que je place aux dizaines de centimes. Le troisième élève dira, en passant aux unités de francs, 6 + 1 = 7. 7 + 8 = 15. 15 + 0 = 15, je place 5 aux unités de francs et retiens 1. Le quatrième élève dira, 1 de retenu + 1 = 2. Le cinquième élève, 2 + 2 = 4. Le sixième élève, 4 + 6 = 10. Le septième élève, 10 + 6 = 16, je place 6 aux dizaines de francs et retiens 1. Je passe aux centaines de francs, 1 de retenu + 4 = 5. Le huitième élève, 5 + 3 = 8. Le premier élève, 8 + 2 = 10, je place 0 aux centaines de francs et retiens 1,000 f.

Le deuxième élève dit, passant à la colonne de mille, 1 de retenu et 3 = 4. Le troisième élève, 4 + 5 = 9, je pose 9 aux unités de mille. Le quatrième élève dit, 2 aux dizaines de mille = 20,000, je place 2 aux dizaines de mille. Enfin, le cinquième dit, 29,065 f. 84 c., est le produit de 842 pièces de rubans à 32 f. 42 c. la pièce, ou 32 f. 42 c. répétés 842 fois.

Il en sera ainsi pour toutes autres multiplications au premier exercice au cercle arithmétique, bien entendu que si un élève lit et dit mal, il cède la place à celui qui le reprend, etc.

Deuxième exercice au cercle d'arithmétique pour la multiplication.

6e CLASSE.

Le moniteur dicte le multiplicande et le multiplicateur, les élèves font la règle ; celui qui a le plus tôt fait et le mieux, devient premier; il est à remarquer que, pour toutes les classes, lors du deuxième exercice au cercle arithmétique, pour éviter confusion, le moniteur visite les ardoises de chaque élève, l'une après l'autre. Voir ce qui a été dit à cet égard lors du deuxième exercice de la soustraction au cercle arithmétique; on ajoutera seulement, qu'outre que ce qui a été dit, le moniteur va de la tête à la queue. Si, par exemple, il voit que le premier, le second, etc., sont encore à opérer, tandis que le troisième ou le quatrième, etc., ont déjà fait et bien fait, il fait passer cet élève le premier, ainsi de suite, revenant de la tête à la queue ; de cette manière, celui qui fait bien son opération peut perdre sa place si son voisin inférieur à lui a bien opéré avant lui, etc.

Bien entendu que, pour quelle classe que ce soit, et dans quel période que soient les élèves pour la force, on leur fait écrire, lire, et faire les mêmes opérations, et dans la même séance, dans les trois exercices arithmétiques. Par exemple, supposons que le moniteur ait dicté la règle suivante :

$$\begin{array}{r} 432 \\ \times\ 40 \\ \hline 17{,}280 \end{array}$$

lors de l'écriture arithmétique à la même séance, au premier exercice au cercle arithmétique, ils liront la même règle, et dans la même séance, au deuxième exercice au cercle arithmétique, ils la feront eux-mêmes comme nous l'avons dit, de sorte que, dans la même séance arithmétique, ils verront trois fois la même règle en exerçant de trois manières différentes.

7e CLASSE (7e banc). DIVISION.

Ecriture arithmétique.

Le moniteur expliquera que la division est la déconstruction de la multiplication, ou, pour mieux s'expliquer, que par la division on retrouve le multiplicande et le multiplicateur. La division est, en outre, l'abrégé de la soustraction, comme la multiplication est l'abrégé de l'addition, de sorte qu'il n'existe réellement que deux règles arithmétiques, addition et soustraction; la multiplication et la division ont été inventées pour abréger et aplanir les difficultés de l'addition et de la soustraction, ce que j'ai démontré en parlant de la multiplication à l'égard de l'addition, et ce que je vais démontrer actuellement à l'égard de la soustraction et de la division.

Par exemple, supposons que l'on nous demande à partager 9 francs entre trois personnes. En procédant par la soustraction, nous serions obligés de faire les trois opérations suivantes: qui de 9 paie 3 reste 6; nous avons donc soustrait une fois 3 de 9, R. 6, ce qui nous produit 1 f. pour chacune des trois personnes. 6 de reste — 3, R. 3. Nous trouvons encore une fois 3 dans 6, R. 3, ce qui nous produit encore 1 f. pour chaque personne, de sorte qu'en trois soustractions, nous sommes parvenus à savoir que le nombre ou chiffre 3 était contenu 3 fois dans 9 sans reste, ce qui nous a nécessité trois opérations. Mais, par la division, nous n'avons qu'une seule opération, car nous dirons, en 9 combien de fois trois, nous avons de suite trois fois, puisque $3 \times 3 = 9$.

Pour marquer la division d'une somme par une autre, et en

écrire les résultats, on se sert des signes suivans : par exemple, si l'on voulait diviser 12 par 2, on écrirait $\frac{12}{2}=6$, en disant, en 12 combien de fois 2, égale 6 fois.

Le moniteur expliquera que nous appelons dividende la somme capitale à diviser, et diviseur celle par laquelle nous divisons la somme capitale, ou diviseur la somme contenue un certain nombre de fois dans le dividende; le produit s'appelle quotient; il expliquera le placement des sommes et les signes du quotient, ainsi qu'il suit:

Dividende : en	3	3 diviseur.
	— 3	1 quotient ou résultat.
	0	

En 3 combien de fois 3, supposons, vous placez la somme 3 qui est le dividende, vous faites un trait vertical, et un trait horizontal coupant par le milieu le trait vertical, de manière à former deux angles droits, l'un en dessus, et l'autre dessous; vous placez à la même hauteur le chiffre 3, diviseur, au-dessus du trait horizontal, et dites, en 3 combien de fois 3; R. 1, vous placez 1 sous le trait horizontal et perpendiculairement sous le chiffre 3; placé aux unités du dividende, le chiffre se trouve placé au quotient; vous faites ensuite l'opération suivante : vous multipliez le diviseur par le quotient, $3\times1=3$; vous portez 3 sous votre dividende, et faites la soustraction; $3-3$, R. 0, ce qui convainc qu'en 3 on trouve une fois 3 sans reste.

Le moniteur, après avoir donné ces explications préliminaires, fait faire aux élèves et fait lui-même toutes les divisions qui peuvent se faire sans reste, d'unité à unité, et d'unités et dizaines au dividende, jusqu'à 81, divisé par 9 unités, dans le même genre que celles qui sont écrites dans les tableaux faits pour le cercle arithmétique. Nous ne donnerons point d'exemple, attendu que les explications seront données lorsque nous ferons des divisions dont le dividende sera composé d'unités et dizaines, et le diviseur d'unités seulement.

Premier exercice au cercle arithmétique.

7e CLASSE. — DIVISION.

Lecture arithmétique sur l'ardoise du moniteur.

$$\frac{1}{1} = 1, \text{ ou} \left\{ \begin{array}{l} \;1 \\ \underline{\;1\;} \\ \;0 \end{array} \left\{ \begin{array}{c} \underline{\;1\;} \\ 1 \end{array} \right. \right\} \text{ etc. etc.}$$

L'élève lira ainsi :

en 1 combien de fois 1 ?	1 fois.		en 6 combien de fois 1 ?	6 fois.
2	1 ?	2	7	1 ?	7
3	1 ?	3	8	1 ?	8
4	1 ?	4	9	1 ?	9
5	1 ?	5			

Ardoise du moniteur.

$$\frac{2}{2} = 1, \text{ ou} \left\{ \begin{array}{l} \;2 \\ \underline{\;2\;} \\ \;0 \end{array} \left\{ \begin{array}{c} \underline{\;2\;} \\ 1 \end{array} \right. \right\} \text{ etc. etc.}$$

L'élève lira : en 2 combien de fois 2 ? = 1 fois.

	4	2 ? = 2
	6	2 ? = 3
$\left.\frac{8}{2} = 4 \text{ fois.}\right\}$	8	2 ? = 4
	10	2 ? = 5
$\begin{array}{l} \;8 \\ \underline{\;8\;} \\ \;0 \end{array} \left\{ \begin{array}{c} \underline{\;2\;} \\ 4 \text{ fois.} \end{array} \right.$	12	2 ? = 6
	14	2 ? = 7
	16	2 ? = 8
	18	2 ? = 9

Suite du premier exercice au cercle d'arithmétique.

7e CLASSE. — DIVISION.

Lecture arithmétique sur l'ardoise du moniteur.

$$\frac{3}{3} = 1, \textit{ ou} \left\{\begin{array}{c} 3 \\ 3 \\ \hline 0 \end{array}\right. \left\{\begin{array}{c} 3 \\ \hline 1 \end{array}\right\} \text{etc.} \ldots \frac{9}{3} = 3, \textit{ ou} \left\{\begin{array}{c} 9 \\ 9 \\ \hline 0 \end{array}\right. \left\{\begin{array}{c} 3 \\ \hline 3 \end{array}\right.$$

L'élève lira :

en 3 combien de fois 3?	= 1 fois.	en 18 comb. de fois 3?	= 6 fois.
6	3? = 2	21	3? = 7
9	3? = 3	24	3? = 8
12	3? = 4	27	3? = 9
15	3? = 5		

Ardoise du moniteur.

$$\frac{4}{4} = 1, \textit{ ou} \left\{\begin{array}{c} 4 \\ 4 \\ \hline 0 \end{array}\right. \left\{\begin{array}{c} 4 \\ \hline 1 \end{array}\right\} \text{etc.} \ldots \frac{16}{4} = 4, \textit{ ou} \left\{\begin{array}{c} 16 \\ 16 \\ \hline 00 \end{array}\right. \left\{\begin{array}{c} 4 \\ \hline 4 \end{array}\right.$$

L'élève lira :

en 4 comb. de fois 4?	= 1 fois.	en 24 comb. de fois 4?	= 6 fois.
8	4? = 2	28	4? = 7
12	4? = 3	32	4? = 8
16	4? = 4	36	4? = 9
20	4? = 5 fois.		

Ardoise du moniteur.

$$\frac{5}{5} = 1, \textit{ ou} \left\{\begin{array}{c} 5 \\ 5 \\ \hline 0 \end{array}\right. \left\{\begin{array}{c} 5 \\ \hline 1 \end{array}\right\} \text{etc.} \ldots \frac{30}{5} = 6, \textit{ ou} \left\{\begin{array}{c} 30 \\ 30 \\ \hline 00 \end{array}\right. \left\{\begin{array}{c} 6 \\ \hline 5 \end{array}\right.$$

Suite du premier exercice au cercle d'arithmétique.

7° CLASSE. — DIVISION.

Lecture arithmétique sur l'ardoise du moniteur.

L'élève lira :

en 5 comb. de fois	5? = 1 fois.	en 30 comb. de fois	5? = 6 fois.
10	5? = 2	35	5? = 7
15	5? = 3	40	5? = 8
20	5? = 4	45	5? = 9
25	5? = 5		

Ardoise du moniteur.

$$\frac{6}{6} = 1, \text{ ou} \left\{ \begin{array}{l} 6 \\ \underline{6} \\ 0 \end{array} \right. \left\{ \frac{6}{1} \right\} \text{etc.} \ldots \left\{ \begin{array}{l} 42 \\ \underline{42} \\ 00 \end{array} \right. \left\{ \frac{6}{7} \right. \text{ ou } \frac{42}{6} = 7.$$

L'élève lira :

en 6 comb. de fois	6? = 1 fois.	en 36 comb. de fois	6? = 6 fois.
12	6? = 2	42	6? = 7
18	6? = 3	48	6? = 8
24	6? = 4	54	6? = 9
30	6? = 5		

Ardoise du moniteur.

$$\frac{7}{7} = 1, \text{ ou} \left\{ \begin{array}{l} 7 \\ \underline{7} \\ 0 \end{array} \right. \left\{ \frac{7}{1} \right\} \text{etc.} \ldots \left\{ \begin{array}{l} 42 \\ \underline{42} \\ 00 \end{array} \right. \left\{ \frac{7}{6} \right. \text{ ou } \frac{42}{7} = 6.$$

L'élève lira :

en 7 comb. de fois	7? = 1 fois.	en 42 comb. de fois	7? = 6 fois.
14	7? = 2	49	7? = 7
21	7? = 3	56	7? = 8
28	7? = 4	63	7? = 9
35	7? = 5		

Suite du premier exercice au cercle d'arithmétique.

7ᵉ CLASSE. — DIVISION.

Lecture arithmétique sur l'ardoise du moniteur.

$$\frac{8}{8}=1,\ ou\left\{\begin{array}{c}8\\ \underline{8}\\ 0\end{array}\left\{\begin{array}{c}\underline{8}\\ 1\end{array}\right.\right\}\text{etc. jusques à }\frac{72}{8}=9,\ ou\left\{\begin{array}{c}72\\ \underline{72}\\ 00\end{array}\left\{\begin{array}{c}\underline{8}\\ 9\end{array}\right.\right.$$

L'élève lira :

en 8 comb. de fois	8? = 1 fois.	en 48 comb. de fois	8? = 6 fois.
16	8? = 2	56	8? = 7
24	8? = 3	64	8? = 8
32	8? = 4	72	8? = 9
40	8? = 5		

Ardoise du moniteur.

$$\frac{9}{9}=1,\ ou\left\{\begin{array}{c}9\\ \underline{9}\\ 0\end{array}\left\{\begin{array}{c}\underline{9}\\ 1\end{array}\right.\right\}\text{etc. . . . .}\left\{\begin{array}{c}63\\ \underline{63}\\ 00\end{array}\left\{\begin{array}{c}\underline{9}\\ 7\end{array}\right.\right.\ ou\ \frac{63}{9}=7.$$

L'élève lira :

en 9 comb. de fois	9? = 1 fois.	en 54 comb. de fois	9? = 6 fois.
18	9? = 2	63	9? = 7
27	9? = 3	72	9? = 8
36	9? = 4	81	9? = 9
45	9? = 5		

Deuxième exercice au cercle d'arithmétique.

7ᵉ CLASSE. — DIVISION.

Nous avons 2 francs à diviser entre deux personnes : combien revient-il à chacune d'elles ? — *Réponse :* 1 franc.

Les élèves feront d'abord la réponse écrite, en exhibant leurs ardoises sur lesquelles seront écrites et faites les divisions comme elles auront été faites à l'écriture arithmétique ; l'élève désigné répondra ensuite de vive voix. Par exemple, si le moniteur leur dit, j'ai 12 f. à diviser entre deux personnes, combien revient-il à chacune ? Les élèves, à l'instant, écrivent le dividende et le diviseur, les placent comme ils doivent l'être, font la règle et la présentent au moniteur pour réponse : ensuite l'élève désigné dit de vive voix ; 12 f. à diviser entre deux personnes donnent, R. 6 f. pour chacune d'elles, ainsi de suite pour toute demande et réponse.

Le moniteur continue de faire des questions :

4 fr. : combien	à 2 p. ?	R. 2 fr.	12 fr. : combien	à 2 p. ?	R. 6 fr.
6	2	3	14	2	7
8	2	4	16	2	8
10	2	5	18	2	9

Nous avons 3 francs à diviser entre 3 personnes : combien revient-il à chacune d'elles ? — *Réponse :* 1 franc.

6 fr. : combien	à 3 p. ?	R. 2 fr.	18 fr. : combien	à 3 p. ?	R. 6 fr.
9	3	3	21	3	7
12	3	4	24	3	8
15	3	5	27	3	9

Suite du deuxième exercice au cercle d'arithmétique.

7ᵉ CLASSE. — DIVISION.

J'ai, dira le moniteur, 4 francs à diviser entre 4 personnes : combien revient-il à chacune d'elles?

Réponse : 4 francs à diviser entre 4 personnes donnent, pour chacune d'elles, 1 franc.

8 fr. à diviser entre	4 p.	*R*. 2 fr.	24 fr. à diviser entre	4 p.	*R*. 6 f.
12	4	3	28	4	7
16	4	4	32	4	8
20	4	5	36	4	9

J'ai, dira le moniteur, 5 francs à diviser entre 5 personnes : combien revient-il à chacune d'elles?

Réponse : 5 francs à diviser entre 5 personnes donnent, pour chacune d'elles, 1 franc.

10 fr. à diviser entre	5 p.	= 2 fr.	30 fr. à diviser entre	5 p.	= 6 fr.
15	5	= 3	35	5	= 7
20	5	= 4	40	5	= 8
25	5	= 5	45	5	= 9

J'ai 6 francs à diviser entre 6 personnes : combien revient-il à chacune d'elles?

Réponse : 6 francs à diviser entre 6 personnes donnent, pour chacune d'elles, 1 franc.

12 fr. à diviser entre	6 p.	= 2 fr.	36 fr. à diviser entre	6 p.	= 6 fr.
18	6	= 3	42	6	= 7
24	6	= 4	48	6	= 8
30	6	= 5	54	6	= 9

Suite du deuxième exercice au cercle d'arithmétique.

7° CLASSE. — DIVISION.

J'ai 7 francs à diviser entre 7 personnes : combien revient-il à chacune ?

Réponse : 7 francs à diviser entre 7 personnes donnent 1 franc pour chacune d'elles.

14 fr. à diviser entre	7 p.	=2 fr.	42 fr. à diviser entre	7 p.	=6 fr.
21	7	=3	49	7	=7
28	7	=4	56	7	=8
35	7	=5	63	7	=9

J'ai 8 francs à diviser entre 8 personnes : combien revient-il à chacune d'elles ?

Réponse : 8 francs à diviser entre 8 personnes donnent à chacune d'elles 1 franc.

16 fr. à diviser entre	8 p.	=2 fr.	48 fr. à diviser entre	8 p.	=6 fr.
24	8	=3	56	8	=7
32	8	=4	64	8	=8
40	8	=5	72	8	=9

J'ai 9 francs à diviser entre 9 personnes : combien revient-il à chacune d'elles ?

Réponse : 9 francs à diviser entre 9 personnes donnent, pour chacune d'elles, 1 franc.

18 fr. à diviser entre	9 p.	=2 fr.	54 fr. à diviser entre	9 p.	=6 fr.
27	9	=3	63	9	=7
36	9	=4	72	9	=8
45	9	=5	81	9	=9

Ainsi, et comme nous l'avons dit, les élèves répondront par écrit, et ensuite de vive voix, toujours en se reprenant les uns et les autres, pour se donner de l'émulation et fixer l'attention. Nous allons donner deux exemples qui serviront pour tous ceux qui sont dans ces tableaux.

Le moniteur dira, supposons: j'ai 64 f. à diviser entre huit personnes, combien revient-il à chacune? Les élèves répondront par écrit ainsi qu'il suit:

$$\frac{64}{8} = 8 \left\{ \begin{array}{l} 64 \\ \underline{64} \\ 00 \end{array} \right. \left\{ \begin{array}{l} \underline{8} \\ 8 \end{array} \right.$$

Le premier qui aura fait sera le premier, ceux qui n'auront pas bien fait céderont leurs places (si elles sont supérieures) à leurs inférieurs qui auront bien fait; il en sera de même pour ceux qui répondront de vive voix; le mieux disant sera le premier.

Supposons, pour la réponse parlée, que le moniteur dise, j'ai 72 f. à diviser ou à partager entre neuf personnes, combien revient-il à chacune?

R. 72 à diviser entre neuf personnes, donne, pour chacune d'elles, 8 f., parce que le chiffre 9 est contenu huit fois dans 72, ou que huit fois 9 font ou égalent 72. Il en est ainsi pour les autres sommes.

Écriture arithmétique. — 7ᵉ CLASSE (*suite de la division*).

Le moniteur, placé comme ceux des autres classes, dictera des divisions dont d'abord le dividende ne sera composé que d'unités et dizaines d'unités, et le diviseur d'unités d'entier sans fractions décimales. On fera ensuite des divisions dont le diviseur sera composé d'unités, dizaines et centaines, d'unités d'entiers divisés par un seul chiffre, placé par conséquent aux unités. On divisera ainsi toute somme par un chiffre, jusques aux sommes composées au dividende de centaines de millions. L'on fera en sorte, dans cette classe, que les sommes composant le dividende contiennent le diviseur un grand comme un petit nombre de fois, sans reste. Les divisions qui auront des restes, se feront lorsque nous parlerons de fractions décimales et autres, lorsque nous multiplierons des sommes composées d'entiers et décimales, soit au multiplicande, soit au multiplicateur. Le moniteur, en conséquence, pour se procurer des sommes qui seront divisées par d'autres sans reste, prendra des produits de multiplications pour en faire des dividendes, et fera diviser aux élèves ces produits par le multiplicateur ou par le multiplicande; si on divise par le multiplicateur, on retrouvera le multiplicande sans reste; si on divise par le multiplicande, on retrouvera le multiplicateur sans reste.

```
384 { 8        28,80 { 9       278,04 { 6       242,746 { 7
32  { 48       27    { 320     24     { 4634    21      { 34678
064            018             038              032
 64            018             036              028
 00            0000            0020             0047
                               0018             0042
84 { 3                         00024            00054
6  { 28                        00024            00049
24                             00000            000056
24                                                  56
00                                                  00
```

Il leur dira: supposons que nous ayons la somme 84 à diviser entre trois personnes, et que nous désirions savoir combien il reviendra à chacune sur cette somme. Écrivez, leur dira-t-il, 84 au dividende, faites un trait horizontal à la suite, tirez un trait vertical, de manière à ce que le milieu de cette dernière ligne, en joignant le trait horizontal, soit coupé par le milieu et forme deux angles droits (le trait vertical est coupé par l'extrémité gauche du trait horizontal); placez au-dessus du trait horizontal le chiffre 3, représentant le nombre de personnes à qui appartient la somme 84 f., le dessous du trait horizontal sera le quotient.

En procédant par la gauche (ce qui est le contraire de toutes les règles que nous avons faites jusqu'à présent), cette manière de procéder prouve évidemment que la division est la décomposition ou déconstruction des opérations de la multiplication, qu'en outre elle est l'abrégé de la soustraction. Nous commençons la division par soustraire du produit entier de la multiplication la dernière opération faite dans cette même multiplication, et de décomposition en décomposition, de soustraction en soustraction, nous arrivons à retrouver le multiplicande et le multiplicateur, ce dont nous nous convaincrons par l'exemple suivant.

Supposons que nous ayons multiplié

$$72 \times 12 = 864 \textit{ ou } \left\{ \begin{array}{r} 72 \\ \times\ 12 \\ \hline = 144 \\ + 72\ \ \\ \hline = 864 \end{array} \right.$$

Par la division, nous allons retrouver 1° 72 dizaines, produit du multiplicande par une dizaine du multiplicateur, et 144 unités, produit du multiplicande par les deux unités du multiplicateur; enfin, par deux soustractions, nous retrouverons notre multiplicande et notre multiplicateur.

$$\begin{array}{r|l} 864 & 72 \\ \cline{2-2} 72\ \ & 12 \\ \cline{1-1} 144 & \\ 144 & \\ \cline{1-1} 000 & \end{array}$$

Revenons à nos 84 f. divisés, ou qui doivent être partagés entre trois personnes, nous dirons : nous avons 8 dizaines de francs, combien revient-il de dizaines de francs à chacune de nos trois personnes, ou en 8 combien de fois 3, R. deux fois, ou il revient 2 dizaines de francs ou 20 f. à chaque personne; nous plaçons ce 2 au quotient et aux dizaines, par la raison que nous venons de donner. Nous multiplions le chiffre 3, diviseur, par le chiffre 2, que nous venons de placer au quotient; $3\times2=6$. Cette multiplication nous donne 6, que nous plaçons sous le chiffre 8 du dividende; nous ferons un trait sous le 6, et soustrairons 6 de 8. Nous dirons, $8-6=2$, ou qui de 8 paie 6, reste 2; nous plaçons ce 2 sous le 6, et descendons le chiffre 4 (qui est au milieu du dividende) à droite et à côté du chiffre 2, produit de la soustraction; les deux chiffres 2 et 4 forment la somme 24, sur laquelle nous allons opérer et dire, en 24 combien trouvons-nous 3, ou combien reviendra t-il à chacun de cette somme? nous trouvons que 3 est contenu 8 fois en 24 unités, ou qu'il revient à chacun 8 f.; nous plaçons 8 au quotient à droite du chiffre 2 représentant 2 dizaines ou 20 unités, nous multiplions le diviseur 3 par $8=24$. Nous portons 24 sous les 24 unités du diviseur; nous faisons notre soustraction en disant, qui de 4 paie 4 reste 0, qui de 2 paie 2, reste 0; n'ayant plus rien au dividende, puisque nous avons opéré sur 60 et sur $24=84$. Nous voyons que le nombre 3 est contenu 28 fois dans 84, et qu'il revient aux trois personnes à qui appartient la somme totale 84 f., la somme de 28 f. chacune, et que la division est faite sans reste, puisque, d'après la soustraction, nous n'avons eu que des 0 pour résultat. On aurait pu faire cette règle en prenant le tiers de 84, ce qui aurait produit le même résultat 28. Mais nous parlerons de cela aux fractions.

Le moniteur dira, je suppose, nous avons une somme de 242,746 f., à diviser ou partager entre 7 personnes, il nous faut savoir combien il revient à chacune, afin que chacune reçoive ce qui lui en revient. En prenant le septième de cette somme, et procédant par la droite, notre opération serait plus tôt faite, nous aurions plus tôt le résultat, mais nous ne pouvons le faire sans avoir parlé des fractions.

Le moniteur dira donc, placez au dividende 242,746 f., faites les traits nécessaires pour placer votre diviseur et votre quotient, placez le chiffre 7 au diviseur, et dites avec moi, en commençant par la droite, le chiffre 2 représente 200,000, combien revient-il de cent mille francs à chacune de nos sept personnes, ou bien, en 2 combien de fois 7, nous voyons que 2 ne peut point contenir 7, ou que, n'ayant que 200,000, nous ne pouvons trouver qu'il revient 100,000 f. à chacun, qu'il faudrait qu'il y eût 700,000 f. pour qu'il revînt 100,000 f. à chacun. Nous procédons alors, par les deux premiers chiffres, de gauche à droite, représentant 240,000 f., ou 24 dizaines de mille; nous dirons alors, nous avons 24 dizaines de mille, combien en revient-il à chacune de nos sept personnes? nous trouvons qu'il revient trois dizaines de mille ou 30,000 f. à chacune, ou que 7 est contenu trois fois dans 24; nous plaçons 3 au quotient, qui se trouvera placé, par la suite des opérations, aux dizaines de mille, et faisons la multiplication suivante; nous disons, le diviseur 7 × le quotient 3 = 21, qui sont 210,000 ou 21 dizaines de mille francs; nous portons ces 21, savoir, 1 sous le 4 aux dizaines de mille, et le chiffre 2 sous le 2 aux centaines de mille; nous tirons un trait et faisons la soustraction, en disant, qui de 4 — 1, R. 3, que nous plaçons aux dizaines de mille; qui de 2 — 2, R. 0, nous plaçons le 0 aux centaines de mille.

Il nous reste, comme vous voyez, le chiffre 3 représentant trois dizaines de mille ou 30,000, et comme 30,000 f. ne peuvent produire, pour chacune de nos 7 personnes, des dizaines de mille, parce que 7 est plus fort que 3, il nous faut chercher combien il revient d'unités de mille à chacune de nos sept personnes; nous prenons le chiffre 2 placé aux unités de mille du dividende, et le portons à droite du chiffre 3, représentant 30,000, ces deux chiffres nous donnent alors 32,000 f. Nous disons, les chiffres 3 et 2 représentent 32,000 f., combien reviendra-t-il d'unités de mille francs à chacune de nos sept personnes, ou bien, en 32 combien trouvons-nous de fois 7? R. 4 fois, je mets 4 au quotient, à gauche du chiffre 3, le chiffre 4 représente 4,000 f., que chacune de nos sept personnes a à toucher; je multiplie le chiffre 7 du dividende par le chiffre 4=28, je porte ces 28, qui valent 28,000 f., sous 32,000 f., je tire un trait, et fais la soustraction, qui de 2—8 ne se peut, j'emprunte 1 sur 3, cet 1 vaut 10. 10+2=12; qui de 12—8, R. 4, que je place sous le 8 aux unités de mille; je viens au chiffre 3, qui ne vaut plus que 2, à cause de l'emprunt, et je dis, qui de 2 paie 2 R. 0, que je place sous le 2, aux dizaines de mille; je place encore à gauche, un 0 sous le 0 aux centaines de mille.

Nous continuons en disant, le chiffre 4 représente 4,000 f., et comme 4,000 ne peuvent donner ni produire pour chacune de nos 7 personnes des unités de mille, parce que le nombre 7 est plus considérable que 4, il nous faut chercher combien il reviendra de centaines de francs à chacune de nos 7 personnes; nous prenons le chiffre 7, placé aux centaines du dividende, et le portons à droite du chiffre 4, représentant 4,000 f.; ces deux chiffres nous donnent alors 4,700 ou 47 centaines. Combien reviendra-t-il de centaines de francs à chacune de nos sept personnes? Nous trouvons que 7 est contenu 6 fois dans 47, nous plaçons ce chiffre 6 au quotient de droite du chiffre 4; ce chiffre 6 représente 600 f., que chacune de nos sept personnes devra toucher; je multiplie le chiffre 7 du diviseur par le chiffre 6=42; je porte ces 42, qui valent 4,200, sous les 47 ou 4,700, au diviseur, et fais la soustraction, qui de 7—2, R.5, que je place sous le 2, je dis, en venant aux dizaines, qui de 4—4 R. 0, je place ce 0 sous le chiffre 4, aux unités de mille, je place à gauche deux 0, l'un aux dizaines de mille, et l'autre aux centaines de mille.

Je dis, 5 représente 500, et comme 500 ne peuvent produire pour chacune de nos sept personnes des centaines, puisque 7 est plus fort que 5, il nous faut chercher combien il reviendra de dizaines de francs à chacune de nos sept personnes; nous prenons le chiffre 4, placé aux dizaines de francs du dividende, et le portons à droite du chiffre 5, représentant 500 ou 50 dizaines; ces deux chiffres 5 et 4 nous donnent 540 ou 54 dizaines de francs. Combien reviendra-t-il de dizaines de francs à chacune de nos sept personnes? Nous trouvons que 7 est contenu 7 fois dans 54; nous plaçons ce chiffre 7 au quotient, à droite du chiffre 6; ce chiffre 7 représente 70 f., que chacune de nos sept personnes doit toucher; je multiplie le chiffre 7 du diviseur par le chiffre 7 du quotient = 49; je porte ces 49 qui valent 490, sous les 540 f. au dividende, ou je porte 49 sous 54, et je dis, qui de 4 — 9 ne se peut, j'emprunte 1 sur 5, qui vaut 10; 10 + 4 = 14, qui de 14 — 9 R. 5, que je place sous le 9, aux dizaines de francs; je viens au chiffre 5, qui ne vaut plus que 4, à cause de l'emprunt, et je dis, qui de 4 — 4 R. 0, je place 0 sous le 4.

Je dis, 5 représente 50 unités, et comme 50 ne peuvent produire pour chacune de nos 7 personnes des dizaines de francs, puisque 7 est plus fort que 5, il nous faut chercher combien il reviendra d'unités de francs à chacune de nos 7 personnes; nous prenons le chiffre 6 placé aux unités de francs du dividende, et le portons à droite du chiffre 5 représentant 50. Ces deux chiffres 5 et 6 représentent 56 unités. Combien reviendra-t-il d'unités de francs à chacune de nos 7 personnes? Nous trouvons que 7 est contenu 8 fois dans 56; nous plaçons ce chiffre 8 au quotient aux unités de francs et à droite du chiffre 7. Ce chiffre 8 représente 8 francs que chacune de nos 7 personnes touchera; je multiplie le chiffre 7 des dizaines par le chiffre 8 du quotient = 56, que je place sous 56 au dividende; je soustrais 56 de 56, R. 0; je trouve donc que 7 est contenu 8 fois dans 56, sans reste. Le quotient me donne 34,678, qui reviendront à chacune des 7 personnes sur la somme totale 242,746 francs.

Passons à des divisions de sommes de francs et centimes. Supposons, dira le moniteur, que nous ayons acheté avec une somme de 31,501 fr. 80 cent., 666 kilos de soie, et que nous veuillions savoir combien nous a coûté chaque kilo, nous placerons au dividende la somme 31,501 fr. 80 c.; faisons les traits nécessaires pour placer notre diviseur et notre quotient, plaçons 666 kilos au quotient:

Opération.

J'ai acheté avec	31,501fr,80c^{es}	666 kilos de soie : comb. le kilo?
	2,664	47^{fr} 30 c. quotient, ou *Réponse*,
	04861	47 fr. 30 c^{es} le kilo.
	04662	
	00,199fr. 8c^{es}	
	00,199 8	
	00,000 00.	

Dites avec moi, en commençant par la droite, chaque kilo ne peut coûter ni des dizaines de mille, ni des mille, ni des centaines de francs, parce que 666 diviseur ne peut être contenu ni dans le chiffre 3, ni dans les deux chiffres 3 et 1, ni dans les trois chiffres 3, 1, 5, qui ne peuvent contenir (666), faisant abstraction des dizaines de francs, unités de francs et centimes du dividende, parce que 315 ne peuvent contenir 666. Nous sommes donc obligés de prendre les quatre chiffres 3, 1, 5, 0 qui représentent 3,150 dizaines de francs : nous voyons que notre diviseur 666 doit y être contenu plusieurs fois. Le chiffre qui représentera le nombre de fois que le diviseur sera contenu dans la partie du dividende 3,150 dizaines, ce chiffre, dis-je, représentera le nombre des dizaines de francs que nous aura coûté chaque kilo de soie. Nous trouvons, par l'essai, que 666 est contenu 4 fois dans 3,150 dizaines, et que chaque kilo nous a coûté au moins 40 fr.; nous plaçons 4 au quotient qui se trouvera, par la suite des opérations, placé aux dizaines de francs. Faisons la multiplication suivante : nous multiplions le diviseur 666 par le chiffre 4 que nous venons de placer au quotient, et disons $4 \times 6 = 24$; je place 4 sous le 0 placé aux dizaines de francs du dividende et retiens 2, je continue la multiplication 6 du diviseur multiplié par $4 = 24$. $24 + 2$ de retenu $= 26$; je place 6 sous le chiffre 6 placé aux centaines du dividende et retiens 2; je multiplie ensuite le chiffre 6 du diviseur placé aux centaines par le chiffre 4 placé au quotient 6×4=24, 24+2 de retenu=26; je place 6 sous le 1 placé aux unités de mille du dividende, et avance 2 sous le 3; je tire un trait sous cette somme 2,664, produit de la multiplication que nous venons de faire, et soustrais des 3,150 dizaines du dividende la somme de 2,664, en disant, qui de o aux dizaines du dividende paie 4, ne peut; j'emprunte 1 sur 6, qui vaut 10, 10+0=10, et je dis, en 10 paie 4, R. 6, que je place sous le 4; je viens aux centaines, en disant, le chiffre 5 ne vaut plus que 4; qui de 4 paie 6, ne peut; j'emprunte 1 sur 1 qui vaut 10, 10+4 =14, qui de 14 paie 6 reste 8 sous le 6 placé aux centaines; je passe aux unités de mille du dividende, et je dis, le chiffre 1 n'a plus de valeur, puisque j'ai emprunté 1 pour l'opération précédente; je dis donc, qui de o paie 6, ne peut; j'emprunte 1 sur le chiffre 3 placé aux dizaines de mille du dividende; cet 1 vaut 10, 10×0=10; qui de 10 paie 6, R. 4; je pose 4 aux unités de mille sous ce 6. Je viens enfin au chiffre 3 placé aux dizaines de mille; mais ce chiffre ne valant plus que 2, puisque nous avons emprunté 1, nous dirons, qui de 2 paie 2, R. o; je place ce o sous le chiffre 2 et aux dizaines de mille: j'ai donc un reste de 486 dizaines, et comme 486 dizaines ne peuvent contenir 666, ou plutôt ne peuvent donner des dizaines de francs pour chacun des 666 kilos, puisque 666 ne peuvent être contenus dans 486, et qu'en outre nous avons déjà opéré pour les dizaines, nous passons à chercher combien chacun des 666 kilos nous a coûté de francs; pour cela, nous descendons le chiffre 1 placé aux unités de francs du dividende et à côté du chiffre 6, dernier chiffre du reste de la soustraction, et disons, combien 4,861 fr. donnent-ils de francs pour chacun des 666 kilos de soie? 666 est contenu 7 fois dans 4,861; je place 7 au quotient à droite du 4, qui y est déjà placé; j'ai donc pour résultat, que 666 nous coûte déjà 40 fr. + 7 fr., ou plutôt 47 fr. chaque kilo; je multiplie les 666 par 7 du quotient, et je dis, 7×6=42; je place 2 sous le chiffre 1 placé aux unités de francs du dividende, et retiens 4; je continue, je multiplie le chiffre 6 aux dizaines du dividende par le chiffre des unités de francs du diviseur 6×7=42, 42+4 de retenu=46; je place 6 aux dizaines sous le 6 du dividende; je multiplie ensuite le chiffre placé aux centaines du diviseur 6×7=42, 42+4=46; je place 6 aux centaines sous le 8, et avance 4; je distrais la somme du produit de multiplication montant à 4,662, de 4,861, et je dis, qui de 1 paie 2, ne se peut; j'emprunte 1 qui vaut 10 sur 6, et je dis, 10 unités+1 unité=11, qui de 11 paie 2, R. 9, que je place aux unités de francs sous le chiffre 2; je viens aux dizaines de francs, et je dis, le chiffre 6 ne vaut plus que 5; qui de 5 paie 6, ne se peut; j'emprunte 1 sur le chiffre 8 aux centaines qui vaut 10, 10+5=15; qui de 15 paie 6, R. 9; je place 9 aux dizaines de francs sous le chiffre 6; je viens au chiffre 8, qui ne vaut plus que 7; je dis, qui de 7 paie 6, R. 1, que je place aux centaines sous le chiffre 6 : enfin, je viens au chiffre 4 placé aux unités de mille du dividende, et je dis, qui de 4 paie 4, R. 0; chaque kilo des 666 me coûte donc 47 fr.; j'ai un reste de 199 fr.+80 cent. Voyons à présent combien ce reste donnera de décimes et centimes pour chacun des 666 kilos : je descends à côté du reste 199 fr., 8 décimes; j'ai donc 1,998 décimes, sur lesquels je vais opérer pour savoir combien chaque kilo a coûté de décimes ou de fois dix centimes; je dis donc, en 1,998 décimes combien de fois 666? R. 3 fois; je place 3 au quotient, après avoir séparé par une virgule les 47 fr.; je multiplie 666 par 3, ce qui me donne 1,998 décimes, que je place sous le 1,998 du dividende; d'après la soustraction, il ne me reste rien : chaque kilo (des 666 kilos) me coûte donc 47 fr. 3 décimes, ou 47 fr. 30 cent.; attendu que 3 décimes =30 centimes. En outre, descendant le chiffre 0 du dividende, et le plaçant aux unités de centimes, j'ai une rangée de zéros sans être accompagné à gauche d'aucun chiffre significatif. Je dis donc, en zéros 666 ne peuvent se trouver; je place donc au quotient le chiffre 0. Nous en donnerons la raison dans l'exemple suivant :

On pourrait placer cette division différemment, et dire, j'ai payé la somme de 31,501 fr. 80 cent. pour de la soie que j'ai achetée à raison de 47 fr. 30 cent. le kilo ; combien ai-je acheté de kilos de soie?

31,501 fr. 80 c^{es}	47 fr. 30 c. le kilo.
Réponse.	666 kilos.

J'ai fait un paiement de 357,831 fr. 20 cent. pour des vins que j'ai achetés à raison de 103 fr. 30 c. la pièce : combien ai-je acheté de pièces de vin? Comme il s'agit de savoir combien de fois 103 fr. 30 cent. est contenu dans 357,831 fr. 20 c., je réunirai tous les chiffres du dividende comme s'il n'était que composé de francs, et j'en ferai autant pour le diviseur.

Je placerai donc ma règle ainsi qu'il suit :

357,831^{fr} 20 c^{es}	103 fr. 30 c. la pièce.
30,990	3,464 pièces de vin.
047,931	
41,320	
66,112	
61,980	
041,320	
41,320	
00,000	

dira le moniteur : écrivez avec moi au dividende 35,783,120, écrivez au diviseur 10,330, dites avec moi, 1,330 ne peut être contenu que dans cinq chiffres, nous n'aurons donc pour le premier chiffre que des unités de mille, et le chiffre qui représentera combien de fois le diviseur est contenu dans les cinq chiffres à gauche de la somme du dividende représentant 35,783 mille; ce chiffre, dis-je, représentera aussi le nombre de mille pièces de vin que j'ai achetées; je trouve que le diviseur 10,330 est contenu trois fois dans les 35,783 du dividende; j'ai donc acheté trois mille pièces de vin, abstraction faite des centaines, de dizaines et des unités de pièces de vin non encore calculées; nous plaçons le chiffre 3 au quotient, et multiplions le diviseur par ce chiffre 3 que nous venons de placer au quotient, et qui se trouvera, à la fin de l'opération, placé aux unités de mille du quotient. Faisons la multiplication suivante : 3×0=0, que je porte sous le chiffre 3 placé aux unités de mille du dividende; je dis ensuite 3 dizaines du dividende×les chiffres 3 du quotient=9; je porte ce chiffre 9 sous le 8 placé aux dizaines de mille du dividende; je multiplie le chiffre 3 placé aux centaines du diviseur×3 du quotient=9, que je place sous le chiffre 7 placé aux centaines de mille du dividende; je multiplie le chiffre o placé aux unités de mille du diviseur par le chiffre 3 du quotient=o, que je place sous le chiffre 5 placé aux unités de millions du diviseur; je multiplie le chiffre 1 aux dizaines de mille du diviseur, par le chiffre 3 du quotient=3, que je place sous le chiffre 3 placé aux dizaines de millions du dividende; je tire un trait sous ce produit, et fais la soustraction ainsi qu'il suit : je dis, en commençant par la droite, qui de 3 paie o, reste 3, que je place sous le o et sous la colonne des unités de mille du dividende; je dis ensuite, à la colonne à gauche, qui de 8 paie 9, ne se peut; j'emprunte 1 sur le 7, qui vaut 10, 10+8=18, qui de 18 paie 9, R. 9, que je place sous le 9, colonne des dizaines de mille du dividende; je viens au chiffre 7, qui ne vaut plus que 6 à cause de l'emprunt; je dis, qui de 6 paie 9, ne se peut; j'emprunte 1 sur le chiffre 5; cet 1 vaut 10, 10+6=16, qui de 16 paie 9, R. 7, que je place sous le chiffre 9 à la colonne des centaines de mille; je viens ensuite au chiffre 5 du dividende qui ne vaut plus que 4 à cause de l'emprunt, et je dis, qui de 4 paie o, reste 4, que je place sous le chiffre o à la colonne des unités de millions; je viens au chiffre 3 placé au dividende, le dernier à gauche et à la colonne des dizaines de millions, et je dis, qui de 3 paie 3, R. o. J'ai un reste de 4,793; j'adjoins à ce reste le chiffre 1 placé aux centaines d'unités du dividende; ce qui me donne alors 47,931 centaines; et comme le diviseur ne peut être contenu dans cette somme, le chiffre qui représentera le nombre de fois que le diviseur sera contenu dans ce dividende, représentera aussi le nombre de centaines de pièces de vin que j'aurai achetées. Je trouve que le diviseur 10,330 est contenu quatre fois dans 47,931; j'ai donc acheté, outre les trois mille pièces de vin, quatre cents pièces de vin, abstraction faite des dizaines et unités de pièces de vin qui sont à calculer ou à chercher. Nous plaçons le chiffre 4 au quotient; ce chiffre 4 se trouvera être placé à la fin de l'opération aux centaines d'unités; il faut multiplier le diviseur 10,330 par le chiffre 4 que nous venons de placer au quotient: cette multiplication nous donne le produit 41,320 que nous plaçons immédiatement dessous le dividende, savoir, etc.; nous tirons un trait, et faisons la soustraction de la somme de 41,320 de 47,931; il nous reste 6,611 centaines: pour avoir les dizaines, nous descendrons le chiffre 2 placé aux dizaines du dividende, à côté du reste 6,611, ce qui me donnera 66,112 dizaines d'unités; et, comme le diviseur 10,330 peut être contenu dans cette somme, le chiffre qui représentera le nombre de fois que le diviseur pourra être contenu dans ce nouveau dividende, représentera aussi le nombre de dizaines de pièces de vin que j'aurai achetées; je trouve que le diviseur 10,330 est contenu 6 fois dans 66,112; j'ai donc acheté, outre les 3,400 pièces de vin, 60 autres pièces, ou 3460, abstraction faite des unités de pièces de vin, qui sont à calculer ou à chercher: nous plaçons le chiffre 6 au quotient, à droite des deux autres; ce chiffre se trouvera placé à la fin de l'opération aux centaines d'unités; il faut multiplier le diviseur 10,330 par le chiffre 6 que nous venons de placer au quotient pour deux raisons: la première, pour savoir, par la soustraction, si nous avons bien trouvé le nombre de fois que le diviseur doit être contenu dans le dividende; et, en cas que nous nous soyons trompés, recommencer l'opération pour chercher le nombre de fois juste que le diviseur est contenu dans le dividende, et trouver ce nombre sans reste, ou avec un reste moins considérable; 2° en ce qu'il faut connaître s'il n'y a point de reste; s'il y en a un, il doit servir à une nouvelle opération, en y ajoutant un chiffre du dividende. Nous multiplions donc le diviseur 10,330 ×6 = 61,980 dizaines, que nous portons sous le nouveau diviseur 66,112, les unités sous les unités, etc.; nous faisons la soustraction, etc., et avons pour reste 4,132 dizaines; comme nous connaissons les mille, centaines et dizaines de pièces que nous avons achetées, nous n'avons plus qu'à chercher combien nous avons acheté d'unités de pièces. Pour cet effet, nous descendons le chiffre o qui reste au dividende, à droite, et le portons à droite du reste 4,132×0 = 41,320 unités, et comme le diviseur 10,332 peut être contenu dans cette somme, le chiffre qui représentera le nombre de fois que le diviseur pourra être contenu dans ce nouveau dividende, représentera aussi la quantité d'unités de pièces de vin que j'aurai achetées; je trouve que le diviseur 10,330 est contenu quatre fois dans 41,320 unités; j'ai donc acheté, outre les 3,460 pièces de vin, quatre pièces en sus, ou 3,464 pièces de vin; je place le chiffre 4 au quotient à droite des trois autres, et aux unités; je multiplie, par ce chiffre, le diviseur 10,330. 10,330×4=41,320; je porte cette somme sous 41,320, que j'avais en reste de dividende, je me convaincs, par la soustraction, qu'il n'y a rien de reste, etc.

Le maître ou le moniteur dicteront et expliqueront, dans tous les détails possibles, chaque opération, et n'oublieront pas de faire connaître tout ce que nous avons dit; ils feront faire beaucoup de divisions par gradation, en commençant par les moins difficiles jusqu'aux plus considérables et difficiles; néanmoins, on ne fera point de divisions de fractions, si ce n'est celles des centimes; attendu que nous expliquerons les fractions par des exemples, avant de parler des proportions. On pourra, cependant, porter au dividende et au diviseur, des centimes, cela ne changeant rien aux opérations, ainsi que nous le démontrerons dans les fractions; mais on fera en sorte de ne faire, dans cette classe, que des divisions dont le dividende contienne un certain nombre de fois sans reste le diviseur.

Nous ne donnerons plus qu'un exemple pour expliquer ce placement des zéros. Nous nous servirons du même dividende, mais en employant pour diviseur le quotient de la règle précédente.

Avec 357,831 francs 20 centimes, j'ai acheté 3,464 pièces de vin : à combien me revient chaque pièce de vin ?

357,831fr 20cm	3,464 pièces de vin.
3,464	103 fr. 30 c. la pièce.
011431	
10392	
1039,2	
1039,2	
0000,00	

Le moniteur fait écrire, écrit et fait placer le dividende et le diviseur dont nous venons de parler, et fait les opérations suivantes, etc., etc. Il dira ensuite, 3,464 f. ne peut être contenu que dans quatre chiffres ; nous prenons ces quatre chiffres de gauche à droite, nous avons 3,578 centaines ; notre quotient ne sera composé que de centaines, dizaines et unités, parce que le chiffre 3, aux centaines de mille, ne peut contenir le diviseur pour lui donner des centaines de mille ; parce que les chiffres 35 du dividende représentant 350 mille, ne peuvent contenir le diviseur, et par conséquent lui fournir des dizaines de mille ; parce que les chiffres 357 représentant 357 mille, ne contenant point le diviseur 3,464, il ne peut lui fournir des unités de mille ; enfin, nous prendrons les quatre chiffres de droite à gauche, parce que nous voyons que notre diviseur peut être contenu dans cette partie du dividende. Le chiffre qui représentera le nombre de fois que le diviseur est contenu dans 3,578 centaines, ce chiffre, disons-nous, représentera aussi le nombre de centaines de francs que coûtera ou aura coûté chaque pièce de vin ; nous trouvons, par l'essai, que 3,464 est contenu une fois dans 3,578, et que chaque pièce de vin nous a coûté au moins 100 f. ; nous plaçons 1 au quotient, qui se trouvera, par la suite de l'opération, placé aux centaines de francs du quotient; nous faisons la multiplication suivante: nous multiplions le diviseur 3,464 par le chiffre 1, que nous venons de placer, et disons, 3,464×1=3,464; je place 3,464 sous les 3,578 centaines du dividende, et je dis, qui de 8 aux centaines du dividende paie 4, R. 4; qui de 7—6, R. 1; 5—4, R. 1; 3—3, R. 0; j'ai donc un reste de 114 centaines. A présent que je sais que la pièce de vin me coûte 100 f., il me restera à savoir combien elle me coûtera en outre de dizaines de francs; je descends donc le chiffre 3, placé aux dizaines de francs du dividende, et le place à côté et à droite du chiffre 4, dernier chiffre de la soustraction, et je dis, combien 1,143 dizaines de francs donnent-elles de dizaines pour chaque pièce de vin? Je vois que 1,143 ne peut contenir 3,464, qu'en conséquence chaque pièce de vin ne m'a coûté jusqu'à présent que 100 f., mais point de dzaines de francs, pourquoi je poserai 0 au quotient, à côté et à droite du chiffre 1; le 0 se trouvera placé à la suite de l'opération, aux dizaines de francs du dividende. Nous avons à savoir combien chaque pièce nous a coûté d'unités de francs; pour cet effet, nous descendons le chiffre placé aux unités de francs du dividende, et le plaçons à côté du chiffre 3, que nous venons aussi de descendre, et disons, en 11,431 combiende fois 3,464, ou plutôt, combien 11,431 f. fournissent-ils d'unités de francs pour chaque pièce de vin? R. 3,464 est contenu trois fois dans 11,431; je place 3 au quotient à droite du chiffre 0; j'ai pour résultat que 3,464 pièces de vin m'ont coûté 103 f. la pièce; je multiplie 3,464 par 3=10,392, je soustrais cette dernière somme de 11,431, j'ai pour reste 1,039f. + 20 c. Il s'agit de savoir combien ce reste donnera de décimes et centimes pour chaque pièce de vin; je descends donc le chiffre 2 à droite du reste 1,039 f., le chiffre 2 placé aux dizaines de centimes, sur lequel je vais opérer pour savoir conbien chaque pièce a coûté de décimes ou de fois dix centimes; je dis donc, en 1039,2 décimes, combien de fois 3,464? R. trois fois; je place 3 au quotient, après avoir séparé par une virgule les 103 f., je multiplie; 3,464 par 3 = 1039,2, que je place sous les 1039,2 du nouveau dividende;

je fais la soustraction, mais il n'y a point de reste. Chaque pièce de vin me coûte donc 103,3 décimes, ou 103 f. 30 c., attendu que 3 décimes = 30 c.; je n'ai donc point d'unités de centimes, car, descendant le chiffre 0 du dividende placé aux unités de centimes, j'ai une rangée de 0, sans être accompagnée à gauche d'aucun chiffre significatif.

C'est d'après ce qui vient d'être dit que les maîtres, et par suite les moniteurs, raisonneront et feront opérer sur des divisions de toutes espèces, lors de l'écriture arithmétique.

Deuxième exercice arithmétique pour la division.

Le moniteur fera lire sur son ardoise, qu'il aura eu soin de ne point effacer, toutes les opérations qu'il aura dictées, et qui auront été écrites dans la même séance.

Au deuxième exercice arithmétique, le moniteur dictera la même ou les mêmes règles qui auront été écrites et lues. Les élèves feront les opérations; celui qui les aura exécutées le plus tôt, et qui les aura bien faites, sera le premier; celui qui fera mal ou qui ne sera pas assez diligent, perdra sa place pour la céder à celui qui aurait une place inférieure, qui aurait été plus diligent et qui aurait bien opéré.

A l'égard de la manière de faire faire ces exercices aux élèves, on se reportera à ce qui a été dit en addition, soustraction et multiplication, pour ce qui aura eu rapport à ces trois règles lues et faites aux cercles arithmétiques; du reste, on divisera le plus possible, entre les élèves, les opérations qui doivent être lues lors de la lecture arithmétique, c'est-à-dire, on fera lire le moins possible à la fois à chaque élève, afin que le tour de lire de chacun venant plus vite ils soient obligés de prêter toute leur attention, soit pour bien dire, soit pour savoir où l'on en est, soit, enfin, pour être prêts à reprendre leurs camarades, si un ou plusieurs disent ou lisent mal.

HUITIÈME, NEUVIÈME ET DIXIÈME CLASSES.

Dans ces trois classes, on s'occupera des proportions arithmétiques, de la règle de trois simple et composée, règle de société, des fractions décimales; l'on fera connaître aux élèves, pour les monnaies, les livres, sous et deniers, en les comparant aux francs et centimes; pour les poids, la comparaison des livres, marcs, onces, gros, deniers et grains, avec le kilogramme, l'hectogramme, décagramme et gramme; pour la mesure des étoffes, la comparaison de l'aune de Paris au mètre, aux décimètres, centimètres et millimètres. J'ai cru que, pour les classes élémentaires, il était plus que suffisant d'enseigner aux élèves tout ce qui est contenu dans cette première partie, et qu'avec cette connaissance ils pourraient se livrer à toutes sortes d'états et de professions, et être très-bien accueillis par tous ceux qui les emploieraient.

RÈGLE DE TROIS.

On expliquera que la règle de trois se nomme aussi règle de raison, parce que les propositions qui ont lieu pour cette règle, sont résolues d'une manière invariable et satisfaisante.

La règle de trois est composée de trois nombres artistement placés, pour servir à connaître l'inconnu, le résultat ou le quatrième terme d'une proportion, ou pour servir à se rendre raison de la comparaison de deux quantités; les exemples expliqueront avec plus de précision cette règle de raison; j'ajouterai seulement que, par exemple, si vous saviez combien huit choses vous ont coûté par la règle de trois, vous sauriez, par le quatrième terme, ce que vous en coûteraient vingt-cinq; vous vous diriez, je suppose, si huit choses m'ont coûté 25 f., combien vingt-cinq choses me coûteront-elles? le quatrième terme nous donnera le prix des vingt-cinq choses; vous trouverez donc, par la règle de trois, l'inconnu, ou vous vous rendrez raison de ce que vous coûteraient vingt-cinq choses.

On se sert de plusieurs signes pour placer les trois termes de la règle de trois; par exemple, pour marquer, je suppose, que 8 est à vingt-trois comme dix-huit est à l'inconnu ou au quatrième terme cherché, on écrit deux points (:) après le premier terme 8, et ces deux points signifient le verbe *est*. Pour marquer le mot *comme*, qui devrait être écrit après 23, on écrira quatre points, deux horizontaux et deux l'un sur l'autre ::

La règle de trois, simple ou directe, est composée de trois termes; deux de ces termes sont de même espèce ou de même qualité, ou plutôt, chaque unité dont chacun de ces deux termes est composé, est de la même espèce ou même valeur; l'autre terme est d'une espèce ou qualité différente; le résultat de l'opération doit nous donner un quatrième terme qui se trouvera de la même espèce ou qualité que ce dernier; de sorte que, l'inconnu trouvé, notre proportion se trouvera composée de quatre termes, savoir, par exemple, de deux termes composés de francs ou de toute autre chose, et deux termes composés de mètres ou de toute autre chose.

Quand la règle est faite, que l'on a obtenu le quatrième terme, on voit que le premier terme, multiplié par le quatrième, = en produit le deuxième terme × par le troisième; le produit des deux extrêmes = celui des moyens.

Supposons, dira le moniteur, lors de l'écriture arithmétique, que 5 mètres de toile aient coûté 25 f., et que nous voulions savoir combien nous coûteraient 15 mètres de toile, il s'agirait alors de chercher le quatrième terme de la proportion ou de l'inconnu, ou la raison; nous dirons la raison, car 5 doit être à 25 en même proportion que 15 le sera à l'inconnu; par exemple, 5 est le cinquième de 25, 15 doit être le cinquième de l'inconnu. En effet, $5 \times 5 = 25$, $15 \times 5 = 75$, notre quatrième terme doit être 75, parce que 15 est le cinquième de 75, ce que nous allons démontrer par la règle de proportion suivante :

SAVOIR :

5 mètres : 25^{fr} :: 15 mètres : 75^{fr}.

```
      15
    ----
     125
     25
    ----
     375 { 5
     35  { 75
    ----
     025
      25
    ----
      00
```

Placez, dira le moniteur, le chiffre 5 ou la somme de votre premier terme, mettez au-dessus de ce chiffre, à droite, la lettre *m*, qui désignera que ce chiffre 5 représente 5 mètres; placez deux points (:) l'un sur l'autre, à la droite de ce premier terme, ces deux points signifient, *est à* ou *ont coûté;* placez actuellement la somme 25 f., à droite de vos deux points, et, sur la même direction horizontale que le premier terme et les deux points, placez à droite de votre deuxième terme, et sur la même direction que ces derniers, :: quatre points, deux l'un sur l'autre, et deux à la suite l'un de l'autre, de manière à ce qu'ils soient comme placés au sommet de chaque angle d'un carré; ces quatre points, comme les deux premiers, ne doivent pas dépasser la grandeur des chiffres, des termes, et ne doivent pas remplir un moindre espace. Ces quatre points signifient le mot *comme.* Placez à droite de ces quatre points le troisième terme 25 mètres, au haut duquel, et à droite, vous mettrez la lettre qui désignera que le troisième terme signifie vingt-cinq mètres; enfin, placez à droite de ce troisième terme, : deux points qui désigneront *est à* l'inconnu, ou au quatrième terme, *ou coûteront.*

Pour faire votre règle, vous multiplierez avec moi les deuxième et troisième termes, l'un par l'autre; vous descendrez, à cet effet, le troisième terme 15^{m}, et le placerez sous le deuxième,

25 : les unités sous les unités, et les dizaines sous les dizaines; tirez un trait sous votre troisième terme descendu, et faites votre multiplication avec moi; 5 × 5 = 25, je place 5 aux unités sous le 5, et retiens 2; je multiplie ensuite 2 par 5 = 10. 10 + 2 de retenu = 12 dizaines, je place 2 sous le 2, aux dizaines, et avance 1 aux centaines, etc., le produit de la multiplication est de 375, que je divise par 5, premier terme; j'ai pour dividende 375, pour diviseur 5, le résultat de la division me donne 75 au quotient; ces 75 sont le quatrième terme cherché; nous portons cette somme à droite des deux points, et nous avons cette somme pour réponse ou raison; donc si 5 mètres nous ont coûté 15 f., 25 mètres doivent coûter 75 f.

Le moniteur dictera les opérations de multiplication, les opérations de division dans les mêmes détails qu'ils ont été décrits dans les classes où chacune de ces règles a été enseignée.

Il expliquera que la règle de trois se fait en deux opérations, multiplication et division. Le deuxième et le troisième terme se multiplient l'un par l'autre, et le produit de cette multiplication est divisé par le premier terme. La raison en est simple, le deuxième ou le troisième terme doivent être contenus dans le produit de leur multiplication, dans la même proportion que le premier terme doit être contenu dans ce même produit, puisque le premier terme est au second ou au troisième terme, ce que le deuxième ou le troisième terme sont à l'inconnu ou au quatrième terme, lorsque l'opération est faite.

Sans nous servir de la règle de trois, nous pourrions, il est vrai, avoir les mêmes résultats, en procédant par la division seulement, mais l'opération serait trop longue; je vais le prouver par le même exemple.

Pour procéder par la division, je dirais, cinq mètres de toiles m'ont coûté 25 f., comment m'y prendrais-je pour savoir combien 25 mètres me coûteraient? Ne voulant pas opérer par les proportions, je procéderai par la division, ainsi qu'il suit; je commencerai d'abord par chercher à combien me revient le mètre, je placerai à mon dividende 25, et au diviseur 5, le quotient me donnerat la valeur du mètre.

SAVOIR :

25 fr. | 5 mètres de toile.
25 | 5 fr. (le mètre me revient à 5 fr.)
00

Ainsi, si je veux savoir combien me coûteront vingt-cinq mètres, je n'ai plus qu'à multiplier 15 par 5 = 75 ; j'ai pour résultat que 15 mètres coûteront 75 f.

Le produit des extrêmes des proportions arithmétiques égale celui des moyens, ou plutôt le produit de la multiplication du premier et du quatrième terme sera égal au produit de la multiplication des deuxième et troisième termes :

car 5, 1er terme × 75 4e terme, = 375.
car 15, 2e terme × 25 3e terme, = 375.

On peut placer la règle de trois de sept autres manières, on aura toujours le quatrième terme cherché et conforme à celui que l'on cherche, si la règle est bien faite.

5 mètres est en proportion à 25 mètres, comme 15 f. est en proportion à 75 f.

75 fr. : 5 fr. :: 25 mèt. : 5 mètres.	75 fr. : 25 mèt. :: 15 fr. : 5 mètres.

Si avec 75 f. j'ai acheté 25 mètres de toiles, avec 15 f. j'achèterai 5 mètres de toiles de la même valeur.

15 mèt. : 5 mèt. :: 75 fr. : 25 fr.	5 mèt. : 25 fr. :: 15 mèt. : 75 fr.
15 mèt. : 75 fr. :: 5 m. : 25	5 mèt. : 15 :: 25 mèt. : 75
25 mèt. : 75 fr. :: 5 m. : 15	75 fr. : 15 m. :: 25 fr. : 5 m.
25 mèt. : 5 mèt. :: 75 fr. : 15	75 fr. : 25 m. :: 15 fr. : 5

De sorte que, comme on le voit, la première règle de trois

faite, nous pouvons fournir sept autres proportions, en changeant les termes. Cependant, il est à remarquer que le quatrième terme aurait bien une autre valeur, et que les 8 proportions seraient bien différentes, si, au lieu de dire 5 mètres ont coûté 25 f., combien coûteront 15 mètres? on disait, au contraire, si 5 ont coûté 75 fr., combien coûteront 15 mètres? car, au lieu de n'avoir que 25 f. pour le quatrième terme, on aurait 225, ainsi que l'on va le voir par la proportion suivante :

SAVOIR :

5 mètres de toile : 75fr. :: 15m. : 225fr.

```
        15
       ----
       375
       75
       ----
      11,2,5 { 5
        10   { ---
       ----  { 225
        12
         25
         25
       ----
        00
```

On voit, par cette proportion, qu'il n'est pas indifférent de placer certains termes les uns à côté des autres, parce que l'on changerait le prix des marchandises, car, dans cet exemple, les 5 mètres vaudraient 75 f., tandis que, dans les autres proportions, les 5 mètres ne valaient que 25 f., ce qui changerait en entier l'énoncé de la question, et le terme 25 f. ne pourrait plus être trouvé; il serait, au contraire, remplacé par le terme 225 f.

Nous avons donc huit proportions différentes en changeant le prix des cinq mètres :

SAVOIR :

5mèt. : 75fr. :: 15 mèt. : 225 fr.	15 mèt. : 5m. :: 225 fr. : 75 fr.
5mèt. : 15 m. :: 75fr. : 225	15 mèt. : 225fr. :: 5m. : 75 fr.
225fr. : 75fr. :: 15m. : 5m.	75 fr. : 225fr. :: 5m. : 15m.
225fr. : 15m. :: 75fr. : 5m.	75 fr. : 5m. :: 225 fr. : 15m.

Le moniteur fera observer aux élèves que, pour bien placer une proportion, il faut considérer l'énoncé de la question, et ne point s'en écarter, qu'autrement, on ne retrouverait plus le même quatrième terme; que les proportions qui viennent d'être faites, ou feraient renaître les premières, si on plaçait pour premier et deuxième termes 15^{m} : 75, et que l'on demandât combien 5 mètres? alors on retrouverait pour quatrième terme 25 f., le même qui s'est trouvé dans les premières proportions, et le terme 225 f. serait chassé; la raison en est simple, puisque on dirait 15 mètres ont coûté 75 f., :: 5 et non pas 15 mètres ont coûté 225 f.; et qu'enfin, on changerait le prix de chaque mètre. Le moniteur exercera les élèves sur ces seize proportions ou règles de trois, ou sur toutes autres, faisant attention qu'il n'y ait point de fractions, ce qu'il évitera en examinant si chacun des trois termes de sa règle de trois peuvent être divisés sans reste par un même nombre, comme dans ces proportions, chacun des termes est divisible par 5, il ne peut donc point y avoir de fractions.

RÈGLE DE SOCIÉTÉ *ou* DE COMPAGNIE.

La règle de société est utile à toute personne qui s'associe; c'est au moyen de cette règle que chaque associé peut se rendre raison des pertes et bénéfices qu'il a pu faire dans diverses opérations; d'après sa mise de fonds, quelle somme il lui revient dans des bénéfices faits avec ses co-associés, ou d'après sa mise de fonds, quelle perte il doit supporter dans des banqueroutes ou pertes qu'a éprouvées la société.

Supposons que Pierre ait apporté en société la somme de.	225 fr.
Paul.............................	332
Jacques.............................	442
Alexandre.............................	560
TOTAL.............................	1559 fr.

qu'en faisant l'addition, le montant de la mise de fonds des quatre associés se monte à la somme de 1559 f., ces quatre associés ont gagné, pour le compte de la société, 6,236 f. Ils veulent partager leurs bénéfices, et savoir combien il revient à chacun d'eux, outre leur mise de fonds. On établit, pour cet effet, les proportions suivantes. On dit :

Si 1,559 ont rapporté 6,236 f. de bénéfices, combien a dû rapporter la somme de 225 f. mise en fonds par Pierre ?

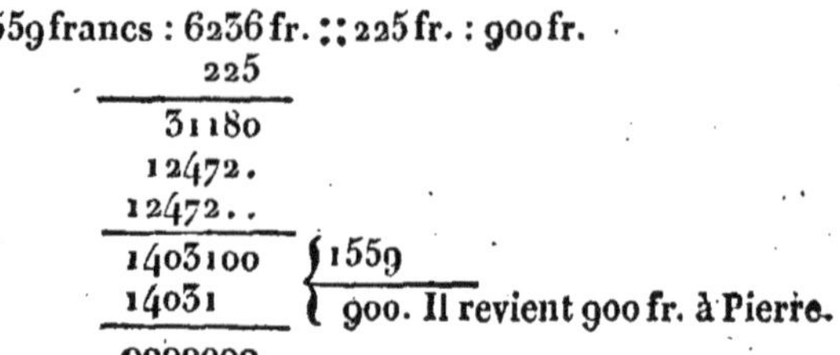

1559 francs : 6236 fr. :: 225 fr. : 900 fr.
225
31180
12472.
12472..
1403100 | 1559
14031 | 900. Il revient 900 fr. à Pierre.
0000000

Je mets deux o au quotient, attendu qu'il ne reste, après la première opération, que deux o au dividende, et, qu'en outre, le diviseur ne peut être contenu dans deux o qui n'ont aucune valeur.

Pour Paul, je placerai la proportion suivante :

1559 francs : 6236 fr. :: 332 fr. : 1328 fr.
332
12472
18708.
18708..
2070352 | 1559 fr.
1559 | 1328 fr. Il revient 1328 fr. à Paul.
5113
4677
04365
3118
12,472
12,472
00,000

Pour Jacques je placerai la proportion suivante :

```
1559 francs : 6236 fr. :: 442 fr. : 1768 fr.
          442
       -------
         12472
        24944.
       24944..
       -------
       2756312  { 1559
       1559     { -------
       -------  { 1768f. Il revient 1768 fr. à Jacques.
       11973
       10913
       -------
       010601
         9354
       -------
         12472
         12472
       -------
         00000
```

Enfin, pour Alexandre, je placerai la proportion suivante :

```
1559 fr. : 6236 fr. :: 560 fr. : 2240 fr.
          560
      --------
        374160
       31180
      --------
       3492160  { 1559
       3118     { --------
      --------  { 2240 fr. Il revient à Alexandre 2240 fr.
        3741
        3118
      --------
         6236
         6236
      --------
         0000
```

On pourrait, par la soustraction, se dispenser de la quatrième règle ; on soustrairait de la somme totale, en bénéfice, le total des trois sommes revenant à Pierre, Paul et Jacques, le reste serait la somme qui reviendrait à Alexandre, si on avait bien opéré.

Pour faire la preuve de cette règle, ou pour savoir si on a

bien opéré, on additionne ensemble les quatre sommes que l'on croit revenir à chacun, suivant les proportions que nous venons de faire; si on reproduit la somme (bénéfice) qui était à diviser entre les quatre co-associés, on aura bien opéré.

			bénéfices.	
Pierre a mis en fonds.	225f;	il lui revient	900f	
Paul, *idem*.........	332	il.........	1328	6236, bénéfice.
Jacques, *idem*......	442	il.........	1768	1559, mise de f.
Alexandre, *idem*....	560	il.........	2240	
TOTAUX......	1559f	....	6236f	7795 francs.

Nous avons bien opéré, puisque l'addition des quatre sommes qui représentent les bénéfices que chacun des associés doit retirer, forment une somme égale aux bénéfices, donc la division ou le partage des bénéfices entre les co-associés a été bien faite. Si ces associés voulaient se séparer après le calcul de ces bénéfices, il ne s'agirait que d'additionner la mise de fonds de chacun à la somme représentant le bénéfice; le produit de cette addition spécifierait la somme que chacun des associés a dans le commerce, ou peut retirer en se séparant de ses co-associés.

Pierre aurait alors en société.......	225f + 900f = 1125 francs.
Paul..........................	332 + 1328 = 1660
Jacques........................	442 + 1768 = 2210
Alexandre......................	560 + 2240 = 2800

Chaque mise de fonds est actuellement composée de la première mise de fonds et du bénéfice qu'a produit chaque mise de fonds.

Nous n'avons point parlé, jusqu'à présent, dans les proportions, de la manière d'exercer au cercle d'arithmétique pour les proportions dont il a déjà été question.

Nous allons nous servir de la précédente règle de compagnie pour les deux exercices au cercle arithmétique.

Premier exercice. — Lecture arithmétique.

Le 1er élève lira sur l'ardoise du moniteur :

	Pierre a apporté pour sa mise de fonds.	225 francs.
Le 2e dira :	Paul............................	332
Le 3e dira :	Jacques.........................	442
Le 4e dira :	Alexandre.......................	560
Le 5e dira :	ces 4 mises de fonds forment un total de.	1559 francs.

Le sixième dira, les associés ont fait un bénéfice de 6,236 f.; pour savoir ce qui revient à chacun, on a placé les quatre proportions suivantes :

Pour la première, on a écrit : si 1,559 f., montant de la mise de fonds des quatre associés, a produit 6,236 f. de bénéfice, combien la mise de fonds du premier associé, montant à 225 f., a-t-elle dû produire en bénéfice? ou, 1,559 f., montant de la mise totale des fonds des quatre associés, est à 6,236 f., bénéfice, comme 225 f., montant de la mise de fonds du premier associé, est à l'inconnu ou à x.

1559 francs : 6236 fr. :: 225 fr. : x.

```
      225
  -------
    31180
   124720
  1247200
  -------   | 1559 fr.
  1403100   |---------
  1403100   | 900 fr., somme reven. au 1er associé Pierre.
  -------
  0000000
```

Le septième élève dira : pour faire cette règle, on a multiplié le bénéfice 6,236 par 225, montant de la mise de fonds du premier associé; savoir, 5 au multiplicateur et aux unités d'unités, a multiplié le chiffre 6 aussi aux unités d'unités, et on a dit,

5×6=30, on a placé 0 aux unités d'unités, et on a retenu 3 pour être porté en somme avec les dizaines.

Le huitième élève lit ainsi : 5 aux unités d'unités multipliant 3 placé aux dizaines du multiplicande, 5×3=15, nous donne 15 dizaines qui, ajoutées avec 3 de retenu = 18 dizaines ; on a placé 8 aux dizaines, et on a retenu 1 pour être porté aux centaines d'unités.

Le neuvième élève lit, 2 aux centaines du multiplicande × 5 aux unités d'unités du multiplicateur, donne dix centaines, auxquelles nous en ajouterons une retenue = 11. On a placé 1 aux centaines, et on a retenu 1 pour être porté aux unités de mille, et être additionné.

Le premier élève lira, 6 placé aux unités de mille du multiplicande × 5 aux unités d'unité du multiplicateur, = 30 unités de mille, auxquelles nous en ajouterons une de retenue, = 31 mille ; on a placé 1 aux unités de mille, et 3 aux dizaines de mille ; le premier produit du multiplicande, multiplié par les unités d'unités du multiplicateur, est de 31,180 f.

Le deuxième élève lira, 2 aux dizaines d'unités du multiplicateur, multipliant les unités d'unités, dizaines d'unités, centaines d'unités, et unités de mille du multiplicande, a produit 124,720.

Le troisième élève lira, 2 placé aux centaines du multiplicande, multipliant le multiplicande composé de quatre chiffres (6,236), a donné 1,247,200 f. ; le quatrième élève dira, le résultat de l'addition des produits des trois multiplications, donne un total de 1,403,100 f., à diviser par 1,559.

Le quatrième élève lira, le diviseur n'étant point contenu, ni dans le premier, ni dans le premier et le second, ni dans le premier, second et troisième, ni, enfin, dans le premier, deuxième, troisième et quatrième (1,403), nous prendrons cinq chiffres, 14,031, nous voyons que 1,559 y est contenu 9 fois, nous multiplions 1,559 par 9 = 14,031, que l'on a placé sous les cinq premiers chiffres à gauche ; la soustraction faite, il ne reste rien, nous descendons le 0 placé aux unités dans le dividende ; mais comme dans 0 on ne peut trouver le diviseur, on a bien fait de placer ce o à droite du 9 et au quotient; enfin, on a fait justement la même opération pour le chiffre o, placé aux unités du multiplicande on l'a descendu et placé à droite de l'autre o au quotient; nous voyons que l'on a bien opéré, que 900 représente la somme qui revient en bénéfice au premier associé Pierre.

L'on fera attention néanmoins de faire lire toutes les opérations, soit de multiplication, soit d'addition, soit de soustraction aux élèves, en se reprenant les uns et les autres; toutes ces opérations doivent être lues comme nous l'avons expliqué au cercle arithmétique pour chacune des quatre règles.

Deuxième proportion pour savoir ce qui revient à Paul.

Les élèves expliqueront le placement de la proportion comme je l'ai dit plus haut.

La mise de fonds totale est au bénéfice, comme la mise de fonds partielle de Paul (332) est à l'inconnu, ou est à x.

1559 francs : 6236 fr. :: 332 : x.

```
      6236
       332
   -------
     12472
    187080
   1870800
   -------
   2070352 | 1559
   1559    |-------
   -------   1328 fr.
    5113
    4677
   -------
    04365
     3118
   -------
    12472
    12472
   -------
    00000
```

Le premier élève dira, on a multiplié le deuxième terme de la proportion ou le bénéfice que les associés ont fait, 6,236 × 2 placés aux unités d'unités de la somme due, 332, montant de la mise de fonds du deuxième associé étant le troisième terme de la proportion, ce qui a donné pour premier produit 12,472 unités en faisant les opérations suivantes, etc.

Le deuxième élève dira, on a multiplié le bénéfice 6,236 par 3 placé aux dizaines du multiplicateur, ce qui a produit 18,708 dizaines d'unités ou 187080 unités d'unités.

Le troisième élève dira, on a multiplié le multiplicande 6,236 par 3 placé aux centaines d'unités du multiplicateur ce qui a donné 18,708 centaines d'unités ou 1870800 unités d'unités.

Le quatrième dira, le produit des trois multiplications a donné un total de 2070352 à diviser par 1,559.

Le cinquième élève dira, le diviseur n'étant point contenu ni dans le premier, ni dans le premier et le second, ni dans le premier le second et le troisième chiffre à gauche (207), on a pris quatre chiffres (2070), nous voyons que 1,559 y est contenu une fois, on a placé 1 au quotient, on a porté 1,569 sous 2,070, et on a eu pour reste (la soustraction étant faite) 511.

Le sixième élève dira, on a descendu le chiffre 3 placé aux centaines, on l'a placé à droite du reste 511 pour former la somme 5,113; en cette dernière somme on a dit combien de fois 1,559? trois fois; on a placé 3 au quotient à côté et à droite du chiffre 1 déjà placé; on a multiplié le diviseur 1,559 par 3 dernier chiffre placé au quotient, on a eu pour produit la somme de 4,677 que l'on a soustrait de celle de 5,113; la soustraction opérée il est resté 436.

Le sixième élève dira, on a descendu le chiffre 5 à côté du reste 436 on a formé un nouveau dividende montant à 4,365, on a dit en 4,365 combien de fois 1,559? deux fois on a porté le chiffre 2 au quotient, à côté et à droite du chiffre 3, on a eu pour résultat de cette multiplication 1,569 × 2 = 3,118, que l'on a porté sous 4,365, montant du dernier dividende; la soustraction opérée, il est resté 1,247.

Le septième élève dira, on a descendu le chiffre 2 placé aux unités du dividende, on l'a écrit à côté du reste 1,247, et on a formé la somme 12,472, on a procédé sur ce nouveau dividende en disant, en 12,472 combien de fois 1,559? on a trouvé qu'il y était 8 fois, on a placé en conséquence le chiffre 8 au quotient à droite du chiffre 2, on a ensuite dit 1,559×8=12,472, on a porté ce produit sous le dernier dividende 12,472, la soustraction s'est opérée sans reste. Par suite Paul retrouvera 1,328 fr. de bénéfice, montant du quotient et le quatrième terme de la proportion sur laquelle on a opéré.

Le huitième élève dira, passons maintenant à Jacques la mise de fonds de ce dernier est de 442; nous dirons pour lui comme on a dit pour les deux autres la totalité des mises de fonds des quatre associés est à la totalité des bénéfices, comme la mise de fonds partielle de Jacques (442) est à un quatrième terme, ou à l'inconnu *x*.

```
1559 francs : 6236 :: 442 : x.
          442
   ___________
        12472
       24944.
      24944..
   ___________
     27565,12  { 1559
     1559      {------
   ___________ { 1768
     11975
     10913
   ___________
     010601
       9354
   ___________
       12472
       12472
   ___________
       00000
```

Le premier élève dira, on a multiplié le deuxième terme de la proportion ou le bénéfice que les associés ont fait, montant à 6,236 par 2, placé aux unités d'unités de la somme 442, montant de la mise de fonds du troisième associé, et étant le troisième terme de cette proportion; ce qui a donné 12,472 unités pour le produit du multiplicande par les unités du multiplicateur.

Le deuxième élève dira, on a ensuite multiplié le bénéfice 6,236 par 4 placé aux dizaines du multiplicateur, ce qui a produit 24,944 dizaines ou 249,440 unités.

Le troisième élève dira, on a multiplié les bénéfices 62,366 par 4, placé aux centaines du multiplicateur, ce qui a produit 24,944 centaines ou 2,494,400 unités.

Le quatrième élève dira, le produit des trois multiplications est de 2,756,312 à diviser par 1,559, montant de la totalité de la mise de fonds des associés.

Le cinquième dira, le diviseur n'étant point contenu ni dans le premier, ni dans le premier et le second, ni dans le premier, second et troisième chiffre à gauche, on a pris les quatre chiffres 2,756 dans lesquels on a vu que le diviseur était contenu une fois, ce qui a donné 1,000 fr. à Jacques, pour cette première opération, on a porté 1,559 diviseur sous les 2,756 mille; la soustraction faite on a eu un reste de 1,197.

Le sixième élève dira, on a descendu à côté de ce reste le chiffre 3 placé aux centaines du dividende, ce qui a formé 11,973 centaines; on a dit combien de fois 1,559 se trouve-t-il dans ce nouveau dividende? il s'y est trouvé 7 fois; on a placé ce 7 au quotient à droite du chiffre 1 déjà placé, ce qui donne encore 700fr. pour Jacques; on a multiplié le diviseur 1,559 par 7, ce qui a produit 10,913 qu'on a soustrait de 11,973; la soustraction faite on a eu 1,060 de reste.

Le septième élève dira, on a descendu le chiffre 1 placé aux dizaines du dividende, ce qui a formé 10,601 dizaines; on a dit combien de fois 1,559 dans ce nouveau dividende? il s'y est trouvé six fois; on a placé ce chiffre 6 au quotient à la droite du chiffre 7, ce qui donne encore 60 fr. pour Jacques; on a multiplié le diviseur par 6, ce qui a produit 9,354 qu'on a soustrait de 10,601; on a eu pour reste 1,247.

Le huitième élève dira enfin, on a descendu le chiffre 2 placé aux unités d'unités du dividende, ce qui a formé avec le reste 1,247, la somme 12,472 unités, dans laquelle somme, nouveau dividende, on a trouvé que le diviseur 1,559 était contenu 8 fois, on a placé ce chiffre 8 au quotient à côté du 6; on a multiplié le diviseur par ce dernier chiffre 8, ce qui a donné 12,472, la soustraction s'est opérée sans reste; partant, Jacques se trouve 1,768 fr. de bénéfice, montant du quotient.

Passons enfin à Alexandre; sa mise de fonds était de 560, on a dit pour lui comme pour les trois autres, la totalité des mises de fonds des associés 1,559 : 6,236 montant des bénéfices, comme 560 montant de la mise de fonds du quatrième associé est à x ou à l'inconnu; on place la proportion suivante:

```
1559 francs : 6236 :: 560 : x.
                560
        ---------
          374160
          31180
        ---------
         3492,160 { 1559
          3118    { 2240f. Il revient à Alexandre 2240 fr.
        ---------
          3741
          3118
        ---------
           6236
           6236
        ---------
           0000
```

Le premier élève dira, on a multiplié 6,236, montant du bénéfice, par 560 f. montant de la mise de fonds du quatrième associé, ce qui a produit 3,492,160, somme qui a été divisée par 1,569, montant du total de la mise de fonds des quatre asociés.

Le deuxième élève dira, 1,559 diviseur n'étant point contenu dans les trois premiers chiffres, on a pris les quatre chiffres 3,492 dans lesquels on a trouvé que 1,559 était contenu deux fois, ce qui a donné 2,000 à Alexandre pour la première opération: on a porté le chiffre 2 le premier au quotient, et ensuite on a multiplié 1,569 par 2, ce qui a donné un produit de 3,118 qui, soustrait de 3,492, donne un reste de 374.

Le troisième élève dira, on a descendu à côté du reste 374 le chiffre 1 qui était placé aux centaines du dividende, ce qui a formé la somme 3,741 centaines; on a trouvé que 1,559 diviseur était contenu 2 fois dans 3,741 nouveau dividende, on a placé ce chiffre 2 au quotient, ce qui a donné 200 f. pour Alexandre; on a multiplié le diviseur 1,559 par 2, ce qui a produit 3,118 qu'on a soustrait de 3,741, on a eu pour reste 623.

Le quatrième élève dira, on a descendu le chiffre 6 placé aux dizaines du multiplicande, qui, avec 623, a formé le nouveau dividende 6,236, on a trouvé que 1,559 était contenu 4 fois dans 6,236, on a porté le chiffre 4 au quotient, ce qui a donné 40 f. en plus à Alexandre ; on a multiplié par ce chiffre le diviseur 1,559, ce qui a produit 6,236 qui, soustrait du nouveau dividende 6,236, n'a produit aucun reste.

Le cinquième élève dira, il était resté o au dividende, mais comme il n'y avait rien de reste, et que dans o le diviseur ne peut se trouver, on a porté o au quotient; Alexandre a donc 2,240 f. de bénéfice montant de la somme du quotient.

Pour se convaincre, dira le cinquième élève, que l'on a bien opéré dans les quatre proportions, on a additionné les bénéfices partiels des quatre associés, le produit de l'addition a été de 6,236 f. montant de la totalité des bénéfices, donc les quatre proportions ou règles de trois ont été bien faites.

Le premier exercice de lecture arithmétique fini, on passera au deuxième, au coup de sifflet du maître.

Le moniteur dictera les quatre proportions les unes après les autres, celui des élèves qui aura le mieux fait et le plus expéditivement, sera le premier; celui qui sera le moins expéditif et qui aura le plus mal fait, sera le dernier; enfin chacun aura la place que son intelligence et son savoir lui aura gagné ou conservé.

FRACTIONS DÉCIMALES.

Nous appelons décimales ou fractions décimales l'unité d'une somme quelconque divisée en dixième, centième, millième, dix millième, etc.

Comme nous l'avons expliqué lors du deuxième exercice au cercle arithmétique, qu'un chiffre quelconque a de dix en dix fois plus de valeur lorsqu'il avance de droite à gauche, et dix en dix fois moins, en allant de gauche à droite; par exemple, 444,444, le premier chiffre à droite ne vaut que quatre unités; le deuxième dix fois plus que le premier = 40 unités, etc. Par suite chacun de ces chiffres est décimal de celui qui le suit immédiatement à gauche ; par exemple, le premier 4 à droite est décimal de celui qui le suit à gauche, c'est-à-dire, le premier chiffre à droite est la dixième partie du même chiffre 4 placé à gauche. Si les sommes étaient composées de chiffres différens ; par exemple, 8,643, on dirait, je suppose, que le chiffre 6 vaut 600 unités dans notre exemple ; s'il avait la place immédiate à droite, il ne vaudrait que le dixième de 600 ou 60, parce qu'il serait placé aux dizaines au lieu d'être aux centaines, etc. Il suit de ce que nous venons de dire que nous ferons une somme dix fois, cent fois plus forte, etc., quand nous le voudrons, et dix fois, cent fois plus petite, etc., en plaçant et divisant nos chiffres de différentes manières : nous avons, je suppose, 2,342 fr. ; si nous voulons notre somme dix fois plus forte, nous ajouterons un o à droite de notre somme et nous aurons 23,420 f., somme dix fois plus forte que celle 2,342, etc. A fur et mesure que nous ajouterons un o à droite, nous donnerons dix fois plus de valeur à notre somme ; si nous voulons au contraire lui donner dix fois moins de valeur, nous séparerons par une virgule le premier chiffre à droite ; par exemple, 2,342 fr. ne vaudra plus que 234 fr. 2 décimes ou 234 f. 20 centimes. Si je sépare par une virgule les deux chiffres à droite, la somme au lieu de valoir 2,342 f. vaudra cent fois moins, elle ne vaudra plus que 23 f. 42 c., vingt-trois francs 42 centimes, etc. On raisonnera et on opérera ainsi par analogie.

Pour donner plus de facilité aux élèves à comprendre les fractions décimales, on leur expliquera, 1° ce que c'est qu'un entier ; on leur dira que l'on considère comme entier toute chose qui peut se diviser ; que l'on appelle fraction les divisions de ce même entier ; que par exemple le franc se divise en décimes et centimes, qu'ainsi que nous l'avons déjà expliqué, dix décimes valent un franc, comme cent centimes valent un franc ; que les décimes et centimes sont des fractions de francs.

Il en est de même pour toute somme composée de toute autre chose que des francs ; par exemple, si à 1,243 on ajoute un zéro on lui donne dix fois plus de valeur (12,430) en ajoutant deux o on lui donne cent fois plus de valeur, 124,300. Ce qu'il est aisé d'apercevoir : le 3 qui se trouve aux unités dans la première somme ne vaut que 3 unités; dans la seconde, il augmente de dix fois plus de valeur, il vaut 30 unités; et, dans la troisième, il augmente de dix fois plus de valeur que dans la seconde, et de cent fois plus que dans la première; car au lieu de ne valoir que 3 unités, il vaut dans la troisième 300 unités.

Pour prendre le dixième d'une somme, ou la réduire à dix fois moins de sa valeur, nous retranchons ou séparons du total de la somme par une virgule le premier chiffre à droite; pour prendre le centième d'une somme, nous retranchons ou séparons par une virgule, de la totalité de la première somme, deux chiffres à droite; pour prendre le millième d'une somme ou lui donner une valeur de mille fois moins forte, nous séparons ou retranchons par une virgule 3 chiffres à droite, etc. ; ainsi de suite, raisonnant par analogie.

Le calcul décimal est très-facile à enseigner et à faire entendre aux élèves, surtout en meublant leur mémoire de quelques faits; par exemple, dites-leur, j'ai acheté 30 mètres de toile qui ont coûté 60 fr. ; si vous voulez en acheter 300, ils vous coûteront dix fois plus, parce que 30 est le dixième de 300, ou 300 est dix fois plus grand que 30. Vos trois cents mètres vous coûteront donc 600 fr., puisque en ajoutant un o à droite de votre somme 60 vous lui donnez dix fois plus de valeur.

Si vous ne voulez acheter que 3^{m}. de toile au lieu de 30, vos trois mètres ne vous coûteront que 6 fr., dix fois moins que soixante francs qu'ont coûté les 30 mètres; si vous ne voulez acheter que trois décimètres, vos trois décimètres ne vous coûteront que o f. 6 d., six décimes ou 60 c. 12 s., puisque vous avez acheté dix fois moins de toile qu'au dernier exemple, et que par conséquent vous n'aurez dû dépenser que dix fois moins d'argent.

Enfin, si vous ne vouliez acheter que 0,03, trois centimètres de toile, vous ne les paieriez que 0,06 centimes.

On verra par la suite combien le calcul décimal est avantageux dans le commerce, et avec quelle facilité on se rend raison des plus petites comme des plus grandes opérations.

Il me semblerait qu'il faudrait faire des tableaux pour expliquer, et faire expliquer aux élèves au cercle arithmétique, soit les fractions décimales, soit les anciennes fractions de livres, etc., et qu'il faut ici faire quelques règles pour l'écriture arithmétique afin qu'en dictant des règles où il y aurait des fractions décimales les moniteurs puissent facilement les expliquer.

Nous ne ferons ici, ni addition, ni soustraction de décimes ou dixièmes ou décimètres, ni de centimes, centièmes, centimètres, etc., parce que, pour ces règles, il ne s'agirait de faire que les mêmes opérations déjà faites dans les classes d'addition et de soustraction de francs, décimes et centimes. Nous passerons seulement à la multiplication, division et règle de trois, que nous composerons de sommes d'entiers, décimes, centimes, dizaines de centimes, centièmes de centimes, etc.; de dixièmes, centièmes, millièmes, dix-millièmes, etc.; décimètres, centimètres, millimètres, dix-millimètres, etc.

Nous dirons, en passant, qu'après avoir séparé par une virgule une somme d'entiers quelconques, quel que soit le nombre de zéros que nous puissions ajouter à droite de cette virgule, nous ne changerons point la valeur de la somme proposée; que, par exemple, si nous ajoutions à 100 f. plusieurs o à droite, notre somme serait toujours la même et ne changerait point de valeur; en effet, supposons que nous ajoutions deux oo à droite de 100 f. oo, nous n'aurions toujours que 100 f., attendu que les deux o placés, l'un aux décimes et l'autre aux centimes, n'étant point des chiffres significatifs, nous n'avons toujours que la somme proposée; nous ne lui avons donné aucune valeur de plus, elle est toujours la même.

Supposons encore que nous ayons une somme de 23 f. 05., et que nous ajoutions à cette somme deux oo, nous ne changerions point la somme proposée quoique nous ayons alors quatre décimales au lieu de deux, et la somme 23 f. 05,00., vingt-trois fr. 05,00 dix-millièmes de franc ne vaudraient pas plus que 23 f. 05, vingt-trois francs cinq centimes, parce que 05 centimes sont le vingtième du franc, comme $\frac{500}{10000}$ sont le vingtieme du franc, et que 05 × 20 = $\frac{100}{100}$ ou un franc, et que, 0500 × 20 = $\frac{10000}{10000}$ de franc, qui = 1 f.

Multiplication d'entiers et fractions, par entiers et fractions.

Si nous avions au multiplicateur des entiers et 2 décimales, et qu'au multiplicande nous n'ayons que des entiers, notre somme deviendrait cent fois plus grande qu'elle ne l'aurait été si nous n'avions multiplié que des entiers par des entiers; si nous avions des entiers et 2 décimales au multiplicande et des entiers et une décimale au multiplicateur, nous donnerions à notre multiplication mille fois plus de valeur; 4 décimales nous donneraient dix mille fois plus de valeur, etc., etc., etc. Ainsi, si vous aviez tant au multiplicande qu'au multiplicateur deux décimales, vous sépareriez deux chiffres de la droite, ce qui sera à gauche sera des entiers, les chiffres à droite de la virgule seront des décimes et centimes; par exemple, si nous avions à multiplier 323 mètres 45 centimètres par 45 fr. 34 c^{es}, notre multiplication se ferait ainsi qu'il suit, sans avoir égard aux décimales.

$$
\begin{array}{r}
323^{m}45^{c.mt} \\
\times\ 45^{f}\,34^{c} \\
\hline
12,93,80 \\
97,03,5 \\
1617,25 \\
12938,0 \\
\hline
14.665^{f}22^{c}\,30
\end{array}
= 14 \text{ mille } 665 \text{ fr. } 22\ c^{es}\ \tfrac{30}{100} \text{ de c.}
$$

Nous avions dans cette opération deux décimales au multiplicande et deux décimales au multiplicateur. Les entiers multipliés par quatre décimales ont acquis dix mille fois plus de valeur que si ces mêmes entiers se fussent multipliés par eux-mêmes; s'il en est ainsi il faut retrancher du produit de la multiplication quatre chiffres de droite à gauche, ce qui nous restera à gauche sera le produit, en francs, de notre multiplication. Nous allons expliquer la cause de ce retranchement.

Un entier multiplié par des 10es, ou par une décimale, acquiert dix fois plus de valeur qu'il ne lui en faudrait pour représenter des francs; la raison en est simple : en multipliant une somme par des francs, elle représentera nécessairement des francs ou entiers sans fractions; mais si nous multiplions un entier par des dixièmes de francs, le produit de la multiplication ne doit être composé que de dixièmes de francs; pour avoir les francs nous devons prendre le dixième du produit de la multiplication, et, ce qui est la même chose, retrancher un chiffre à droite par une virgule; tous les autres chiffres à gauche représenteront une somme de francs ou d'entiers, et le chiffre retranché à droite représentera des dixièmes de francs, ou des décimes, ou des dixaines de centimes.

Par exemple, si nous voulions acheter cinq mètres de rubans qui coûteraient à raison de trois francs trois décimes 3^{f} 3^{d} ou 3^{f} 3 dixièmes de francs chaque mètre, nous multiplierions nécessairement nos cinq mètres par 3^{f} 3^{d}. Nous écririons donc 5 au multiplicande et 3^{f} 3^{d} au multiplicateur, savoir : l'entier sous l'entier et la fraction décimale en dehors. . . . .

5^{m}	
3^{fr}	3^{d}
1	5
15	
16^{fr}	5^{d}

et comme chaque décime vaut dix centimes, les cinq décimes vaudront cinquante centimes, j'aurai 16 fr. 5 décimes, ou cinq dixièmes de franc, ou cinquante centièmes de franc. (50 centimes).

Un entier multiplié par deux décimales acquiert cent fois plus de valeur qu'il ne lui en faudrait pour représenter des entiers ou des francs, parce que le produit de la multiplication ne peut et ne doit être composé que de centièmes, puisque deux décimales représentent la quantité de centièmes de la fraction; ainsi pour avoir des francs nous n'avons qu'à retrancher les deux derniers chiffres à droite, le surplus à gauche sera des francs et les deux chiffres à droite seront des centièmes de francs. Si on a, par exemple, cinq mètres de rubans à 3 fr. 30 centimes le mètre, on fera l'opération suivante $5^{m} \times 3,30 = 16^{f}$ 50 c^{es}, la même somme que nous avons trouvée précédemment, quoique nous ayons deux décimales, parce que 3 décimes sont la même chose que 30 c^{es}.

Si le multiplicande est composé, outre l'entier ou les entiers, d'une décimale, et que le multiplicateur ne soit composé que d'entiers, le produit de la multiplication sera dix fois plus considérable qu'il ne faut pour n'être composé que de francs; ce produit ne sera qu'un produit de dixièmes de francs, en retranchant un chiffre à droite, nous aurons à gauche les francs et les décimes ou les dixièmes du franc à gauche. 5^{m} 3 dix^{e} de mètre

à 3^{f} le mètre

$= 15^{f}\ 9^{d}$ ou $15^{f}\ 90^{ces}$.

Si nous avions deux décimales au multiplicande et seulement des entiers au multiplicateur, le produit de la multiplication se trouverait composé de centièmes, nous séparerions par une virgule les deux chiffres de droite de la somme . . $5^{m}\ 30^{c.mt}$

à 3^{f}

$= 15^{f}$ 90 c^{es}

On dira peut-être comment se fait-il que quoique nous ayons au multiplicande le même nombre d'entiers, et que nous ayons ajouté à ces entiers la même décimale ou les deux mêmes décimales qui se trouvaient dans le multiplicateur, nous n'ayons point le même produit; notre somme n'est composée que de 15 fr. 9 dix. ou 15 fr. 90 cent., tandis que dans les deux règles précédentes nous avions 16 fr. 60 cent. Notre somme est de 60 centimes de différence; nous répondrons, cette différence vient de ce que nous avons changé le prix de la marchandise; et, que pour avoir le même produit que précédemment il faudrait que nous ayons à acheter 5 mètres 50 centimètres, au lieu de 5 mètres 30 centimètres, puisque nous ne donnons plus au mètre que la valeur de 3 fr. au lieu de 3 fr. 30 cent. que nous lui avions donnée précédemment.

Nous ajouterons à ces observations les suivantes qui expliqueront mathématiquement pourquoi il existe cette différence. Nous allons reproduire les deux règles :

5^m	5^m 30^c	Qui {	de....	16^f 50^c
3^f 30^c	3^f		paie..	15 90
1 50	15^f 90^c		Reste.	00^f 60^c différence.
15				
16^f 50^c				

Nous disons que la différence est de 60 centimes; que cette différence provient de ce que, dans la première opération, les cinq mètres se trouvent multipliés par trente centièmes de franc de plus que dans la deuxième opération, et que dans cette deuxième opération, quoique nous ayons $\frac{30}{100}$ de mètre de plus que dans la première, ces trente centièmes de mètre n'étant multipliés que par 3 fr., ne produisent que 90 centimes; partant, la différence des deux produits 1 fr. 50 et 90 c^es est de 60 cent., et cette différence se trouve comme dans cette proportion : le chiffre 5 du multiplicande de la première : au chiffre 3 du multiplicateur de la deuxième : : 1 fr. 50 c^es : 90 c^es. . . . . 5 fr. : 3 fr. : : 1,50 : 90. Comme on le voit par cette proportion, la différence se trouve en proportion de la différence des entiers du multiplicande de la première entre les entiers du multiplicateur de la deuxième; nos 30 centimes de la première sont multipliés par cinq entiers, tandis que les 30 centimètres de la deuxième ne sont multipliés que par trois entiers, ce qui produit enfin la différence de 60 centimes.

Si notre multiplicande était composé d'entier et de deux décimales, et que le multiplicateur ne fût composé, outre les entiers, que d'une décimale, alors le produit de la multiplication serait mille fois plus considérable qu'il ne faudrait pour n'être composé que de francs, la totalité du produit ne sera composé que de millièmes de francs, et pour avoir les francs nous retrancherons trois chiffres de droite à gauche, le surplus à gauche sera des francs, et les trois chiffres à droite de la virgule seront des décimes, centimes et dixièmes de centimes, ou ces trois chiffres représenteront des millièmes de francs. Si nous avions deux décimales au multiplicande et deux au multiplicateur, le produit de la multiplication serait dix mille fois plus considérable qu'il ne faudrait pour n'être composé que de francs; la totalité du produit ne serait composé que de dix-millièmes de francs, et pour avoir des francs nous retrancherions quatre chiffres de droite à gauche par une virgule; les chiffres à gauche représenteraient une somme de francs, et ceux à droite de la virgule en allant de gauche à droite des décimes, centimes, dixièmes de centimes et centièmes de centimes, ou enfin ces quatre chiffres représenteraient des dixaines de francs, des centièmes de francs et des millièmes de francs.

Que les décimales soient placées ou au multiplicande ou au multiplicateur; qu'il n'y en ait qu'au multiplicande ou qu'au multiplicateur, il faut toujours retrancher autant de chiffres à droite au produit de la multiplication, que nous avons de chiffres représentant des décimales, soit au multiplicande, soit au multiplicateur; nous allons donner quelques exemples.

3m 30c.m	6m 2 déc.
à 3f 3 décimes.	2f 45c
99,0	31, 0
9 90	2, 48
10f.89c0	12, 4
	15f 19c 0

Le moniteur dira : écrivez 3 mètres 30 centimètres (ou 30 centièmes de mètre) à 3 francs 3 décimes le mètre; pour savoir à combien nous reviendra ces 3 mètres 30 centimètres, nous ferons la multiplication ainsi qu'il suit : 0 aux centimètres ×3 décimes = 0 que je place sous les trois décimes, je multiplie ensuite le chiffre 3 qui est aux décimètres ou dixièmes de mètres par le chiffre 3 placé aux décimes on dixièmes de franc ; 3×3=9, je place ce 9 à côté et à gauche du 0 déjà placé ; je viens ensuite à la multiplication des. entiers, je multiplie les 3 mètres par les 3 décimes ou 3 dixièmes de francs, ce qui me donne 9 dixièmes de francs que je place aux dixièmes de francs ou aux dixièmes de centimes, vers et à gauche du chiffre 9 précédemment placé ; j'ai pour premier produit de la multiplication des centimètres, décimètres et unités d'unités de mètres par les décimes ou dixièmes de centimes, 990 millièmes de francs ou 99 centimes et 0 aux millièmes de francs, ou 0 aux millièmes de franc, 9 aux unités de centimes et 9 aux dixaines de centimes ou 9 aux décimes, ou 9 aux dixièmes de francs.

Venons à présent à la multiplication des 3 mètres 30 centimètres (multiplicande) par les 3 fr. du multiplicateur ; je dis, trois fois 0 placé aux centimètres = 0 que je place sous le chiffre 9 aux unités de centimes ; je multiplie ensuite le chiffre 3 placé aux décimètres par 3 fr. = 9, que je place aux dixièmes de centimes sous le chiffre 9 ; enfin je multiplie le chiffre 3 placé aux unités de mètres par les 3 fr. du multiplicateur, ce qui me donne 9 fr. que je place aux unités de francs ; je tire un trait sous ces deux produits, le dernier est de 9 fr. 90 c. ; j'additionne ces deux produits et je dis : 0 aux millièmes de francs est 0, que je place aux millièmes ; je viens aux unités de centimes, je dis 9+0=9 que je place aux unités de centimes ; je viens ensuite à la colonne des dizaines de centimes, je dis 9 +9=18, je pose 8 aux dixièmes de centimes et retiens 1 pour être porté aux unités de francs : je viens à la colonne des unités de francs, je dis 1 de retenu+9=10 je pose 0 aux unités de francs et avance 1 aux dizaines de francs, ce qui me donne pour la valeur des 3 mètres 30 centimètres à 3 fr. 30 c. ou 3 fr. 3 déc., la somme totale de 10 fr. 89,0, dix francs quatre-vingt-neuf centimes 0 aux dixièmes de centimes.

Je vais donner quelques explications qui seront nécessaires pour les deux exercices au cercle arithmétique, ainsi que pour éclaircir entièrement ce que c'est que les décimales, enfin j'espère donner des explications tellement claires, que lorsque les élèves auront appris les décimales par ma méthode, il ne les oublieront jamais.

Que les décimales soient placés au multiplicande ou au multiplicateur le retranchement des décimales pour avoir les entiers s'opère toujours la même chose ; dans l'opération précédente nous avons deux décimales au multiplicande et une au multiplicateur, ces décimales ont produit des décimes, centimes et dixièmes de centimes ou millièmes, nous avons retranché trois décimales de la somme à droite, le surplus à gauche est resté valeur d'unité et dizaines de francs. Il en sera de même pour l'exemple ou les 2 exemples suivans, qui ont trois décimales.

6m 283 millimètres.	8 mètres.
3f	4f 523 millièmes de fr.
18f 849 millièmes de fr.	24
	16
	4,0
	32
	36f 184 millièmes de fr.

Le moniteur dira : écrivez 6 mètres 283 millimètres, savoir : 3 aux unités de millimètres, 8 aux dizaines de millimètres, 2 aux centaines de millimètres et 6 aux mètres ou 6 aux mille millimètres, (car il faut mille millimètres pour faire un entier). De sorte que ce dernier chiffre 6 désigne six mètres ou six mille millimètres, multiplié par trois francs. Faites un trait sous votre chiffre 3 multiplicateur, et dites avec moi, en écrivant :

Trois francs multipliant trois millimètres ou trois millièmes, donne $3 \times 3 = 9$, neuf millièmes de franc, je place 9 aux millièmes de francs ou aux dixièmes de centimes ; je multiplie ensuite le chiffre qui est aux centièmes du multiplicande, et je dis : $3 \times 8 = 24$ centimes ou centièmes de francs, je pose 4 aux centièmes et retiens 2 pour être porté aux décimes ou dixièmes de francs ; je multiplie ensuite le chiffre 2 placé aux décimètres ou dixièmes d'entier, je dis : $3 \times 2 = 6$ dixièmes de franc $+ 2$ dixièmes de retenu $= 8$ décimes ou 8 dxièmes de franc ou 80 centimes, je place 8 à gauche du 4 aux dizaines de centimes ; enfin je viens aux entiers, 6 mètres que je multiplie par le chiffre 3 fr. multiplicateur, je dis : $6 \times 3 = 18$ fr. je place 8 aux unités de francs et 1 aux dizaines à gauche du chiffre 8 ; j'ai pour résultat de l'opération que 6 mètres 283 millimètres ont coûté ou coûteront dix-huit francs huit cent quarante-neuf millièmes de francs ou 18 fr. 84 c^{es} $+$ 9 dixièmes de centimes.

Passons à la deuxième règle : 8 mètres $\times$ 4 fr. 523 millièmes de francs. Je dis : 8 mètres $\times$ 3 millièmes de francs ou 3 dixièmes de centimes $=$ 24 dixièmes de centimes, je place 4 aux dixièmes et je retiens 2 pour être porté aux unités de centimes ou aux centièmes de francs, ce qui me donne pour cette première multiplication 24 millièmes de francs ou 4 dixièmes de centimes $+$ 2 centimes ; je multiplie ensuite les 8 mètres par le chiffre 2 placé aux centièmes de francs ou aux centimes, $8 \times 2 = 16$ c^{es}, je place le 6 sous le chiffre 2 placé aux centimes et avance 1 aux dizaines de centimes ou aux décimes ; je viens ensuite à la multiplication des 8 mètres par 5 décimes, ou 50 centimes, ou 500 millièmes, $8 \times 5 = 40$, je pose 0 aux décimes et avance 4 aux unités de francs ; je multiplie enfin les 8 mètres par 4 fr. ; je dis $8 \times 4 = 32$, je pose 2 aux unités de francs et avance 3 aux dizaines ; je fais l'addition de ces quatre multiplications ; j'ai pour résultat 36 francs $+$ 18 centimes, plus 4 dixièmes de centimes, montant de 8 mètres à 4 fr. 523 millièmes de francs.

Ainsi et comme on l'a vu (la multiplication faite), on a retranché trois chiffres à droite par une virgule, les chiffres à gauche désignent des francs et ceux à droite des parties de francs.

Passons à différentes autres positions de règles avec quatre décimales diversement placées soit dans le multiplicande, soit dans le multiplicateur.

SAVOIR :

18^{m}	$34^{c.mt}$	
6^{f}	27^{c}	
1,	28,	38
3,	66,	8
110,	04	
114^{f}	99^{c}	18

Pour les dix-huit mètres trente-quatre centimètres à multiplier par 6 fr. 27 centimes ; je procède ainsi : 7 centimes multipliant 4 centimètres = 28 dix-millièmes, parce que le centième d'un centième est un dix-millième ; je place donc le chiffre 8 aux dix-millièmes ou aux centièmes de centièmes de francs, etc.; je multiplie ensuite tout le multiplicande par le chiffre 2 placé aux dizaines de centimes 18,34 × 2 = 3668 millièmes, parce que le dixième du centimètre ou du centième d'entier est un millième, ou dans la circonstance des dixièmes de centimes multipliant des centièmes et des dixièmes d'entiers, ainsi que des unités d'entiers et des dizaines d'entiers, ne peuvent produire que des valeurs dix fois moins grandes que celles représentées par le multiplicande, puisque le multiplicateur 2 est placé aux dixièmes de centimes et ne représente que des dixièmes de francs, et qu'enfin donnant une valeur dix fois plus grande au multiplicateur, le multiplicande multiplié représente alors des centièmes, des millièmes, des dix-millièmes, des unités de francs, au lieu de représenter des centièmes et dixièmes de francs, enfin des francs et dizaines de francs. Passons à la multiplication du multiplicande par l'entier 6 du multiplicateur. 1834 × 6 = 11004 centièmes ou 110 francs 4 centimes : la raison en est simple, 1° 6 fr. × 4 centièmes du multiplicande n'a pu produire que les 24 centièmes de francs, ou, pour mieux dire, c'est comme si l'on avait eu à prendre les 24 centièmes d'un franc ; nous avons donc placé 4 aux centièmes de francs ou aux unités de centimes, et avons retenu 2 pour être porté aux dixièmes de centimes ou aux décimes ; 2° 6 × 3 dixièmes d'entiers n'a pu produire que 18 dixièmes d'entiers, ou pour mieux dire, c'est tout comme si l'on avait eu à prendre les 18 dixièmes de francs ; nous avons ajouté 2 de retenu aux 18 dixièmes de fr. ou aux 18 décimes, ce qui nous a donné 20 décimes ou 2 francs que nous avons retenus pour être portés aux unités de francs ; nous avons enfin multiplié les 18 entiers par les 6 fr. Nous avons eu 18 ×6 = 108 fr., et en ajoutant les 2 fr. retenus, nous avons obtenu 110 fr. que nous avons écrit ; les trois multiplications partielles additionnées nous ont donné un produit de 114 fr. 9918 millièmes de franc, ou en retranchant les quatre chiffres à gauche puisque nous avons quatre décimales, savoir : deux au multiplicande et deux au multiplicateur, nous avons la somme de 114 fr. + 99 centimes + 18 centièmes de centime.

SAVOIR :

$$\begin{array}{r} 40^{m}60',32 \\ 6^{f} \\ \hline 243,61,92 \\ \hline \end{array}$$

Ecrivez, dira le moniteur, quarante mètres six mille trente-deux dix-millièmes de mètres à multiplier par six francs ; les opérations que nous allons faire se réduisent à celles-ci : de chercher, 1° le produit de quarante fois six francs ; 2° de prendre les $\frac{6032}{10000}$ de 6 francs.

Deux dix-mille millimètres × 6 fr. = 12 dix-millièmes de fr., je place 2 sous la colonne des dix-millièmes et je retiens 1 pour être porté à la colonne des millièmes ; 3 millimètres × 6 fr. = 18 millièmes de franc, 18 + 1 de retenu = 19 ; je pose 9 aux millièmes et je retiens 1 pour être porté aux centièmes de francs ou aux centimes ; o aux centièmes de mètres × 6 = o, o + 1 de retenu = 1, je pose 1 aux centimes ; je viens ensuite au chiffre 6 placé aux décimètres ou dixièmes de mètres du multiplicande, je dis 6 décimètres × 6 fr. = 36 décimes ou 36 dixièmes de francs, je place 6 aux dixièmes de francs ou décimes et je retiens 3 pour être porté aux francs ; je dis ensuite (venant aux entiers) o aux unités de mètres × 6 fr. = o, o + 3 fr. de retenu = 3 fr. que je place aux unités de francs ; enfin je dis : 40 mètres ou 4 dizaines de mètres × 6 = 24 dizaines de francs, je place 4 aux dizaines de francs et 2 aux centaines de francs, j'ai pour produit total : 243 fr. + 61 centimes + 92 centièmes de centimes.

SAVOIR :

60^{m}
4^{f}50^{c}30
00
18 0
00
30 0
240
270,18,00

Écrivez, dira le moniteur, 60 mètres à multiplier par 4 fr. 50 cent. + 30 cent. de centime; dites avec moi et écrivez, o aux unités du multiplicande, multiplié par o aux multiplicateurs placé aux dix-millièmes, donne o, que je place aux dix-millièmes ; 6 aux dizaines de francs × o aux dix-millièmes = o que je placerai aux millièmes de francs ou aux dixièmes de centimes; je passe au second chiffre à droite du multiplicateur, et je dis 3 aux dixièmes de centimes ou aux millièmes de francs, multipliant o aux unités d'entier = o aux millièmes de francs ou aux dixièmes de centimes ; je place ce o à la colonne des dixièmes de centimes, sous le o ; je multiplie ensuite 6 aux dizaines de mètres par le chiffre 3, aux millièmes ; j'ai dix-huit centimes ; je place 8 aux unités de centimes, et j'avance 1 aux dizaines ; o aux unités de francs, o × o aux unités de centimes = o ; je place o aux unités de centimes ; je multiplie ensuite le chiffre 6 aux dizaines de francs, par o aux unités = o, que je place aux dixaines de centimes; je viens ensuite au chiffre 5 placé aux dizaines de centimes; pour avoir le quatrième produit, je dis o aux unités de francs × 5 aux décimes = o, que je place aux dixièmes de centimes ou aux décimes; je multiplie ensuite 6 aux dizaines de francs, par 5 aux dizaines de centimes = 30 fr., que je place, savoir : 0 aux unités de francs, et 3 aux dizaines de francs. Soixante mètres × 5 décimèt. n'a produit que 30 fr., parce que les 60 mètres n'ont été multipliés que par des dixièmes de francs, ou par cinq dixièmes ne représentant qu'une moitié de franc; que par suite nous ne pouvions avoir un produit que de 60 moitiés de francs ou de 30 fr. Passons enfin à la multiplication des entiers par les entiers : nous dirons 0 aux unités de mètres × 4 aux unités de francs = 0, que je place aux unités de francs, 6 aux dizaines de mètres × 4 aux unités de francs = 24 dizaines de francs; je pose 4 aux dizaines de francs, et j'avance 2 aux centaines de francs : l'addition des cinq multiplications partielles a formé la somme de 270 fr. 18 cent.

SAVOIR :

```
    84^m   6^d.mt.
à... 3^f + 453 millièmes de franc.
-----------
        2538
       4230.
      3384..
     2538...
-----------
     292,12,38
```

Le moniteur dira écrivez au multiplicande 84 mètres 6 décimètres, et au multiplicateur 3 francs 453 millièmes de francs.

6 décimètres × 3 millièmes de francs = 18 dix-millièmes; je place donc 8 aux dix-millièmes, et je retiens 1, pour être porté aux millièmes; je multiplie ensuite les 4 mètres par les 3 millièmes = 12 millièmes 12 + 1 = 13 millièmes; je place 3 aux millièmes, et je retiens 1, pour être porté aux centaines ou centimes; je continue et je dis 8 aux dizaines de mètres × 3 aux millièmes = 24 centièmes ou centimes 24 + 1 = 25 centimes; je pose 5 aux unités de centimes, et avance 2 aux dizai-

nes de centimes. Passons maintenant au chiffre 6, deuxième à droite du multiplicateur, avec lequel nous allons multiplier le multiplicande : je dis, 6 décimètres × 5 aux unités de centimes = 30 millièmes; je place 0 aux millièmes de francs, et je retiens 3 pour être porté aux centièmes de francs ou aux centimes; je multiplie 4 mètres par 5 centimes = 20 cent., 20 centimes + 3 = 23; je place 3 aux unités de centimes, et je retiens 2 pour être porté aux dizaines de centimes; je multiplie ensuite 8 aux dizaines de mètres, par 5 aux centimes = 40 dizaines de centimes, 40 dizaines de centimes plus 2 de retenu = 42; je place 2 aux dizaines de centimes, et avance 4 aux unités de francs. Je multiplie ensuite le multiplicande par les dizaines de centimes du multiplicateur, et je dis 6 décimètres × 4 dizaines de centimes ou 4 décimes = 24 centimes; je place 4 aux unités de centimes, et retiens 2 pour être porté aux dizaines de centimes; je multiplie ensuite 4 mètres par 4 décimes = 16 décimes. 16 décimes + 2 de retenu = 18 décimes; je place 8 aux dizaines de centimes, et retiens 1 pour être porté aux unités de francs.

Je multiplie 8 dizaines de mètres par 4 décimes = 32 fr., 32 fr. + 1 fr. de retenu = 33; je place 3 aux unités de francs, et 3 aux dizaines de francs; enfin, je multiplie le multiplicande par 3 fr. du multiplicateur, et je dis, 6 décimètres × 3 f. = 18 décimes. Je place 8 aux dizaines, et retiens 1 pour être porté aux unités de francs; je multiplie 4 mètres par 3 f. = 12 f., 12 f. + 1 de retenu = 13; je pose 3 aux unités de francs, et retiens 1 pour être porté aux dizaines de francs : enfin, je multiplie le chiffre 8 aux dizaines du multiplicande par 3 f. = 24 dizaines de francs, 24 + 1 de retenu = 25 dizaines de francs; je pose 5 aux unités de francs, et avance 2 aux centaines. L'addition faite, j'ai pour produit 292 1238 dix-millièmes de francs; et en retranchant 4 décimales, puisque j'avais 4 décimales, savoir, une au multiplicande et trois au multiplicateur, j'ai 292 f. 12 cent. + 38 centièmes de centime, ou 38 millièmes de franc.

Le moniteur, au premier exercice au cercle arithmétique, fait lire aux élèves la règle qu'il a faite et dictée aux banc•

arithmétiques ; et au deuxième exercice, toujours au cercle arithmétique, il dicte le multiplicande et le multiplicateur de la règle qui a été par lui faite et lue par les élèves. Celui des élèves qui a le mieux et le plus tôt fait devient premier, etc.

Division décimale.

Pour ce qui est de la division composée de décimes, centimes, etc., ou de dixième, centième, d'entier, etc., il ne s'agit que d'égaliser en décimale le dividende et le diviseur : par exemple, si nous avions 2,340 fr. à diviser par 15 fr. 30 cent., nous changerions les termes de notre division en ceux-ci ; nous ajouterions deux o au dividende, ce qui lui donnerait plus de valeur en apparence, et qui néanmoins ne changerait point sa valeur, puisqu'au lieu d'avoir des entiers, nous aurions des centièmes d'entiers : par exemple, au lieu de dire 2,340 entiers, nous dirions 234,000 centièmes, ce qui reviendrait à la même chose pour le diviseur. Au lieu de dire 15 fr. 30 cent, nous dirions 1530, mille cinq cent trente centimes ; par ce moyen, le dividende et le diviseur sont égalisés, et la division s'opérera facilement. Nous n'avons donc, comme on le voit, changé en aucune manière la nature de la question, puisque dès que nous avons supprimé la virgule qui séparait les francs d'avec les dixièmes et centièmes, ou d'avec les décimes et centimes, et n'ayant formé par ce moyen qu'une somme d'entier, nous avons dû nécessairement augmenter le dividende de dixième et centième, attendu que ce dividende n'était composé que d'entiers ; nous avons donc égalisé le dividende et le diviseur, en ajoutant deux o au dividende, ou, ce qui est la même chose, en ajoutant autant de o au dividende qu'il y avait de décimales au diviseur, en retranchant toujours à droite la virgule qui distinguait les entiers des décimales, pour ne former qu'une somme d'entiers.

Enfin, que ce soit le dividende qui soit composé d'entiers et décimales, ou que ce soit le diviseur, on égalisera toujours les deux termes ensemble en les égalisant en décimales, c'est-à-dire que l'on mettra autant de zéros à un des termes, que l'autre terme aurait de décimales de plus.

Comme on le voit, on n'aura plus qu'une division composée d'entiers, c'est-à-dire le dividende et le diviseur auront été égalisés par rapport à leurs décimales.

Donnons quelques exemples.

Avec une somme de 3,408 fr., combien achèterons-nous de kilos de sucre, le sucre coûtant 3 fr. 55 cent. le kilo? Nous transformerons le dividende en la somme suivante, en égalisant le dividende et le diviseur; le diviseur ayant deux décimales, puisqu'il est composé de décimes et centimes, il faut nécessairement ajouter à droite deux zéros au dividende; par ce moyen, nous le transformerons en la somme suivante 340,800: nous lui avons donné cent fois plus de valeur. Pour le diviseur, nous lui donnerons pareillement cent fois plus de valeur, en faisant disparaître la virgule qui sépare les 3 fr. de 55 cent., on formera dès-lors 355 : par ces deux opérations, nous avons donné cent fois plus de valeur tant au dividende qu'au diviseur; nous pouvons dès-lors procéder à la division avec une grande facilité.

340800	355
3195	960
2130	
2130	
00000	

Le moniteur dira aux élèves, 355 n'est point contenu dans le chiffre 3 placé aux centièmes de mille du diviseur, il ne l'est point non plus dans le chiffre 3, 4 et o représentant 340 mille, mais il est contenu dans les quatre premiers chiffres à gauche, et comme le chiffre 8, qui est le dernier à droite des quatre chiffres 3408, est placé aux centaines, nous aurons autant de fois cent kilos de sucre avec la somme composant le multiplicande, que la somme 355 composant le diviseur sera contenue dans les 3408 parties du dividende; nous trouvons que 355 est contenu 9 fois dans 3408, que par conséquent avec la somme 355 multipliée par 9, nous aurons 9 quintaux + un reste qui contiendra des dizaines et des unités de kilo; nous multiplions le diviseur 355 par 9 = 3195 que nous portons sous 3408, les unités sous les unités, les dizaines sous les dizaines, etc. La soustraction opérée, nous avons un reste montant à 213, nous descendons le o placé aux dizaines du dividende et le plaçons à droite de notre reste 213; nous formons, par ce moyen, un nouveau dividende montant à 2130 qui nous produit des dizaines de kilos, puisque le diviseur s'y trouve contenu, nous disons donc : en 2130 combien de fois 355; nous trouvons qu'il y est contenu 6 fois, nous plaçons 6 au quotient qui vaut 60 kilos, et multiplions 355 par 6 = 2130 que nous portons sous le dividende pour faire la soustraction; l'opération faite nous n'avons aucun reste; mais comme il y a encore un zéro placé aux unités d'unités du dividende, et que dans ce zéro le diviseur ne peut s'y trouver puisque ce même zéro descendu n'est précédé d'aucun chiffre significatif, je porte o au quotient à droite du 6; j'ai pour réponse qu'avec 3408 fr. ou avec 340800 centimes j'achèterai 960 kilos de sucre, puisqu'un kilo coûte 3 fr. 55 c. ou 355 centièmes.

Pour se convaincre qu'on a bien opéré, je vais multiplier les 960 kilos, montant du quotient, par 3 fr. 55 centimes, prix fixé pour chaque kilo.

```
       960 kilos,
à...    3f 55c.
   ------------
        48 00
       480 0
      2880
   ------------
      3408f 00
```

Vous voyez, dira le moniteur, que nous avons bien opéré;

puisque nous avons reproduit la somme de 3408 fr. mise en question ou montant du dividende.

On fera exercer ensuite la même règle aux deux cercles arithmétiques. On procédera pour toutes autres divisions d'entiers et décimes par analogie à ce qui vient d'être dit.

Proportions par les décimales.

Nous allons faire une règle de proportion dont les termes seront composés d'entiers et de décimales.

J'ai acheté avec 820 fr. 40 centimes 429 mètres de toile, combien en achèterai-je avec 1230 fr? Pour faire cette opération, il faudra égaliser le premier et le troisième terme, composé, savoir : le premier de centaines, dizaines de francs et dizaines de centimes, et le troisième composé de francs (1230). Il faudra transformer les deux termes chacun en une somme de centimes, sans changer la valeur de ces deux termes ; le premier deviendra une somme de centimes en retranchant la virgule, 83040 centimes, et le deuxième au lieu d'être une somme de francs deviendra une somme de centimes en ajoutant deux 00, 123000.

Nous allons placer ces deux proportions ; nous ne nous occuperons que de la dernière dont deux termes seront réduits en centimes.

830 fr. 40 c^es : 420 mètres :: 1230 : x. Cette proportion est changée en celle-ci :

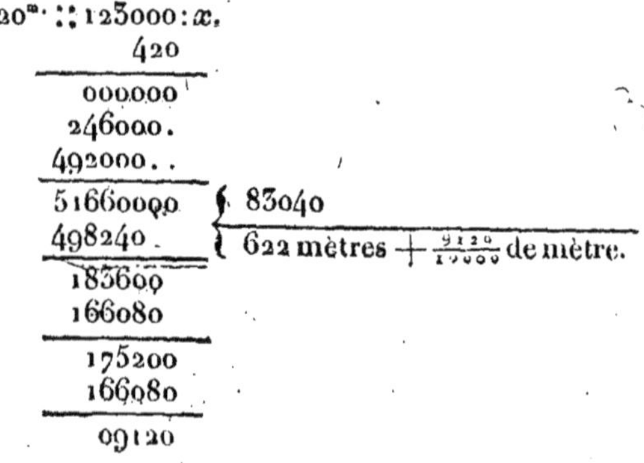

83,040 c^s : 420^m :: 123000 : x.
420
000000
246000.
492000..
51660000 | 83040
498240 | 622 mètres $+ \frac{9120}{10000}$ de mètre.
183600
166080
175200
166080
09120

Le premier terme, dira le moniteur, est de quatre-vingt-trois mille quarante centimes; le second quatre cent vingt mètres sans fractions, et le troisième est de cent vingt-trois mille centimes; nous allons multiplier le dernier terme à droite par le second à gauche, et ce qui en proviendra sera divisé par le premier terme, le quotient représentera la quantité de mètres et partie de mètres que nous pouvons acheter avec nos 1230 fr. ou 123000 centimes, parce que si nous opérons bien, nous devons savoir, avec précision, ce que nous pouvons acheter avec la deuxième somme ou troisième terme, puisque nous connaissons la quantité de mètres que nous avons acheté avec la première somme. Le moniteur fera la règle avec les élèves, ainsi et comme nous l'avons expliqué, lors des proportions composées de termes dont les sommes ne contenaient que des entiers.

Nous allons néanmoins répéter cette même proportion encore 2 fois : dans la première, nous ne réduirons point en décimales les premier et second termes, nous nous contenterons de multiplier le deuxième par le troisième, ou le troisième par le deuxième; nous ajouterons alors, au produit de la multiplication, deux décimales ou deux zéros, parce que le diviseur est composé de centimes ou centièmes; nous procéderons ensuite comme il a été procédé ci-dessus :

$$
\begin{array}{r}
830 \text{ fr. } 40 \text{ c.} : 420 :: 1230 : x. \\
420 \\
\hline
24600 \\
4920 \\
\hline
516600 \\
\hline
\end{array}
$$

Avant de faire la division de la somme ou produit 516600 par 830 fr. 40 centimes, il faut ajouter deux zéros au dividende qui n'est composé que d'entier, et retrancher la virgule qui sépare les entiers des centimes du diviseur, nous avons alors, comme à la division précédente, 51660000 centimètres divisés par 83040 centimes ou centièmes de francs.

Enfin nous procéderons à la division des 51660000 centimètres par les 83040 centimes, et nous pousserons cette division à un millième près, en ajoutant trois zéros au reste, pour avoir des dixièmes, des centièmes et des millièmes de mètres.

EXEMPLE :

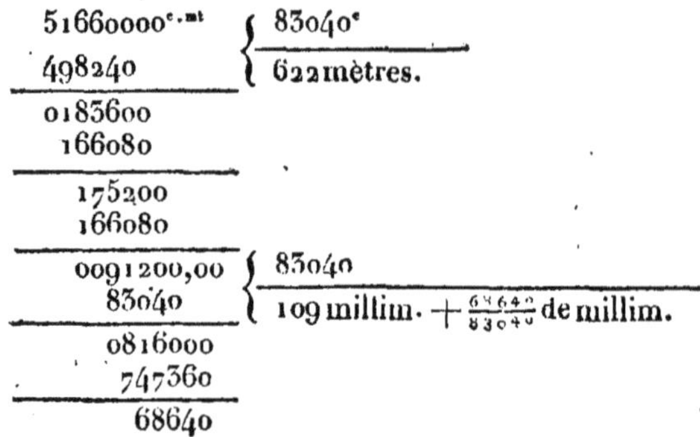

Le moniteur dira : pour pousser la division à un millième près, nous avons ajouté au reste du dividende trois zéros, nous lui avons donné par suite mille fois plus de valeur ; nous n'avons obtenus jusques à ce moment que des entiers, 622 mètres ; nous allons obtenir des décimètres, des centimètres et enfin des millimètres.

Le reste est de $\frac{9120}{10000}$ de mètre qui peut s'écrire 0,9120 de mètre, neuf mille cent vingt dix-millièmes de mètre ; quand l'on n'a point d'unités, que l'on n'a que des fractions d'unités, on met un 0 à la place des unités d'entiers, on met à la suite à droite les décimales, il n'est pas nécessaire de mettre le dénominateur dessous ; la virgule entre le 0 et le 9 annonce que ce qui est à droite est des parties de francs, de dix en dix fois plus petites ; que pour marquer des dixièmes d'entiers, on met 0,1 ; pour marquer un centième, on écrit 0,01 ; que pour marquer un millième, on écrit 0,001, etc., etc.

Revenons aux 9120 de reste, formons un nouveau dividende, ajoutons trois zéros pour avoir des millièmes, nous avons un nouveau dividende 9120000. Si dans les cinq premiers chiffres nous trouvons le diviseur 83040 nous avons au quotient des dixièmes d'entiers, nous dirons donc en prenant cinq chiffres en 91200 combien de fois le diviseur 83040? Nous trouvons qu'il y est contenu une fois, je pose 1 au quotient aux décimètres ou dixièmes d'entiers, je porte $83040 \times 1 = 83040$ sous le dividende 91200; je fais la soustraction, il me reste 8160, je descend un o pour former avec le reste 8160 un nouveau dividende, j'ai 81600. Si le diviseur 83040 y est contenu, j'aurai des centimètres ou des centièmes de mètres, dix fois plus petits que les décimètres ou dixièmes de décimètres; 83040 ne pouvant être contenu dans 81600, je conclus que je n'ai point de centimètres, je mets donc zéro au quotient; enfin je descends le dernier zéro à droite du dernier dividende 816000, je forme le nouveau dividende 816000. Si le diviseur se trouve contenu dans ce dernier dividende, nous aurons des millimètres ou des millièmes de mètres, nous trouvons que le diviseur 83040 est contenu cent fois dans 816000, je place 9 au quotient à droite du zéro, je multiplie ensuite le diviseur 83040 par $9 = 747360$, je place cette somme sous les 816000 dividende; la soustraction opérée, il me reste 66040, qui sont les soixante huit mille six cent quarante de quatre-vingt-trois mille quarante d'un millimètre (ce qui n'est rien), on place ce reste ainsi $\frac{68640}{83040}$ d'un millimètre.

Pour faire la preuve de la règle de trois nous allons prendre le même exemple, nous ne pousserons les divisions que jusqu'aux centièmes de mètres ou aux centimètres.

Notre première proportion était avec le quatrième terme :

$$830 \text{ f. } 40 : 420^{m},00 :: 1230 \text{ f. } 00 : 622^{m}\ 10\ c^{t.m} + \tfrac{81600}{83040}.$$

Notre règle a été bien faite, le quatrième terme de la proportion suivante sera 420 mètres 00. Nous disons :

$$1230 \text{ f. } 00 : 622^{m}\ 10\ c^{t.m} + \tfrac{81600}{83040} :: 830 \text{ f. } 40 : 420 \text{ m.} 00.$$

Nous ferons la règle suivante pour trouver le quatrième terme. Nous dirons :

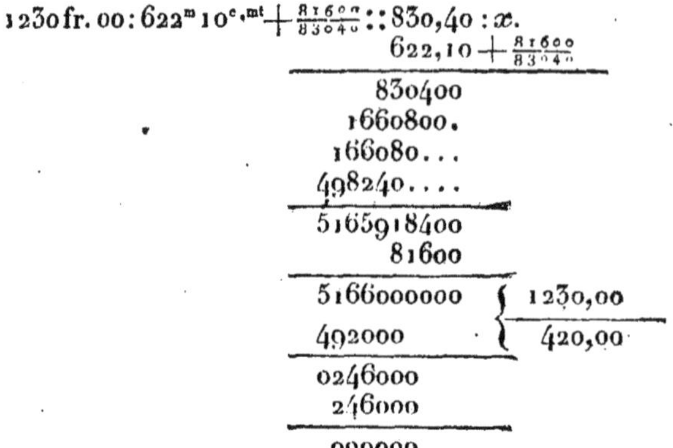

Douze cent trente francs ou cent vingt-trois mille centimes sont à six cent vingt-deux mètres dix centimètres, plus les quatre-vingt-un mille 6 cent de quatre-vingt-trois mille quarante d'un centimètre, comme huit cent trente francs quarante centim. ou comme quatre-vingt-trois mille quarante centimes sont à x l'inconnu.

Nous multiplions 83040 par 622,10 = 51659184oo = cinq billons cent soixante cinq millions neuf cent dix huit mille quatre cent millièmes d'entier, ce qui nous donne, en retranchant quatre décimales (puisqu'elles se trouvent, savoir : deux dans le multiplicande et deux dans le multiplicateur), nous avons 51691 entiers + 84 centièmes d'entiers + 00 aux millièmes et aux dix-millièmes ; il faut ajouter à cette somme la fraction $\frac{81600}{83040}$ d'un centième ; lesquels 81600 × 83040 multiplicateur, divisé par son dénominateur 83040 représentant l'entier, nous donne 81600 dix-millièmes de francs et d'entiers ou 81680 centièmes de centièmes ; nous portons les 81600 dix-millièmes sous le produit de la multiplication 51659184oo en plaçant chaque chiffre sous le chiffre correspondant, c'est-à-dire, les dix-millièmes sous les dix-millièmes, etc. Nous disons 0 + 0 aux dix-millièmes = 0, 0 + 0 aux millièmes = 0, 4 + 6 aux centièmes = 10, je place 0 aux centièmes et retiens 1 ; 1 de retenu + 8

$=9$, $9+1=10$, je pose o aux dixièmes et retiens 1 pour être porté aux entiers, 1 de retenu $+1=2$, $2+8=10$, je pose o aux dizaines et retiens 1, pour être porté aux dizaines; 1 de retenu $+9=10$, je pose o aux dizaines et retiens 1, 1 de retenu $+5=6$ que je pose aux centaines d'entiers, je descends successivement les chiffres 6, 1 et 5, que je place à gauche, le premier 5 aux unités de mille, le deuxième 1 aux dizaines de mille, et le troisième 5 aux centaines de mille, j'ai, par suite, la somme 5,166,000,000 dix millièmes à diviser par 123,000 $\frac{5166000000}{123000}=420{,}00$, c'est-à-dire, 123,000 se trouve 42,000 fois dans 5,166,000,000. Nous avons donc bien opéré, puisque nous avons trouvé pour quatrième terme de notre proportion 42,000 qui était le deuxième terme de la première règle de proportion que nous avons faite.

Nous n'emploierons point ici, ni dans la première partie de mon ouvrage, les fractions des fractions, et par suite celles $\frac{81600}{83040}$ que nous avions dans les opérations précédentes, attendu que je ne parlerai des fractions de fractions de toute espèce, que dans la deuxième partie. L'on peut, comme je l'ai dit à la règle de trois, former huit proportions de la même, quand on connaît parfaitement le quatrième terme de cette dernière. Je vais les mettre ici, elles serviront d'exercices.

$830^{f}40^{c}$ .... : 420^{m} .... :: 1230^{f} .... : $622^{m}10^{c.mt}+\frac{81600}{83040}$.

$830\ 40$ .... : 1230^{f} .... :: 420^{m} .... : $622^{m}10^{c.mt}+\frac{81600}{83040}$.

$622^{m}10^{c.mt}+\frac{81600}{83040}$: 1230 .... :: 420 .... : $830^{f}40^{c}$.

$622\ \ 10\ \ +\frac{81600}{83040}$: 420^{m} .... :: 1230^{f} .... : $830^{f}40^{c}$.

1230^{f} .... : $830^{f}40^{c}$ .... :: $622^{m}10^{c.mt}+\frac{81600}{83040}$: 420^{m}.

1230 .... : $622^{m}10^{c.mt}+\frac{81600}{83040}$ :: $830^{f}40^{c}$ .... : 420^{m}.

420^{m} .... : $830^{f}40^{c}$ .... :: $622^{m}10^{c.mt}+\frac{81600}{83040}$: 1230^{f}.

420 .... : $622^{m}10^{c.mt}+\frac{81600}{83040}$ :: $830^{f}40^{c}$ .... : 1230^{f}.

Voilà donc huit proportions formées d'une seule; mais il est à remarquer que, si l'on changeait l'énoncé de la question, on ne trouverait plus le quatrième terme, on formerait au contraire huit proportions différentes.

Proportions nouvelles et par quatre termes différens, pouvant être placés en trente-deux proportions.

Nous ne donnerons qu'un exemple. Si nous disions avec 830 f. 40 cent. nous avons acheté 622 mètres + 10 centimètres + les $\frac{81600}{83040}$ d'un centimètre de toile, combien en achèterions-nous avec 1,230 f. ? Nous ne trouverions plus pour quatrième terme 420 mètres, nous en trouverions un beaucoup plus fort en somme.

Si nous disions encore avec 1,230 f. nous avons acheté 420 mètres, combien en achèterons-nous avec 830 fr. 40 cent. ? Nous ne trouverions plus le quatrième terme 622 mètres 10 centimètres + $\frac{81600}{83040}$, nous aurions un quatrième terme de beaucoup moins de valeur.

Nous allons donner ces deux proportions avec leur quatrième terme, que l'on verra bien être différent. Dans la première, nous n'aurons plus pour quatrième terme 420 mètres, mais 921 mètres 31 centimètres + $\frac{41760}{83040}$ de centimètres ; dans la seconde, nous n'aurons plus pour quatrième terme 622 mètres 10 centimètres + $\frac{81600}{83040}$ de centimètres, mais nous aurons 283 mètres + 55 centimètres + $\frac{15000}{123000}$.

Nous allons chercher le quatrième terme des deux proportions pour faire mieux sentir les différences.

830 fr. 40c : 622 mètres :: 1230 fr. : 921m + 31c.mt + $\frac{41760}{83040}$.

$$
\begin{array}{r}
622 \\
\hline
2460 \\
2460. \\
7380.. \\
765060 \\
\hline
\end{array}
$$

Mais comme il y a deux décimales au diviseur 830 f. 40 c., il faut aussi en ajouter deux au dividende.

SAVOIR :

```
76506000 { 83040
 747360  { 921 mètres.
 ------
  177000
  166080
  ------
  109200
   83040
  ------
   26160
```

Pour avoir deux décimales, j'ajoute deux zéros au reste, pour former un nouveau dividende.

SAVOIR :

```
2616000 { 83040
 249120 {     31 centimètres.
 ------
 124800
  83040
 ------
  41760  de reste, ou 41760/83040.
```

Passons à la deuxième proportion.

1230 fr. : $420^{mt.}$ :: $830^{fr}40^{c}$: $283^{mt.}$ + $55^{c.mt}$ + $\frac{15000}{123000}$.

```
      420
  --------
     00000
   166080.
  332160..
  --------
  34876800 { 123,000 }  On a ajouté deux décimales au
   246000  { 283     }  diviseur, parce que le multipli-
  --------              cande en avait deux.
   1027680
    984000
  --------
   0436800 }  . . . . . . {  Pour avoir les centimètres, nous
    369000 }              {  avons ajouté 2 décimales au reste
  --------                {  pour former un nouveau dividende.
     67800

   6780000 { 123000
   -------
    615000 { 55 + 15000/123000.
    630000
    615000
   -------
     15000
```

Nous allons passer maintenant aux règles composées de livres, sous et deniers.

Le moniteur dira aux élèves :

une liv. = 20 s., 20 s. = une liv.; 1 s. = 12 d., 12 d. = 1 s.

Addition de livres, sous et deniers, et preuve de cette règle par la soustraction.

	830ˡ + 13ˢ + 11ᵈ
	439 + 15 + 10
	340 + 19 + 7
	2492 + 12 + 8
Produit..	4104ˡ + 02ˢ + 00
Preuve...	2213 + 3ˢ + 00

Le moniteur dira aux élèves, placez 830 liv. + 13 s. + 11 d., savoir, 1 aux unités de deniers, etc., ainsi de suite pour les autres sommes; tirez un trait sous ces quatre sommes; additionnez en commençant par la droite, et dites aux deniers 1 aux unités de deniers + 0 = 1, 1 + 7 = 8, 8 + 8 = 16; je viens ensuite aux dixaines de denier, et je dis 1 dizaine + 1 dizaine = 2 dizaines de deniers ou 20 deniers 20 + 16 = 36 deniers. Comme il faut 12 den. pour faire 1 sou, nous dirons en 36 deniers 12 est contenu trois fois, sans reste; par suite, 36 deniers = 3 sous : nous posons zéro aux deniers, et retenons 3 sous, pour être additionnés avec les sous; nous venons aux unités de sous, et disons 3 sous de retenu + 3 = 6, 6 + 5 = 11, 11 + 9 = 20, 20 + 2 = 22 sous; je place 2 aux unités de sous, je retiens 2 ou deux dizaines de sous pour être additionnées avec la colonne des dizaines de sous; je dis donc, 2 dizaines de retenu + 1 = 3, 3 + 1 = 4, 4 + 1 = 5, 5 + 1 = 6 dizaines; et comme six dizaines de sous font trois livres, puisqu'il faut deux dizaines de sous ou deux fois dix sous pour faire une livre, nous retenons 3 liv. pour être portées à additionner avec les unités de livres (quand on a de grandes additions, et que l'on a un nombre impair de dizaines, par exemple 15 dizaines de sous, nous dirions la moitié de 15 est 7 + une demie, ou 7 + une dizaine de sous enfin = 7 liv. 10 s.). Je viens à la colonne des unités de liv. et je dis, 3 liv. de retenu + 0 = 3, 3 + 9 = 12, 12 + 0 = 12, 12 + 2 = 14. Je pose 4 aux unités de livres, et retiens 1 pour être porté à additionner avec les dizaines de francs; je dis 3 aux dizaines de francs + 1 de retenu = 4, 4 + 3 = 7, 7 + 4 = 11, 11 + 9 = 20; je pose 0 aux dizaines de francs, et je retiens 1 pour être porté à additionner avec la colonne des centaines. Je continue, 8 aux centaines + 2 de retenu = 10, 10 + 4 = 14, 14 + 3 = 17, 17 + 4 = 21; je pose 1 aux centaines, et retiens 2 pour être porté aux unités de mille : 2 aux unités de mille + 2 de retenu = 4 mille; je place 4 aux unités de mille. Ces quatre sommes réunies, si j'ai bien opéré, = 4104 liv. + 2 s. Pour faire la preuve de cette règle, on se sert de la soustraction; mais au lieu d'opérer à gauche, nous commencerons par la droite; et pour que notre règle soit bonne, il faut que nous n'ayons rien de reste quand nous ferons la soustraction des deniers. Nous procédons ainsi : nous disons au produit qui de 4, ou qui de 4 mille paie la colonne des unités de mille 2 mille, reste 2 mille; ces deux mille valent 20 centaines : je dis alors 20 centaines + 1 centaine (qui se trouve au produit) = 21 centaines; qui de 21 centaines paie la colonne des centaines de francs montant à 8 + 4 + 3 + 4 = 19, reste 2 centaines qui égalent 20 dizaines, 20 dizaines + 0 = 20 dizaines; qui de 20 dizaines paie la colonne des dizaines montant à 3 + 3 + 4 + 9 = 19, reste 1 dizaine; 10 unités + 4 unités au produit + 14 unités; qui de 14 unités paie la colonne des unités de francs montant à 0 + 9 + 0 + 2 = 11, reste 3 unités, 3 unités de liv. = 60 sous, 60 + 2 au produit = 62 sous; qui de 62 s. paie la colonne des unités et des dizaines de sous montant à 3 unités de sous + 5 + 9 + 2 = 19 s., 19 + 10 + 10 + 10 + 10 = 59 s., reste 3 sous : puisqu'un sou vaut 12 deniers, 3 sous doivent valoir 36 deniers; qui de 36 deniers paie les colonnes des deniers montant à $1+0+7+8=16+10+10=36$, reste o. Donc la règle est bonne.

Le moniteur, au premier exercice arithmétique, fera lire sur son ardoise la règle faite; il fera en sorte que cette lecture se fasse le plus partiellement possible, pour que le tour des élèves venant plus souvent pour cette lecture, ils prêtent plus d'attention, et qu'enfin l'émulation soit plus excitée. Au second exercice, il dicte les sommes à additionner : celui des élèves qui aura le plutôt fait et le mieux sera le premier. Bien entendu que la même règle est vue trois fois dans la même séance : 1° elle est dictée et faite par le moniteur, 2° elle est lue, et 3° elle est faite par les élèves. Enfin, pour abréger je n'ai donné ici qu'une seule règle ; mais le maître fera en sorte que l'on fasse d'abord des additions très-peu considérables de livres et sous, ensuite de plus en plus fortes. Quand les additions de sous et deniers seront connues, on passera à celles de livres, sous et deniers. Le moniteur, au second exercice au cercle arithmétique, demandera aux élèves combien une livre fait de sous, combien il faut de sous pour faire une livre, combien un sou fait de deniers, combien il faut de deniers pour faire un sou. Toutes ces questions se feront, et les réponses auront été précises avant de commencer toute addition.

Passons à la soustraction des livres, sous et deniers.

Qui	de...	$\dot{3}\dot{2}\dot{7}^{l}+12^{s}+\ 7^{d}$
	paie..	$249^{l}+18^{s}+10^{d}$
	Reste...	$077^{l}+13^{s}+\ 9^{d}$
	Preuve .	$327^{l}+12^{s}+\ 7^{d}$

Le moniteur, dira : on doit 327 liv. 12 s. + 7 d. On paie 249 liv. 18 s. + 10 d., combien reste-t-on à payer?

Il leur dictera la manière de placer leur somme, et dira ensuite, en commençant par les deniers, qui de 7 deniers en paie

10, ne se peut, j'emprunte 1 s. sur les 12 s. : ce sou vaut 12 deniers, 12 den. + 7 = 19; qui de 19 den. en paie 10, reste 9, je pose 9 aux unités; je viens aux sous et je dis, qui de 11 s. (12 s. sont réduits à 11 par l'emprunt) paie 18 s., ne se peut, j'emprunte 1 sur le chiffre 7 aux unités de livres : cet 1 vaut 20 s., 20 s. + 11 = 31; qui de 31 s. en paie 18, reste 13 s. : je viens au chiffre 7 aux unités de francs; comme le chiffre 7 ne vaut plus que 6 francs, à cause de l'emprunt, je dis qui de 6 l. paie 9 liv., ne se peut, j'emprunte 1 sur le chiffre 2 aux dixaines de francs qui vaut dix unités de francs, je dis 10 + 6 = 16; qui de 16 paie 9 reste 7; je viens aux dizaines de francs, je dis le chiffre 2 ne vaut plus qu'un, à cause de l'emprunt; qui d'une dizaine en paie 4 ne se peut, j'emprunte 1 sur le chiffre 3 qui vaut 10 dizaines, 10 + 1 = 11; qui de 11 paie 4 reste 7, je place ce 7 sous le chiffre 4 aux dizaines : le chiffre 3 ne vaut plus que 2, je dis donc qui de 2 — 2 = 0. Voilà la règle faite; il restera à payer 77 liv. 13 s. + 9 den. Pour savoir si la règle est bonne, il ne faut que faire l'addition de la somme payée à-compte avec celle due en reste; si le produit de ces deux sommes égale la somme due précédemment, on a bien opéré. Nous voyons que nous avons bien opéré, puisqu'en additionnant la somme payée à-compte et ce qui reste dû, nous reproduisons la somme 327 liv. 12 s. 7 den.

Passons à la multiplication, 1° des entiers par les sous et la réduction des produits en livres; 2° à la multiplication des entiers par les deniers, et de la réduction des produits en sous et en livres; 3° à la multiplication des entiers par livres, sous et deniers.

Supposons que nous voulions acheter vingt-cinq bouteilles d'eau-de-vie à 19 sous. Nous placerons notre règle ainsi qu'il suit :

	25	bouteilles d'eau-de-vie,
à....	19	sous.
	225	
	25	
	475	sous.

Nous avons pour réponse que vingt-cinq bouteilles d'eau-de-vie à 19 sous nous coûteront 475 sous. Nous ferons la preuve de cette règle de deux manières : la première, par la preuve de 9, et la seconde en multipliant le même nombre de bouteilles de vin par des centimes représentant les 19 sous.

Je dirai, pour ce qui est de la preuve de 9, qu'elle ne peut servir que pour des entiers multipliés par des entiers ou par une somme de même espèce, c'est-à-dire ou toute de liv., ou toute de s., etc. Il s'agit de faire d'abord le signe multiplicatif, d'additionner de droite à gauche le multiplicande, de sortir de cette addition tous les 9, et mettre le reste à droite et dans la fourche du signe. Ici nous dirons au multiplicande $5+2=7$; nous n'avons point de 9 à sortir, puisque 7 est une valeur moindre que 9 : nous portons le chiffre 7 à droite du signe. Nous venons ensuite au multiplicande, et disons $9+1=10$, $10-9$, R. 1; nous portons ce chiffre 1 dans la fourche à gauche du signe, et multiplions 7 par 1, $7\times 1=7$; nous portons ce chiffre 7 dans la fourche au haut du signe. Pour que la règle soit bonne, il faut que nous ayons dans le produit 7 de reste, tous les 9 sortis : nous disons, additionnant de droite à gauche, le produit et horizontalement $5+7=12$, $12-9$, reste 3, $3+4=7$; j'ai donc 7 de reste, je porte ce 7 au bas du signe : je suis dès-lors convaincu que ma règle est bonne, puisque j'ai trouvé 7 de reste au produit.

Cette preuve est très-fautive, car on peut avoir très-mal opéré dans cette circonstance, et trouver tout de même 7 de reste, les 9 sortis : par exemple, si au lieu d'avoir un produit de 475 s., on avait 574 s. ou 745 s., ou 754, etc., on trouverait pareillement 7 de reste, les 9 sortis; cependant ces trois règles seraient fausses, chaque produit serait plus fort et l'erreur serait considérable. Pour le premier produit, on dirait $4+7=11$ oter 9, reste 2, $2+5=7$: on trouve donc pareillement 7 de reste, o distrait de l'addition horizontale, etc. La preuve de la multiplication doit se faire par la division, on est plus certain de son opération; du reste, la preuve de neuf ne peut servir que pour des entiers et non pour des entiers et fractions, à moins que ce soient des fractions décimales.

Pour faire la preuve de la multiplication des vingt-cinq bouteilles de vin par 10 sous, et pour savoir si le produit 475 sous est bon, je vais faire la multiplication suivante :

SAVOIR :

	25 bouteilles de vin,	
à....	95 centimes.	475 sous.
	125	23 liv. 15 s.
	225	
	23 fr. 75 cent.	

Pour savoir si ce produit = les 475 sous, je m'en convaincrai de deux manières : la première, je réduirai les sous en centimes, en multipliant les sous par le chiffre 5, parce que, comme vous le savez, 1 s. = 5 cent., 475 × 5 = 2,375 cent. J'ai donc bien opéré, puisque j'ai reproduit par cette multiplication la somme de centimes. Pour connaître combien ces deux produits, savoir le premier, forment de francs et centimes, je n'ai qu'à retrancher les deux derniers chiffres à droite par une virgule (23,75) ; j'ai vingt-trois francs soixante-quinze centimes. Pour réduire les 475 s. en livres, on s'y prend de la manière suivante : on retranche par une virgule le dernier chiffre à droite de 47,5 ; le premier chiffre à droite représente toujours des sous et vaut 5 s., les deux autres à gauche représentent 47 dizaines de sous ; mais comme il faut 2 dizaines de sols pour former une livre, je prendrai la moitié de 47, et je dirai, en procédant par la gauche, la moitié de 4 est de 2, que je pose aux dizaines de francs; la moitié de 7 est 3 et demi, je pose 3 aux unités de francs; et comme ce demi vaut 10 sous, j'ajoute ces 10 s. avec les 5 qui sont déjà aux sous, en disant 10 + 5 = 15. Par ce moyen, je trouve que 475 s. = 23 liv. 15 s., ce qui se rapporte parfaitement à la somme de 23 fr. 50 cent. ; car, comme vous le savez, 75 cent. = 15 sous.

On pourrait encore par la division réduire les sous en livres ; on diviserait les 475 s. par 20 s., puisque 20 s. = une livre.

SAVOIR :

```
475ˢ { 20 sous.
 40  { 23 liv. + 15/20 de sou ou 23 liv. + 15 sous.
----
 75
 60
----
 15
```

Passons à présent à la multiplication des entiers par les deniers ; nous réduirons le produit en sous et enfin en livres.

```
         1530 oranges,
à....       9 deniers,
        ---------------
font..  13770 deniers.
```

On peut réduire ces 13,770 deniers en livres et sols de plusieurs manières ; nous allons les exécuter, ensuite nous en donnerons les explications.

```
13,770 den. { 12 deniers.
12          { 114,7ˢ 6ᵈ ou 57 liv. 7 s. 6 den.
----          -------------
 17           57,7 s. 6 den.
 12
----
 57
 48
----
 090
  84
----
 06
```

Nous réduirons d'abord ces 13,770 den. en sous, en divisant cette somme par 12 den. représentant 1 s. Nous dirons en 13 combien de fois 12 ? une fois ; nous plaçons 1 au quotient, et nous multiplions le diviseur 1 par 12 = 12. Le chiffre 1 posé au quotient, représente 1000 s., parce que le diviseur s'est trouvé contenu dans les mille du dividende ; nous portons 12 sous 13. La soustraction opérée, il nous reste 1 ; nous descendons à côté de ce chiffre 1 le chiffre 7, placé aux centaines du dividende ; nous disons en 17 combien de fois 12 ? une fois ; nous plaçons 1 au quotient à la colonne des centaines, à droite du chiffre 1 précédemment placé ; nous multiplions le diviseur 12 par 1 = 12 ; nous portons cette somme 12 sous 17, dernier dividende. La soustraction opérée, il nous reste 5 ; nous descendons à droite de ce chiffre le chiffre 7, placé aux dizaines du dividende ; nous disons en 57 dizaines combien de fois 12 ? quatre fois ; je pose 4 au quotient aux dizaines, je multiplie le diviseur 12 par 4 = 48, je pose 48 sous 57. La soustraction opérée, j'ai un reste 9, représentant neuf dizaines ; je descends le chiffre o dernier à droite du dividende et aux unités 9 + o = 90 unités ; en 90 combien de fois 12 ? sept fois ; je pose 7 aux unités du quotient 12 × 7 = 84 ; je porte ces 84 unités sous 90. La soustraction opérée, il me reste 6 den. ; je porte ces 6 den. au quotient à la colonne des deniers : la division ainsi faite, me donne au quotient 1,147 s. 6 den. Pour réduire les 1,147 s. en livres, je retranche, comme il a été dit, la dernière figure par une virgule : la figure à droite retranchée représente des unités de sous, tous les autres chiffres à droite représentent 114 dizaines de sous ; mais comme il faut 2 dizaines de sous pour faire une livre, nous prenons la moitié de 114 ou nous divisons 114 par 2 ; nous trouvons par cette division, ou en prenant la moitié, 57 liv. ; nous plaçons 7 aux unités de francs, et 5 aux dizaines de francs = 57 liv. Ainsi, 1,500 oranges à 9 den. nous ont coûté 13,770 den., ou 1,147 s. 6 den., ou enfin 57 liv. 7 s. 6 den.

Passons à la multiplication des entiers par livres et sous.

SAVOIR :

	84 mètres de toile,
à.....	12 liv. 17 s. le mètre.
	168
	840
10 s. $\frac{1}{2}$......	42
5 s. $\frac{1}{4}$......	21
2 s. le 10ᵉ. =	8 liv. 8 s.
	1079 liv. 8 s.

Nous commencerons à multiplier les 24 mètres par 12 fr. = 168 liv. + 840 liv. Pour 10 s. nous prenons la moitié de 84, ce qui nous donne 42 liv. : nous prenons la moitié de 84 pour 10 s., parce qu'à 1 fr. le mètre 84 = 84 f. ; mais comme 10 s. est la moitié d'un franc, nécessairement nous prenons la moitié de 84. Pour 5 s., nous prenons le quart de 84 ou la moitié du produit de 10 sous, parce que 5 est le quart d'un franc ou la moitié de 10 s,; enfin, pour 2 s., nous prenons le dixième de 84, parce que 2 représente un décime ou la dixième partie d'une livre, ou enfin, 84 étant multiplié par 2 s., représentera 84 déc. ou 84 doubles sous; enfin, ces 84 déc. = 8 liv. 8 s., parce que 4 doubles dizaines de s. = 8 s. Enfin, si on veut avoir les francs ou livres que représentent 84 décimes, on retranchera le dernier chiffre à droite, celui qui est à gauche le chiffre 8 = 8 liv., et le chiffre à droite 4 est doublé, parce que 4 décimes représentent quatre fois 2 s. qui égalent 8 sous.

Multiplication des entiers par livres, sous et deniers.

SAVOIR :

	424 aunes de toile,	
	à 49 liv. + 18 s. + 9 den.	
	3816	
	16960	
Pour 10 s.......½	212	
5 s.......¼	106	
2 s... le 10e	42f	8s
1 s... le 20e	21	4
6 deniers .½	10	12
3 deniers..¼	5	6
	21,173l	10s

Nous multiplions, comme on le voit, les entiers par les entiers, 424 multiplicande × 9 unités d'unité = 3,816 unités. Le deuxième produit 16960 provient de la multiplication du multiplicande par le chiffre 4 aux dizaines du multiplicateur = 16960; pour dix sous j'ai pris la moitié de 424 = 212; pour cinq sous on prend le quart de 424, ou la moitié de ce qu'a produit dix sous; pour deux sous, je prends le dixième de 424; je dis, deux sous ou un décime multipliant 424 = 424 décimes ou 424 pièces de deux sous; je retranche le chiffre 4 par une virgule, ce chiffre représente quatre doubles sous, ou quatre décimes, ce qui = 8 s.; je place 8 s. aux sous; je viens ensuite aux 42 à gauche de la virgule, ces 42 représentent 42 doubles dizaines de sous, ou 42 dizaines de décimes, et comme une dizaine de décimes ou dix décimes, ou enfin une dizaine de doubles sous ou dix sous = 1 fr. ou 1 liv., les 42 dizaines de décimes ou les 42 fois dix doubles sous = 42 liv., je porte donc 42 liv., savoir : 2 aux unités de livres sous le chiffre 6, et 4 aux dizaines de livres sous le 0, dans la direction horizontale des 8 s. déjà placés. Pour 1 s. je prendrai le vingtième de 424, ou la moitié de

42 liv 8 s., produit des deux sous = 21 liv. 4 s.; pour les 9 d. je prendrai pour 6 d. la moitié de 21 liv. 4 s., produit d'un sous = 10 liv. 12 s.; enfin, pour 3 deniers, je prendrai la moitié de 10 liv. 12 s., produit des six deniers, = 5 liv. 6 s.; je fais l'addition, je trouve que 424 aunes à 49 liv. 18 s. + 9 d., ont coûté 21173 liv. + 10 s.

Les maîtres et moniteurs feront faire aux élèves des multiplications comparées plus ou moins fortes, et feront toujours faire les trois exercices arithmétiques.

Passons maintenant à la division.

La division sert de preuve à la multiplication, comme la multiplication sert de preuve à la division.

Nous avons 475 s. à diviser entre vingt-cinq personnes, combien revient-il à chacune, ou bien, nous avons acheté d'une part vingt-cinq bouteilles de vin qui nous ont coûté 475 s., combien nous revient chaque bouteille? Nous allons voir que chaque bouteille nous revient à 19 s.; l'autre division peut s'énoncer ainsi : avec 475 s. j'ai acheté 19 bouteilles de vin, combien me revient chaque bouteille? Réponse, 25 s.

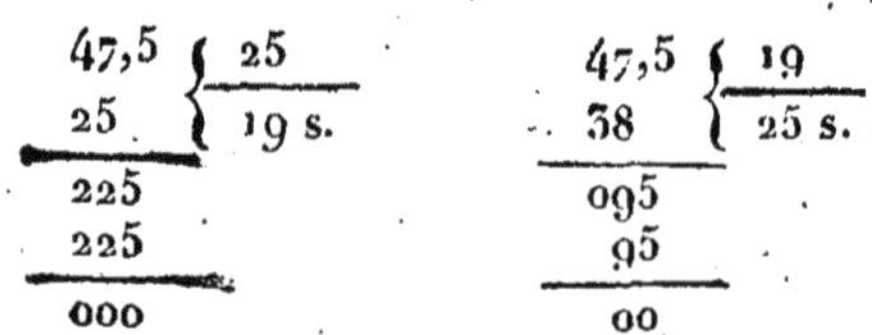

Cette division nous sert de preuve à la multiplication que nous avons faite, lorsque nous avons voulu savoir combien nous coûterait vingt-cinq bouteilles de vin à 19 s. Nous sommes donc certains que ces vingt-cinq bouteilles de vin nous auraient coûté 475 s. Nous n'expliquerons point cette règle, c'est-à-dire, nous n'écrirons point les opérations de cette règle; j'ai fait une autre division à côté, qui est encore la preuve de la première; elle en est l'inverse. Je ne fais point ici la preuve de ces deux divisions par la multiplication, puisque la multiplication a été faite précédemment; je dirai seulement, comme je l'ai déjà dit, que la division est la décomposition de la multiplication, dès qu'elle fait retrouver les deux termes, qui, multipliés l'un par l'autre, ont formé le dividende.

Passons à la division des deniers: avec 13770 deniers nous avons acheté 1530 oranges, combien nous revient chaque orange.

13,770ᵈ	1530
13,770	9 deniers l'orange.

Nous avons donc bien opéré, puisque nous retrouvons le multiplicande et le multiplicateur de la multiplication des 1530 oranges par 9 deniers, règle précédemment faite, nos 1530 oranges ont donc réellement coûté 13770 deniers.

Et comme nous avons réduit nos 13770 deniers en livres et sous, examinons si les 57 liv. 7 s. 6 d., sont réellement la somme que nous avons fournie pour 1530 oranges à 9 deniers; disons donc, 1530 oranges nous ont coûté 57 liv. 7 s. 6 d., combien nous a coûté ou nous revient chaque orange.

57ˡ 7ˢ 6ᵈ	1530 oranges.
× 20	
1140	
7	
1147ˢ	
× 12	
2294	
11476	
13770	1530 oranges.
13770	9 deniers.
00000	

Nous ne pouvons faire notre division sans réduire les livres en sous, parce que le dividende 1530 n'est point contenu dans 57 liv., et que, par suite, chaque orange coûte moins d'une livre; nous multiplions donc les 57 liv. par 20 s., valeur d'une livre en sous, = 1140 s., auxquels sous nous ajoutons 7 unités de sous qui sont au dividende, nous avons, par l'addition, 1147 s., produit de la réduction des 57 liv. en sous, + 7 s.; nous voyons, en outre, que dans 1147 s., le diviseur 1530 ne peut être contenu; nous en concluons que chaque orange n'a pu coûter un sol; enfin, nous réduisons en deniers les 1147, et nous les multiplions par 12 deniers, valeur en deniers d'un sous. 1147 × 12 d. = 13770 d. La question se réduit, actuellement comme précédemment; si 13770 d. ont acheté 1530 oranges, combien nous en a coûté une, etc., etc.

Passons aux divisions dont le dividende sera composé de livres et sous. Prenons toujours pour dividende le produit des multiplications précédentes.

Si nous avions 1079 liv. 8 s. à diviser entre quatre-vingt-quatre personnes, combien reviendrait-il à chacune, ou bien, avec 1079 liv. 8 s. nous avons acheté 84 mètres de toile, combien revient chaque mètre.

Nous ferons la division de deux façons;

SAVOIR :

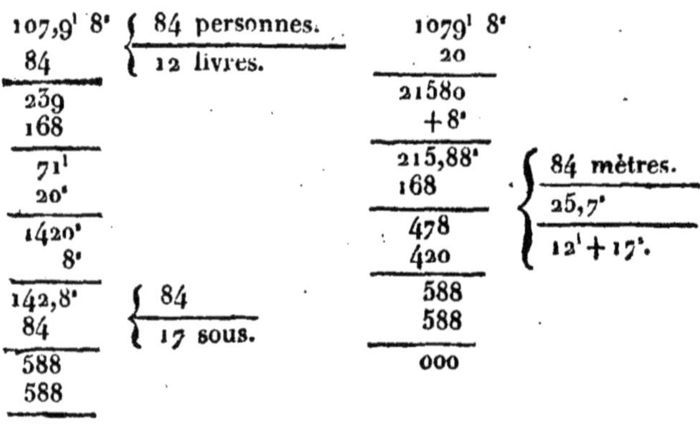

Sur la première, nous avons examiné d'abord si dans 107 dizaines de livres 84 pouvait être contenu, nous avons trouvé que 84 y était contenu une fois, nous avons mis 1 et avons multiplié le diviseur 84 par 1 = 84; nous avons porté 84 sous, 107 la soustraction opérée nous avons eu pour reste 23 dizaines de livres, donc 84 est contenu au moins dix fois dans 1079 liv. et par suite chaque mètre de toile nous a coûté au moins 10 fr. ou il reviendrait à chacune des 84 personnes au moins dix fr., nous descendons le chiffre neuf placé aux unités de livres du dividende représentant 9 liv.; nous le descendons, disons-nous, à côté des 23 dizaines, reste de la première opération, nous avons un nouveau dividende de 239 liv.; nous disons en 239 liv. combien de fois 84, nous ne le trouvons que deux fois, nous portons le chiffre 2 au quotient, nous multiplions le diviseur 84 par 2, 84×2 = 168; nous portons 168 sous 239; nous avons ensuite de la soustraction 71 liv. de reste, donc 84 était contenu deux fois dans 239 liv., par suite chaque mètre nous coûte au moins deux livres; 84 étant contenu 12 fois dans 1079 liv. chaque mètre nous coûte au moins 12 liv. Il nous faut à présent reduire en sous les 71 liv. pour savoir combien chaque mètre nous coûte de sous; nous multiplions les 71 liv. par 20 sous 71 liv. × 20 sous = 1420 sous, j'ajoute à ces 1420 sous les 8 s. qui se trouvent au dividende 1420 + 8 = 1428, nouveau dividende; je dis en 142 dizaines de sous combien de fois 84, je trouve que 84 y est contenu une fois, je porte 1 au quotient. 84×1 = 84, je porte 84 sous 142, j'ai pour reste 58; comme j'ai trouvé 84 dans 142 dizaines de sous, le mètre me coûte déjà 12 liv. + 10 s., je descends le chiffre 8 à côté du reste 58, j'ai 588 sous pour nouveau dividende; je dis en 588 sous combien de fois 84? sept fois; je porte 7 au quotient, je multiplie le dividende 84 par 7 = 588; je porte cette somme sous le nouveau dividende, la soustraction opérée il ne me reste rien; le mètre me revient donc à 12 liv. 17 s., somme placée au quotient; la multiplication précédemment faite est donc bonne, puisque par la division j'ai retrouvé le multiplicateur sans reste.

On fait encore la preuve de la multiplication précédente en réduisant les 1079 liv. en sous, ce qui nous donne vingt-un mille cinq cent quatre-vingt sous, auxquels j'ajoute 8 sous qui se trouvaient au produit de la multiplication ou au dividende, ce qui donne un dividende de 21588 sous à diviser par 84, somme des mètres; la division opérée, j'ai au quotient la somme de deux cent cinquante-sept sous, je réduis ces sous en livres, en retranchant la dernière figure à droite par une virgule, je prends la moitié de la somme à gauche ou des 25 dizaines de sous. L'opération faite, je trouve que deux cent cinquante-sept sous=douze francs dix-sept sous; vous voyez donc par cette dernière règle que nous avons bien opéré, soit en multiplication, soit en division, puisque nous retrouvons toujours le multiplicateur 12 liv. 17 sous.

Le moniteur donne toutes les explications (dont nous avons parlé) à l'écriture arithmétique; il procède au cercle pour les deux exercices, ainsi qu'il a été dit, etc., etc.

Nous allons passer à la division des sommes composées de livres et sous; nous trouverons au quotient des livres, sous et deniers; cette règle nous servira de preuve à la multiplication que nous avons faite de 424 mètres de toile par 49 liv. 18 s. 9 d. le mètre, qui nous avait donné pour produit 21173 liv. 10 s.; si nous avons bien opéré en multiplication, en divisant par 424 le produit 21173 liv. 10 s., nous devons retrouver les 49 liv. 18 s. 9 d. montant du multiplicateur, et prix fixé de chaque mètre.

Avec 21173 liv. 10 s. nous avons acheté 424 mètres de toile, combien nous a coûté le mètre, ou bien nous avons une somme de 21173 liv. 10 s. à diviser entre 424 personnes, combien revient-il à chacune?

Opération.

$2117,3^{l}\ 10^{s}$	424
1696	49 livres.
4213	
3816	
397	
$\times 20^{s}$	
7940	
$+10^{s}$	
7950^{s}	424
424	18 sous.
3710	
3392	
318	
$+12^{d}$	
636	
318	
3816	424
3816	9 deniers.
0000	

$21173^{l}\ 10^{s}$	
20^{s}	
423460^{s}	
$+10^{s}$	
423470^{s}	424
3816	998 sous.
4187	49 l. + 18 s.
3816	
3710	
3392	
318	
12^{d}	
636	
318	
3816^{d}	424
3816^{d}	9 deniers.
0000	

Nous avons fait, comme on le voit, la division de deux façons, même résultat; nous avons donc bien opéré en division; si nous avons bien opéré en division, nous avons aussi très-bien opéré en multiplication, puisqu'en divisant le produit de la multiplication par la somme des mètres ou multiplicande (424^{m}), nous retrouvons 49 liv. 18 s. 9 d. montant de la valeur du mètre et le multiplicateur.

Nous disons donc pour la première division (21173 liv. 10 s.): dans les 211 centaines de livres nous ne trouvons point 424 diviseur, nous cherchons si dans 2117 dizaines de livres 424 peut y être contenu et combien de fois; nous trouvons qu'il y est quatre fois, ou que quatre cent vingt-quatre mètres ont coûté quatre dizaines de livres chacun ou 40 livres, nous plaçons 4 au quotient; ce chiffre 4 se trouvera par la suite aux dizaines; nous disons 424 diviseur $\times 4 = 1696$ dizaines, nous portons cette somme sous 2117 dizaines du dividende; ensuite de la soustraction nous avons un reste de 421 dizaines, nous descendons à côté de cette somme 3 placé aux unités de livres du dividende, nous avons pour nouveau dividende 4213 liv., nous trouvons que le diviseur 424 y est contenu 9 fois, nous portons ce chiffre 9 représentant 9 liv. au dividende, nous connaissons actuellement que chaque mètre a coûté 49 livres. 424 diviseur × 9 liv. = 3816 liv. que nous portons sous 4213 liv. dividende, d'après la soustraction nous trouvons un reste de 397 liv., ce reste nous donnera des sous. Pour connaître les sous qu'ont coûté chaque mètre, nous fesons l'opération suivante : 397 liv. de reste × 20 s. = 7940 s., nous ajoutons à cette somme de sous les 10 s. qui sont au dividende ; nous avons donc 7950 s. à diviser par 424 diviseur ; nous disons : en 795 dizaines de sous combien se trouve de fois 424 ? une fois ; mais comme nous avons trouvé 424 contenu dans la dizaine, nous trouvons donc que le mètre coûte 10 s., nous plaçons le chiffre 1 au quotient, il se trouvera ensuite placé aux dizaines de ce même quotient ; nous disons ensuite 424 diviseur × 1 = 424, nous portons ces 424 sous les 795 dizaines de reste, nous avons pour reste 771 dizaines de sous, nous descendons o à gauche de 371, nous avons un nouveau dividende montant à 3710 s. ; nous disons en 3710 s. combien de fois trouvons-nous 424 ? 8 fois, nous plaçons 8 au quotient à côté et à droite du chiffre 1, ce qui nous donne 18 s. ; nous disons ensuite 424 diviseur × 8 = 3392 s. que je porte sous le dividende 3710, faisant la soustraction, j'ai pour reste 318 s. ; enfin pour avoir les deniers je réduis 318 s. en deniers, en multipliant cette somme par 12 d. équivalent un sou, 318 s. × 12 d. = 3816 deniers ; j'examine combien dans cette dernière somme est contenu 424 ? je trouve 9 fois, j'ai donc neuf deniers que je porte au quotient, qui se trouve actuellement composé de 49 liv. 18 s. 9 d.

Pour l'autre division, j'ai réduit le dividende 21173 liv. en sous, j'ai dis 21173 liv. × 20 s. = 423460 s., j'ai ajouté à cette somme les 10 d. qui étaient au dividende, j'ai donc 423470 pour dividende ; j'ai opéré la division de cette somme par 424, j'ai eu pour le quotient 998 s., que j'ai réduit en livres en retranchant la dernière figure et prenant la moitié du reste à gauche; cette opération m'a produit 49 liv. 18 s.; enfin j'ai réduit en deniers le reste 318 sous.

On fera faire des règles de trois, des règles de compagnie dont les sommes seront composées de livres et sous ; on apprendra aussi à faire résoudre quelques problèmes. Celui dont je vais donner l'explication fournira sans doute quelques idées pour faire exercer les élèves utilement et même agréablement.

Trois personnes ont résolu de faire ensemble le commerce des grains ;

SAVOIR :

Le 1er a fourni pour sa mise de fonds.........	1250 liv.	10 s.
Le 2e................................	940	5
Le 3e................................	709	15

Les bénéfices se sont élevés à 15,735 liv. 12 s.

Le premier associé a retiré sa mise de fonds après quatre mois de société ; le deuxième a retiré sa mise de fonds après sept mois de société ; enfin, au bout d'une année la société a été réglée, il a été convenu que chacun des associés avait sa part dans les bénéfices, d'après sa mise de fonds et d'après le temps que sa mise de fonds aurait resté dans ladite société.

Pour parvenir à cette règle avec facilité, il faudra multiplier chaque mise de fonds par le temps, ou plutôt, par le chiffre représentant le nombre de mois que chacun a laissé sa mise de fonds.

1250 liv., disons-nous, a produit en bénéfice, pendant quatre mois, autant que 1250 liv. 10 s.$\times 4 =$ 5002 liv. pendant un mois :

940 liv. + 5 s. ont produit en bénéfice, pendant sept mois, autant que 940 liv. 5 s.$\times 7 =$ 6581 liv. 15 s. pendant un mois.

Enfin, 709 liv. 15 s. ont produit en bénéfice, pendant douze mois, autant que 709 liv. 15 s. $\times$ 12 = 8,517 liv. pendant un mois.

Comme on le voit, les mises de fonds sont changées par ces opérations en trois autres;

SAVOIR:

Le 1er, au lieu de............	1250 liv.	10 s.,	= 5002 liv.	»»
Le 2e......................	940	5	= 6581	15 s.
Le 3e......................	709	15	= 8517	»»
Total des nouvelles mises de fonds.			20.100 liv.	15 s.

Le problême est réduit à celui-ci : trois personnes se sont liées de société pour le commerce des grains, le commerce a eu lieu pendant un mois, etc., etc., etc.

Je dis donc les 20100 liv. 15 s. ont produit 15735 liv. 12 s. de bénéfice, comme chaque mise de fonds partielle a produit l'inconnu x : nous aurons de cette manière les trois proportions suivantes :

SAVOIR:

20,100 liv. 15 s. : 15,735 liv. 12 s. :: 5,002 liv......: x.

20,100 liv. 15 s. : 15,735 liv. 12 s. :: 6,581 liv. 15 s. : x.

20,100 liv. 15 s. : 15,735 liv. 12 s. :: 8,517 liv......: x.

Pour faire cette règle il faut réduire les trois termes de chacune des trois proportions en sous pour égaliser chaque terme dans sa dénomination.

Nous allons commencer par la première proportion, et après avoir réduit en sous chaque terme, nous opérerons. Les 20100 l. 15 s. montant de la totalité des trois mises de fonds des trois associés se changeront en 402015 s., d'après l'opération qui va être faite.

SAVOIR :

20,100 liv. 15 s.
20 s.
402000
+ 15
402015 sous.

J'ai multiplié, comme on le voit, 20100 liv. par 20 s., valeur d'une livre; j'ai eu pour produit 402000 s. auxquels j'ai ajouté 15 s. 402000 s, + 15 = 402015 s., ce qui sera le premier terme des trois proportions ; j'ai réduit ensuite en sous la somme de 15735 liv. auxquelles j'ai ajouté les sous qui accompagnaient cette même somme : 15735 liv. × 20 s. = 314700, 314700 + 12 = 314712 s.; les bénéfices se trouvent changés en 314712 s. au lieu de 15735 liv. + 12 s., cette somme formera le deuxième terme de chacune des trois proportions.

Venons à présent à la réduction en sous de la mise de fonds du premier associé, montant à 5002 liv.; cette somme étant le produit de 1250 liv. 10 s. × 4, ce chiffre 4 représentant le temps que les 1250 livres 10 sous sont restées dans la société, 5002 liv. × 20 = 100040.

La première proportion, 200100 liv. 15 s. : 15735 liv. 12 s. : : 5002 : x, sera changée en celle-ci ;

SAVOIR :

402015 sous : 314712 sous :: 100040 sous : x.

```
          314712
          100040'
        ----------
        12588480
       000000..
      000000...
     000000....
    314712.....
   -------------
   31483788480'  | 402015 sous.
   2814105       |--------------------------------
   -------       | 7831,4 sous + 385770/402015 de sou.
    3342738      |--------------------------------
    3216120      | 3915 l. 14 s. + 385770/402015 de sou.
    -------
     1266184
     1206045
     -------
      601398
      402015
     -------
     1993830
     1608060
     -------
      385770
```

Je multiplie le deuxième terme par le troisième, $314712 \times 100040 = 31483788480$; j'ai divisé le produit de la multiplication par le premier terme, j'ai trouvé que ce diviseur y était contenu 78314 fois, et que par suite le quatrième terme est de 78314 s. $+ \frac{385770}{402015}$ ou 3915 liv. 14 s. $+ \frac{385770}{402015}$ de sou.

Pour faire la preuve de cette règle on multiplie le diviseur par le quotient, la multiplication opérée on ajoute à son produit le reste de la division (385770) ; si par ces moyens on reproduit le dividende, les opérations sont justes.

402015 s. $\times 78314 = 31483402710$; en ajoutant à cette somme le reste 385770, nous avons 31483768480 qui est absolument le dividende ; donc j'ai bien opéré, et dès que j'ai bien opéré je suis persuadé que le 1er associé aura sur la somme 15735 l. 12 s., bénéfi e, celle de 3915 liv. 14 s. $+ \frac{385770}{402015}$ pour sa quote-part.

Venons à la deuxième proportion, les 20100 liv. 15 s, premier terme, seront changés en la somme 402015 s.; les 16735 l. 12 s. seront changés en 314712 s.; ainsi, et comme nous l'avons fait précédemment, pour la précédente proportion; enfin nous réduirons aussi en sous la mise de fonds du second associé, montant à 6581 liv. 15 s., 6581 liv. 15 s. $\times$20 s. =131635; nous avons pour lors la proportion suivante :

SAVOIR :

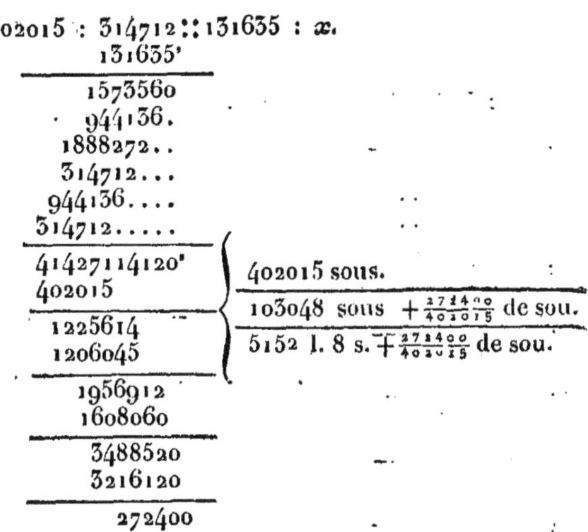

402015 : 314712 :: 131635 : x.

```
         131635
        -------
        1573560
        944136.
       1888272..
       314712...
      944136....
     314712.....
     -----------
     41427114120   | 402015 sous.
     402015        | -------------------------------
     -------       | 103048 sous + 272400/402015 de sou.
       1225614     | -------------------------------
       1206045     | 5152 l. 8 s. + 272400/402015 de sou.
       -------
        1956912
        1608060
        -------
        3488520
        3216120
        -------
         272400
```

J'ai multiplié le deuxième terme par le troisième, 314712 $\times$131635=41427114120; j'ai divisé le produit de la multiplication par le premier terme $\frac{41427114120}{402015}$; j'ai trouvé que le diviseur était contenu 103048 fois, ou que le quatrième terme formait la somme de 103048 s. $+\frac{272400}{402015}$, et en réduisant en livres, j'ai eu la somme de 5152 liv. 8 s. $+\frac{272400}{402015}$ de livres, somme qui reviendra au deuxième associé; j'ai fait ensuite la preuve par la multiplication :

402015 s. $\times$103048 = 41427114120.

Venons à la troisième proportion, cherchons le quatrième terme ou la somme bénéfice qui doit revenir au troisième associé.

Le premier et le deuxième terme réduits en sous, ainsi qu'il a été expliqué pour les deux autres proportions, nous allons aussi réduire en sous la mise de fonds du troisième associé, augmentée ou plutôt multipliée par le temps qu'elle est restée dans la société.

8517 liv., mise de fonds du 3e associé × 20 s. = 170340 s.

SAVOIR :

```
402015 : 314712' :: 170340' : x.
         170340'
      ----------
        12588480
       944136..
     22029840...
     314712.....
     -----------
     53608042080'  | 402015 sous.
     402015        |-------------
     -----------   | 133348 sous.
      1340654      |-------------
      1206045      | 6667 liv. 8 s. + 145860/402015 de sou.
     -----------
       1346092
       1206045
     -----------
       1400470
       1206045
     -----------
       1944258
       1608060
     -----------
        3361980
        3216120
     -----------
         145860
```

J'ai multiplié le deuxième terme par le troisième 314712 s. × 170340 s. = 53608042080 s.; j'ai divisé ce produit par le premier terme 402015; ensuite des opérations le quotient s'est trouvé fort de la somme de 133348 s. représentant les 133348 ois que le diviseur est contenu dans le dividende, ou enfin ce même quotient étant le résumé ou l'inconnu cherché, ou enfin le quatrième terme ; pour savoir si nous avons bien opéré, nous allons multiplier le diviseur par le quotient, si nous avons bien opéré le produit de la multiplication + le reste du dividende doit reproduire la totalité du dividende.

402015 × 133348 = 53607896220 ; 53607896220 + 145860 reste de la. division = 53608042080 montant du dividende ; dès que nous avons reproduit le dividende, nous avons donc bien opéré ; nous avons pour quatrième terme 133348 s. + $\frac{145860}{402015}$ de sous, somme ou bénéfice revenant au troisième associé, qui, réduite en livres, nous donne 6667 liv. 8. s. + $\frac{145860}{402015}$ de sous.

Pour savoir enfin si nous avons bien opéré dans les trois proportions, et pour la recherche du quatrième terme de chacune, il faut que les 3 quatrièmes termes des trois proportions additionnés ou réunis ensemble, nous fournissent ou reproduisent la somme montant des bénéfices qu'a faits ou qu'aurait faits la société.

Le quatrième terme de la première proportion monte à la somme de 78314 s. + $\frac{384774}{402015}$;

Le 4e terme de la 2e proportion monte à 103048 s. + $\frac{272400}{402015}$;
Enfin le quatrième terme de la troisième proportion monte à 133348 s. + $\frac{145860}{402015}$.

Additionnons ces trois sommes de sous, ensuite les fractions de sous, nous diviserons le produit des trois fractions par le dénominateur, nous ajouterons le quotient au produit des entiers.

SAVOIR :

78314 s	+	385770
103048	+	272400
133348	+	145860
314710 s	+	$\frac{804030}{402015}$ de livre.

Divisons les fractions par le dénominateur :

$$\begin{array}{r|l} 804030\mathit{s} & 402015 \\ 804030 & \overline{2\mathit{s}} \\ \hline 000000 & \end{array}$$

Nous trouvons que 402015, dénominateur de la fraction, est contenu deux fois dans 804030, et que le chiffre 2 porté au quotient doit valoir 2 s. puisque $\frac{402015}{402015} = 1$ s., et que 402015 est contenu deux fois.

Nous portons donc ces deux sous aux unités de sous du produit des trois sommes additionnées.

$$\begin{array}{r} 314710\mathit{s} \\ +2 \\ \hline 314712 \end{array}$$

Somme représentant le deuxième terme des trois proportions et par suite les bénéfices faits dans la société ; lesquels bénéfices avaient été réduits en sous, pour opérer avec facilité :

SAVOIR :

$$\frac{314712\mathit{s}}{} = 15735^{\text{tt}}\ 12\mathit{s},$$ montant de la somme des bénéfices.

Résumé de la règle de compagnie ci-dessus.

Nous voyons que le troisième associé a plus de bénéfice, quoiqu'il n'ait fourni qu'une mise de fonds moins considérable que chacun des associés, mais que cette plus-value lui était due parce qu'il a laissé sa mise de fonds plus long-temps dans le commerce, ou pour mieux dire, parce qu'il a fait avec ses fonds seuls le même commerce pendant cinq mois de plus que le deuxième associé, et pendant trois mois de plus que le premier; qu'enfin sa mise de fonds qui n'était que de 709 liv. 15 s. a dû nécessairement être multipliée par douze, puisqu'elle est restée douze mois dans le commerce, que nous l'avons dès-lors considérée comme ayant fourni une mise de fonds de 709 l. 15 s. $\times$ 12 = 8517 liv., laquelle somme aurait été dans le commerce pendant un mois.

Nous voyons pareillement que le deuxième associé se trouve un bénéfice plus considérable que le premier associé, quoique sa mise de fonds ne soit pas aussi considérable, parce que la mise de fonds du deuxième est restée sept mois dans le commerce, et que le premier a retiré la sienne à l'expiration des quatre mois de l'association; que les fonds du deuxième lui ont dû rendre trois mois de plus de bénéfice que ceux du premier; qu'alors pour égaliser les trois mises de fonds entre elles, et pour que chacun ait le bénéfice que lui méritaient son travail, son industrie et les chances qu'il avait courues en laissant plus ou moins de temps sa mise de fonds dans la société; nous avons dû nécessairement multiplier chaque mise de fonds par le temps que chacune d'elles est restée dans le commerce. Nous avons bien et justement opéré; nous avons considéré les trois associés comme s'ils n'avaient fait le commerce qu'un mois.

La mise de fonds du premier, de 1250 liv. 10 s., est changée en 5002 liv. ayant été multipliée par quatre, nombre des mois; cette somme lui a produit pour un mois 3915 liv. $+ \frac{305770}{402015}$ de sou.

La mise de fonds du second, montant à 940 liv. 5 s., s'est changée en 6581 liv. 15 s., ayant été multipliée par 7 nombre de mois; cette somme lui a produit pour un mois 5152 liv. 8 s. $+ \frac{372400}{402015}$ de sou.

Enfin la mise de fonds du troisième, montant à 709 liv. 15 s. s'est changée en 8517 liv., ayant été multipliée par 12 nombre de mois; cette somme a produit pour un mois 6667 liv. 8 s. $+ \frac{145560}{402015}$ de sou.

Passons maintenant aux additions de toises, pieds, pouces et lignes.

Le moniteur dictera à l'élève :

1 toise	=	6 pieds.......	6 pieds	= 1 toise.
1 toise	=	72 pouces.....	72 pouces	= 1 toise.
1 toise	=	864 lignes......	864 lignes	= 1 toise.
1 pied	=	12 pouces.....	12 pouces	= 1 pied.
1 pied	=	144 lignes......	144 lignes	= 1 pied.
1 pouce	=	12 lignes......	12 lignes	= 1 pouce.

toises	pieds	pouces	lignes.
849 +	5 +	9 +	8
939 +	4 +	10 +	11
8739 +	3 +	7 +	4
10529 toi.	2 pi.	3 po.	11 lig.
Pr. 2122 toi.	2 pi.	1 po.	0 lig.

Nous commençons par les lignes, et nous disons : 8 + 11 = 19, 19 + 4 = 23 lignes ; comme il faut 12 lignes pour faire un pouce, je pose 11 aux lignes et retiens 12 lignes ou plutôt un pouce pour être porté aux pouces ; je viens aux colonnes des pouces, 1 pouce de retenu + 9 = 10, 10 + 10 = 20 + 7 = 27, et comme il faut 12 pouces pour faire un pied, je soustrait de 27 deux fois 12, il me reste 3 pouces que je pose aux pouces et retiens 2 pieds représentant 24 pouces ; je viens à la colonne des pieds, 2 pieds de retenu + 5 = 7 + 4 = 11, 11 + 3 = 14, et comme 6 pieds font une toise, et que dans 14 il y a deux fois 6 + 2, je pose ce dernier 2 aux pieds, et retiens 2, pour être porté aux unités de toises ; 2 de retenu + 9 = 11, 11 + 9 = 20, 20 + 9 = 29, je place neuf aux unités de toises et retiens 2 pour être porté aux dizaines de toises ; 2 + 4 aux dizaines = 6, 6 + 3 = 9, 9 + 3 = 12, je pose 2 et retiens 1 pour être porté aux centaines, 1 + 8 = 9, 9 + 9 = 18 + 7 = 25, je pose 5 aux centaines de toises et retiens 2 pour être porté aux unités de mille ; 2 + 8 = 10, je place o aux unités de mille et avance 1 aux dizaines de mille. Je fais la preuve de cette règle par la soustraction, n'ayant rien de reste au o, la règle est bonne.

Toujours les deux exercices au cercle arithmétique, comme nous l'avons dit.

Addition de marcs, onces, gros, deniers et grains.

On reconnaît qu'une somme est en livres (poids) quand après le dernier chiffre à droite on écrit le signe suivant ß, savoir : un *b* et un trait vertical coupé par deux traits horizontaux, au lieu que les sommes en livres (monnaie) sont désignées par deux traits verticaux, coupés de deux traits horizontaux.

la livre	= 2 marcs................	2 marcs	=	une livre.
une livre	=16 onces................	16 onces	=	une livre.
un marc	= 8 onces................	8 onces	=	un marc.
une once	= 8 gros................	8 gros	=	une once.
un gros	= 3 deniers *ou* 3 scrupules..	3 d *ou* 3 scr.	=	un gros.
un denier	=24 grains..............	24 grains	=	1 denier.

Le marc se désigne par M;

L'once par un o ou ℥;

Le gros par un G ou ʒ;

Denier ou scrupule par D ou ∋;

Gr.. signifie grains.

Exemple d'une addition de livres, marcs, onces, gros, deniers et grains.

	livres.		marcs.		onces.		gros.		deniers.		grains.
					℥		ʒ		℈		
	42	+	7	+	7	+	3	+	2	+	23
	84	+	6	+	5	+	4	+	1	+	21
	92	+	3	+	6	+	2	+	2	+	22
	227	+	0	+	3	+	3	+	1	+	18
Preuve.	219	....	2	....	1	....	2	....	2	.....	0

Nous procédons ainsi qu'il suit pour faire l'addition des livres et parties de livres; je viens aux grains et je dis : 3 aux unités $+1=4$, $4+2=6$; je viens aux dizaines et je dis : 2 dizaines $+6=26+20=46$, $46+20=66$, puisqu'il faut 24 grains pour faire un denier; je dirai en 66 grains (produit de l'addition des unités et dizaines de grains) combien de fois 24? deux fois pour 48. $66-48=18$ grains; je pose ces 18 grains et retiens 2 pour être portés aux deniers ou scrupules; 2 de retenu $+2=4$, $4+1=5$, $5+2=7$; comme il faut 3 deniers pour faire un gros, ainsi autant de 3 deniers que je trouverai dans les 7, autant j'aurai de gros; je dis donc : en 7 combien de fois 3 deniers? 2 fois, un de reste, je place un aux deniers et je retiens 2 pour être portés à additionner avec les gros; je viens donc aux gros et je dis : 2 de retenu $+3=5$ $+4=9+2=11$ g.; comme il faut 8 gros pour faire une once, nous soustrairons 8 gros de 11 gros, ou nous diviserons 11 gros par 8 gros, nous trouverons que 8 est contenu une fois dans 11, que la soustraction opérée il nous reste 3 gros; nous plaçons 3 aux gros et retenons 1 pour être porté à additionner avec les onces; 1 once de retenu $+7$ onc. $=8$, $8+5=13+6=19$ onces; comme il faut 8 onces pour faire un marc, je divise 19 par 8, je trouve que 8 est contenu deux fois dans $19+3$ onces; je pose les onces à la colonne des onces et retiens deux pour être portés à additionner avec les marcs; 2 marcs de retenu $+7$

$= 9$, $9 + 6 = 15$, $15 + 3 = 18$ marcs; comme il faut deux marcs pour faire une livre, nous divisons 18 par 2; nous trouvons que deux est contenu neuf fois dans 18, nous portons donc 9 pour être additionnés avec les unités de livres (poids); nous disons donc: $9 + 2 = 11$, $11 + 4 = 15$, $15 + 2 = 17$ liv.; je pose 7 aux unités de livres et retiens 1 pour être porté aux dizaines; 1 de retenu $+ 4 = 5$, $5 + 8 = 13$, $13 + 9 = 22$ dizaines; je pose 2 aux dizaines et avance 2 aux centaines, j'ai donc un total de 227 liv. + 0 mar. + 3 onc. + 3 gr. + 1 den. + 18 grains; je fais la preuve de cette règle par la soustraction; je dis: qui de 2 aux centaines de livres ne paie rien reste 2; ce chiffre 2 vaut 20 dizaines, $20 + 2 = 22$ dizaines, paie la colonne des dizaines de livres, savoir: $4 + 8 = 12$, $12 + 9 = 21$, reste une dizaine qui vaut dix unités; $10 + 7 = 17$, qui de 17 unités paie la colonne des unités de livres, savoir: $2 + 4 = 6$, $6 + 2 = 8$, reste 9 qui valent 18 marcs, puisque une livre vaut deux marcs, $18 + 0 = 18$; qui de 18 marcs paie la colonne des marcs, savoir: $7 + 6 = 13$, $13 + 3 = 16$, reste deux marcs qui valent 16 onces, puisque un marc vaut huit onces; 16 onces $+ 3 = 19$ onces, savoir: $7 + 5 = 12$, $12 + 6 = 18$ onces, reste 1 once, comme 1 once vaut 8 gros, je dis: $8 + 3 = 11$, qui de 11 paie la colonne des gros, $3 + 4 = 7$, $7 + 2 = 9$, reste 2 gros, comme 3 gros $= 6$ deniers, je dis: 6 deniers $+ 1 = 7$ deniers, qui de 7 deniers paie la colonne des deniers, savoir $2 + 1 = 3$, $3 + 2 = 5$, reste 2, et comme 2 deniers $= 48$ grains, puisque un denier $= 24$ grains, je dis: $48 + 18 = 66$ grains, qui de 66 grains paie la colonne des grains, savoir: $3 + 1 = 4$, $4 + 2 = 6$, $6 + 20 = 26$, $26 + 20 = 46$, $46 + 20 = 66$, reste 0; dès que je trouve 0, ou rien de reste, cette soustraction faite, j'ai bien opéré.

C'est ainsi que se fait chaque addition composée de livres, marcs, etc., etc. On en fera faire de toute espèce, plus ou moins considérables, en raisonnant par analogie. On n'oubliera point de suivre la marche déjà tracée pour les trois exercices arithmétiques, savoir: écriture arithmétique, lecture arithmétique et combinaison des règles pour les élèves, etc., etc.

Livres , onces et fractions d'onces pour les épiciers.

	livres.		onces.		quarts.		
	27	+	10	+	3	+	1/2 quart de sucre.
	39	+	13	+	2	+	1/2
	49	+	15	+	1	+	0
	54	+	10	+	1	+	1/2
	172	+	2	+	0	+	1/2 quart d'once.
Preuve..	33		2		1		0

On explique aux élèves que deux demi-quarts = un quart, qu'un quart = deux demi-quarts , que quatre quarts d'once ou huit demi-quarts d'once = une once, qu'une once = quatre quarts d'once ou huit demi-quarts d'once, qu'une livre = seize onces, que 16 onces = une livre que nous additionnons ainsi , commençant par les demi-quarts d'once : 1/2 quart d'once + 1 = 2, 2 + 1 = 3 demi-quarts d'once, puisque deux demi-quarts d'once font un quart d'once, je pose un demi-quart d'once et retiens 1 pour être additionné avec les quarts, je viens à la colonne des quarts, et je dis : 1 quart + 3 = 4, 4 + 2 = 6, 6 + 1 = 7, 7 + 1 = 8, comme il faut quatre quarts d'once pour faire une once, je divise 8 par 4, et je dis : en huit combien de fois quatre ? deux fois, rien de reste ; je porte 0 sous la colonne des quarts et retiens 2 pour être additionné avec les onces ; je viens aux unités d'onces, et je dis : 2 + 0 = 2, 2 + 3 = 5, 5 + 5 = 10, je viens aux dizaines d'onces, 10 + 10 = 20, 20 + 10 = 30, 30 + 10 = 40, 40 + 10 = 50, je divise ce produit par 16, attendu qu'il faut 16 onces pour faire une livre $\frac{50}{16}$, je dis : en 50 combien de fois 16 ? trois fois + 2 de reste ou 2 onces, je pose 2 sous la colonne des onces et je retiens 3 pour être porté aux unités de livres ; je viens aux unités de livres, et je dis : 3 de retenu + 7 = 10, 10 + 9 = 20, 19 + 9 = 28, 28 + 4 = 32, je pose 2 sous la colonne des unités de livres ; et je retiens 3 pour être portés aux dizaines de livres ; je viens enfin à la colonne des dizaines, je dis : 3 de retenu + 2 = 5, 5 + 3 = 8, 8 + 4 = 12, 12

+ 5 = 17, je pose 7 sous la colonne des dizaines et avance à gauche 1 qui vaudra cent par l'addition des quatre sommes ci-dessus, composées de livres, onces, etc. ; nous avons un total de 172 liv. + 2 onces + 0 de quart d'once + 1/2 quart d'once.

Nous faisons la preuve de cette règle par la soustraction.

Nous disons : qui de 100 ne paie rien, reste toujours 100 ; cent valent dix dizaines ; 10 dizaines + 7 = 17 dizaines, qui de dix-sept dizaines paie la colonne des dizaines, savoir : 2 + 3 + 4 + 5 = 14, reste 3 dizaines ; ces trois dizaines valent 30 unités ; 30 unités + 2 = 32, qui de 32 unités paie 7 + 9 = 16, 16 + 9 = 25 + 4 = 29 unités, reste 3 unités, chaque unité vaut 16 onces. 3 × 16 = 48 onces, 48 + 2 = 50, qui de 50 onces paie les deux colonnes des onces, savoir : 0 aux unités + 3 = 3, 3 + 5 = 8, 8 + 0 = 8 unités, 8 + 10 unités = 18, 18 + 10 = 28, 28 + 10 = 38, 38 + 10 = 48, qui de 50 paie 48 reste 2 onces qui valent 8 quarts d'onces, qui de 8 paie la colonne des quarts d'onces, savoir 3 + 2 = 5, 5 + 1 = 6, 6 + 1 = 7, reste 1 ; un quart d'once vaut deux demi-quarts d'once ; 2 + 1 = 3 demi-quarts d'once, qui de 3 paie la colonne des demi-quarts, savoir : 1 + 1 = 2, 2 + 1 = 3, reste 0 ; j'ai donc bien opéré.

Il faudra faire remarquer aux élèves qu'au lieu de mettre des quarts et demi-quarts d'onces, il aurait mieux valu se servir des gros ; que comme l'on a vu précédemment, qu'une once vaut 8 gros, qu'ainsi on aurait écrit la première ligne 27 liv. 10 onces + 3 quarts + 1 demi-quart, on aurait écrit, dis-je, 27 + 10 onces + 7 gros, parce que les quarts d'once doivent être représentés par 2 gros, les trois quarts doivent faire 6 gros 2 × 3 = 6 ; que le demi-quart d'une once ou un huitième d'once est la même chose ; qu'ainsi un demi-quart donce = 1 gros, puisqu'un gros est le huitième d'une once, ainsi 6 gros + 1 gros = 7 gros représentant parfaitement trois quarts et demi-quart d'once.

Comme on le voit, on se servait non-seulement de mesures

difficiles à concevoir et à calculer ensemble dans leur rapport les unes aux autres, mais encore on cherchait, pour ainsi dire, à donner encore plus de difficultés ; on aurait dit que l'on avait cherché les moyens d'être inintelligible à la multitude, de manière que peu de personnes pouvaient posséder l'art difficile de calculer, qu'en outre dans les livres d'arithmétique, les explications n'étaient point à la portée des élèves, et souvent même ne pouvaient être comprises par certains maîtres, qui répondaient aux questions des élèves, que telles ou telles choses devaient se faire ainsi, parce qu'elles étaient ainsi écrites dans les livres, etc., etc.

On expliquera aux élèves que la livre de soie était de quinze onces, que pour les onces de soie elles valaient toujours huit gros, etc., etc.

	livres.		onces.		gros.	
	℔		℥		ʒ	
			12	+	7	de soie.
			14	+	6	
			11	+	5	
	2	+	9	+	2	
Preuve	....		32	....	0	

Les trois sommes additionnées ci-dessus forment un produit de 2 liv. + 9 onces + 2 gros; je dis aux gros : 7 + 6 = 13, 13 + 5 = 18, je pose deux aux gros et retiens 2 pour être portés aux onces, parce que 16 gros font deux onces ; deux de retenu que je porte à additionner avec la colonne des onces, je dis donc : 2 + 2 = 4, 4 + 4 = 8, 8 + 1 = 9 ; je viens aux dizaines d'onces, 9 onces + 10 = 19, 19 + 10 = 29, 29 + 10 = 39, et comme il faut 15 onces pour faire une livre de soie, je divise le produit 39 par 15, je trouve que 15 y est contenu deux fois + 9 onces de reste, je porte 9 aux unités d'onces, et retiens 2 liv. que je porte en dehors aux unités d'onces. Je fais la preuve de cette règle, en disant : qui de deux livres ne paie rien, reste deux livres ; ces deux livres de soie = 30 onces, 30 onces + 9 = 39, qui de 39 onces paie les deux colonnes d'onces, savoir : 2 aux unités + 4 = 6, 6 + 1 = 7, 7 + 10 = 17, 17 + 10 = 27, 27 + 10 = 37, reste 2 onces qui valent 16 gros; 16 gros + 2 = 18, qui de 18 gros paie la colonne des gros, savoir : 7 + 6 = 13, 13 + 5 = 18, reste 0; donc la règle est bonne, et le produit de ces trois sommes réunies est bien de 2 liv. + 9 onces + 2 gros.

Il en est de même pour toutes autres règles de ce genre, qu'elles soient petites ou très-considérables.

Passons maintenant aux mesures de capacité.

Pour le sel, le muid contenait douze setiers;

SAVOIR :

12 setiers = 1 muid...... 1 setier = 2 mines.
2 mines = 1 setier...... une mine = 2 minots.
2 minots = une mine..... le minot = 4 quarts *ou* quarteaux.
4 quarts *ou* quarteaux........... = un minot.

	muids.	setiers.	boiss.	quarts.	litrons.
	25 +	8 +	1 +	1 +	3
	30 +	11 +	1 +	1 +	2
	49 +	10 +	1 +	1 +	3
	67 +	9 +	1 +	1 +	2
	174 +	5 +	1 +	0 +	2
Preuve..	23....	2....	3....	2....	0

Je dis donc, 3 quarts + 2 = 5, 5 + 3 = 8, 8 + 2 = 10. Comme il faut quatre quarts pour faire un entier ou un minot, j'ai donc deux minots dans dix quarts, + 2 quarts de reste; je place 2 aux quarts, et je retiens deux entiers ou deux minots pour être additionnés avec les minots; je dis donc, 2 de retenu + 1 = 3, 3 + 1 = 4, 4 + 1 = 5, 5 + 1 = 6; j'ai dans 6 trois mines, parce qu'il faut 2 minots pour faire une mine. Je pose 0 sous la colonne des minots, et je dis, venant aux mines, 3 de retenu $+1=4$, $4+1=5$, $5+1=6$, $6+1=7$; j'ai dans 7 trois setiers $+1$ mine, puisque 2 mines $=1$ setier; je pose 1 aux mines et retiens 3 setiers, pour être additionnés avec les unités de setiers; $3+8$ aux unités de setiers $=11$, $11+1=12$, $12+9=21$, $21+10=31$, $31+10=41$; j'ai dans 41 setiers 3 muids de sel $+5$ setiers, puisque 3 muids $=36$ setiers, 1 muid $=12$ setiers; je pose donc les 5 setiers de reste ou fraction du muid, aux unités de setiers, et retiens 3, pour être additionnés avec les unités de muids; $3+5$ muids $=8$, $8+0=8$, $8+9=17$, $17+7=24$, je pose 4 aux unités de muids, et retiens 2 pour être additionnés avec les dixaines de muids; $2+2=4$, $4+3=7$, $7+4=11$, $11+6=17$ dizaines de muids ou 170 muids, je pose 7 aux dizaines de muids, et avance 1 aux centaines, etc.; je fais la preuve de cette règle par la soustraction; je dis, qui de 17 dizaines de muids paie la colonne des dizaines de muids (attendu que je n'ai point eu à additionnér des centaines) $2+3=5$, $5+4=9$, $9+6=15$, reste deux dizaines ou 20 muids $+4=24$; qui de 24 muids paie la colonne des unités de muids, $5+0=5$, $5+9=14$, $14+7=21$, reste 3 muids qui égalent 36 setiers. $36+5=41$; qui de 41 paie la colonne des setiers, savoir: $8+1=9$, $9+0=9$, $9+9=18$, $18+10=28$, $28+10=38$; reste 3 setiers qui égalent 6 mines; $6+1=7$, qui de 7 mines paie la colonne des mines, $1+1=2$, $2+1=3$, $3+1=4$; reste 3 mines qui valent 6 minots; $6+0=6$; qui de 6 minots paie la colonne des minots, $1+1=2$, $2+1=3$, $3+1=4$; reste 2 minots ou 8 quarteaux; $8+2=10$ quarteaux; qui de 10 quarteaux paie la colonne des quarteaux, $3+2=5$, $5+3=8$, $8+2=10$, reste rien, donc nous avons bien opéré, et nos quatre sommes réunies égalent bien le total de cent soixante et quatorze muids, cinq setiers, une mine, o de minots et deux quarteaux.

Nous alllons passer à l'addition du muid de blé et de ses parties.

Le muid de blé avait douze setiers; douze setiers égalaient un muid de blé; un setier égalait douze boisseaux, douze boisseaux égalaient un setier. Un boisseau égalait quatre quarts, quatre quarts égalaient un boisseau; enfin, un quart égalait quatre litrons, quatre litrons égalaient un quart.

SAVOIR :

	muids.	setiers.	boisseaux.	quarts.	litrons.
	12 +	9 +	11 +	2 +	3
	24 +	11 +	9 +	3 +	2
	132 +	10 +	8 +	1 +	1
	49 +	8 +	7 +	3 +	3
	220 +	5 +	1 +	3 +	1
Preuve.	123....	3.....	2....	2....	0

Je commence l'addition et dis: 3 aux litrons + 2 = 5, 5 + 1 = 6, 6 + 3 = 9, je pose 1 aux litrons et je retiens 2, pour être portés à additionner avec les quarts, parce que huit litrons = deux quarts, puisque un quart = quatre litrons; je viens aux quarts, 2 de retenu + 2 = 4, 4 + 3 = 7, 7 + 1 = 8, 8 + 3 = 11, je pose 3 sous la colonne des quarts, et retiens 2, pour être portés à additionner à la colonne des unités de boisseaux, parce que deux boisseaux = huit quarts, puisque quatre quarts = un boisseau. Je viens aux colonnes de boisseaux, et je dis aux unités, 2 de retenu + 1 = 3, 3 + 9 = 12, 12 + 8 = 20, 20 + 7 = 27, 27 + 10 = 37, je pose 1 sous la colonne des unités de boisseaux, et je retiens 3 setiers pour être portés à additionner à la colonne des unités de setiers; je retiens 3 setiers, parce qu'un setier = douze boisseaux, et que dans trente-sept boisseaux il y a trois fois douze boisseaux + 1. Je viens aux unités de setiers; 3 de retenu + 9 = 12, 12 + 1 = 13, 13 + 0 = 13, 13 + 8 = 21, 21 + 10 = 31, 31 + 10 = 41, je pose 5 aux unités de setiers, et je retiens trois muids pour être additionnés à la colonne des unités d'unités de muids, parce qu'un muid = douze boisseaux, et que dans quarante-un boisseaux douze est contenu trois fois + 5. Je viens aux unités de muids; 3 de retenu + 2 = 5, 5 + 4 = 9, 9 + 2 = 11, 11 + 9 = 20, je pose o et je retiens 2, pour être portés aux dizaines; 2 dizaines de retenu + 1 = 3, 3 + 2 = 5, 5 + 3 = 8, 8 + 4 = 12, je pose 2 sous la colonne des dizaines et retiens 1 pour être porté à la colonne des centaines, 1 de retenu + 1 = 2, que je place sous la colonne des centaines.

Je fais la preuve en commençant par les centaines de muids; qui de 200 muids paie 100 qui est à la colonne des centaines, reste 1 qui vaut dix dizaines; 10 + 2 = 12 dizaines; qui de 12 paie la colonne des dizaines de muids, savoir, 1 + 2 = 3, 3 + 3 = 6, 6 + 4 = 10, reste 2 qui valent 20 unités de muids, 20 + 0 = 20. Qui de 20 muids paie la colonne des unités de muids, savoir, 2 + 4 = 6, 6 + 2 = 8, 8 + 9 = 17, reste trois unités de muids qui valent 36 setiers; 36 + 5 = 41 setiers; qui de 41 setiers paie les colonnes de setiers, savoir, 9 + 1 = 10, 10 + 0 = 10, 10 + 8 = 18, 18 + 10 = 28, 28 + 10 = 38, reste 3 setiers qui valent 36 boisseaux; 36 + 1 = 37; qui de 37 boisseaux paie la colonne des unités et dizaines de boisseaux, savoir, 1 + 9 = 10, 10 + 8 = 18, 18 + 7 = 25, 25 + 10 = 35; reste deux boisseaux qui valent huit quarts; 8 + 3 = 11; qui de 11 quarts paie 2 + 3 = 5, 5 + 1 = 6, 6 + 3 = 9, reste deux quarts qui valent huit litrons, 8 + 1 = 9; qui de neuf litrons paie 3 + 2 = 5, 5 + 1 = 6, 6 + 3 = 9, reste rien; nous avons bien opéré, et le produit ou le total des quatre sommes additionnées égale deux cent vingt muids, plus cinq setiers, plus un boisseau, plus trois quarts, plus un litron.

Venons aux additions des aunes et de ses parties.

une aune = 4 quarts . . . . 4 quarts = une aune.

SAVOIR :

	aunes.
	52 + 2/4 ou $\frac{2}{4}$.
	69 + 3/4 ou $\frac{3}{4}$.
	72 + 1/4 ou $\frac{1}{4}$.
	84 + 2/4 ou $\frac{2}{4}$.
	279.....0.....0.
Preuve..	12.....0.....0.

Je viens au quart, et je dis, 2+3=5, 5+1=6, 6+2 =8, je pose 0 sous la colonne des quarts, et retiens 2 aunes, parce qu'une aune=4 quarts, ou parce que 8 quarts=2 aunes sans reste; c'est pourquoi j'ai placé 0 sous la colonne des quarts, et retenu 2, pour être additionnés à la colonne des unités d'aunes; 2 de retenu+2=4, 4+9=13, 13+2 =15, 15+4=19, je pose 9 sous la colonne d'unités d'aunes, et retiens 1, pour être porté à additionner aux dizaines. Je viens aux dizaines: 1+5=6, 6+6=12, 12+7=19, 19 +8=27, je pose 7 sous les dizaines d'aunes, et avance 2 qui vaudront 200, j'ai donc pour produit 279 aunes.

Pour la preuve, je dis qui de 2 centaines paie rien reste 2, comme 2 centaines=20 dizaines, je dis 20+7=27 dizaines, qui de 27 paie la colonne des dizaines, 5+6=11, 11+7 =18, 18+8=26, reste 1 qui vaut dix unités, 10+9 aux unités=19; qui de 19 unités paie 2+9=11, 11+2=13, 13+4=17, reste deux unités qui valent huit quarts; qui de 8 quarts paie la colonne des quarts, 2+3=5, 5+1=6, 6+2 =8, reste 0; donc j'ai bien opéré.

J'expliquerai que l'on écrit de diverses manières les fractions des aunages; que pour les quarts d'aunes les uns écrivent le chiffre 4, ils tirent un trait vertical à gauche de ce chiffre, pour le séparer d'un autre qui doit encore être placé à gauche de ce trait; par exemple, la fraction trois quarts s'écrirait ainsi 3/4, je trouve cette manière excellente, parce qu'il est plus facile d'additionner, que chaque chiffre est séparé ou distinct de l'autre; les autres écrivent le nombre de quarts, font ensuite un trait dessous ce nombre, et placent sous ce trait le chiffre 4. Exemple, $\frac{3}{4}$, le nombre de dessus est le dividende, celui de dessous est le diviseur, ou le nombre de dessus le numérateur, celui de dessous est le dénominateur; on appelle le premier numérateur, parce qu'il désigne autant d'unités que le chiffre 1 est contenu de fois dans le dénominateur; par exemple, pour la fraction trois quarts, le chiffre 3 désigne qu'un est contenu 3 fois dans quatre; pour le dénominateur, 4 désigne que l'entier ou l'aune est divisée en quatre parties égales, que dans la circonstance, pour les $\frac{3}{4}$ d'aunes, nous avons une fraction qui représente trois parties sur quatre; on expliquera aux élèves, et on leur fera expliquer au cercle arithmétique, ainsi que pour les règles précédentes, tout ce qui leur aura été enseigné à l'écriture arithmétique; on leur dira que l'aune se divisait ordinairement 1° en deux parties que l'on appelait demi-aune; 2° en trois parties que l'on appelait tiers; 3° en quatre que l'on appelait quart; 4° en six que l'on appelait sixième; 5° en huit que l'on appelait huitième; 6° en douze que l'on appelait douzième; 7° en seize que l'on appelait seizième; 8° en vingt-quatre que l'on appelait vingt-quatrième; 9° en trente-deux que l'on appelait trente-deuxième.

A l'écriture arithmétique, le moniteur dira aux élèves : écrivez le chiffre 1; au-dessus de ce chiffre répétez le mot *aune*. dites avec moi et écrivez sur vos ardoises :

aunes.						aunes.
1	=	2/2	....	2/2	=	1
1	=	3/3	....	3/3	=	1
1	=	4/4	....	4/4	=	1
1	=	6/6	....	6/6	=	1
1	=	8/8	....	8/8	=	1
1	=	12/12	....	12/12	=	1
1	=	16/16	....	16/16	=	1
1	=	24/24	....	24/24	=	1
1	=	32/32	....	32/32	=	1

Le moniteur dira et fera répéter aux élèves :

aun.				aun.
1/2 = 2/4	....	2/4 = 1/2
1/2 = 3/6	....	3/6 = 1/2
1/2 = 4/8	....	4/8 = 1/2
1/2 = 6/12	....	6/12 = 1/2
1/2 = 8/16	....	8/16 = 1/2
1/2 = 12/24	....	12/24 = 1/2
1/2 = 16/32	....	16/32 = 1/2

---

aun.		aun.
1/3 = 2/6	....	2/6 = 1/3
1/3 = 4/12	....	4/12 = 1/3
1/3 = 8/24	....	8/24 = 1/3

---

aun.		aun.
1/4 = 2/8	....	2/8 = 1/4
1/4 = 4/16	....	4/16 = 1/4
1/4 = 8/32	....	8/32 = 1/4

---

aun.		aun.
1/6 = 2/12	....	2/12 = 1/6
1/6 = 4/24	....	4/24 = 1/6

---

aun.		aun.
1/8 = 2/16	....	2/16 = 1/8
1/8 = 4/32	....	4/32 = 1/8

---

aun.		aun.
1/12 = 2/24	....	2/24 = 1/12

---

aun.		aun.
1/16 = 2/32	....	2/32 = 1/16

Au premier exercice au cercle arithmétique, les élèves liront sur l'ardoise du moniteur, et donneront les explications. Au deuxième exercice, le moniteur dira aux élèves, comment écririez-vous, supposons 1 *aune* = 4/4? Les élèves répondront par écrit, celui qui aura le mieux fait prendra la place de celui qui aura mal écrit; ensuite l'élève interrogé donnera les explications sur la chose écrite, etc., etc.

Faisons quelques additions d'aunes et fractions d'aunes.

SAVOIR :

34	+	1/3	=	4	12e
49	+	3/4	=	9	
50	+	1/2	=	6	
40	+	3/6	=	6	
36	+	11/12	=	11	
212		....		0	
Preuve. 23		....		0	

Pour faire toutes ces règles, il faut d'abord considérer si chaque fraction peut être contenue sans reste une fois, ou quel nombre de fois que ce soit dans un nombre cherché, comme, par exemple, 12. Dans la circonstance, nous dirons, pour le tiers, 3 est contenu 3 fois dans douze sans reste; pour les quarts, 4 est contenu trois fois dans 12 sans reste; pour la 1/2, 2 est contenu six fois dans 12 sans reste; pour les 3/6, 6 est contenu deux fois dans 12 sans reste; pour les 11/12, 12 est contenu une fois dans 12 sans reste, donc nous pouvons nous servir du nombre 12 pour représenter l'entier. Nous prendrons donc, sur le nombre 12, toutes nos fractions. Pour la première, nous dirons le 1/3 de 12 = 4, nous placerons 4 horizontalement et en dehors, $\frac{4}{12}$. Nous venons aux trois quarts; nous dirons, le quart de 12 = 3, comme nous avons 3/4, nous multiplierons le 3 représentant le quart de 12 par 3, marquant le nombre des quarts de la fraction, 3 × 3 = 9 que nous aurons pour représenter nos trois quarts; donc 3/4 = $\frac{9}{12}$, puisqu'un quart = $\frac{3}{12}$. Nous venons à la demi-aune, et disons, la moitié de douze $=6$; nous avons pour représenter notre demie, $\frac{6}{12}$, puisque deux fois $6=12$, donc 6 est la moitié de 12, et représente $\frac{6}{12}$. Venons à la fraction trois sixièmes ; nous voyons que 6 est contenu deux fois dans 12 sans reste ; nous dirons alors, $\frac{3}{6}\times 2=\frac{6}{12}$; $\frac{6}{12}=3/6$, ou $3/6=\frac{6}{12}$, ou moitié de l'aune. Enfin, nous en venons à la fraction onze douzièmes ; nous dirons, 12 est contenu une fois dans 12 sans reste, donc $11\times 1=11$; nous portons 11 sous la ligne des autres douzièmes. Ainsi, toutes nos fractions sont changées en plus ou moins de douzièmes, suivant leur valeur. Nous expliquerons ici qu'une fraction ne change point de valeur, si on multiplie le numérateur et le dénominateur par un même nombre ; par exemple, dans l'opération ci-contre, pour $\frac{1}{3}$ nous avons pris le tiers de 12, ayant considéré 12 comme un entier ; ce tiers nous a donné 4, notre fraction s'est donc changée en quatre douzièmes, c'est comme si nous avions multiplié 1 par 4, et 3 par 4, nous aurions eu pareillement $\frac{4}{12}$; comme on le voit, la fraction n'a point changé de valeur, elle n'a changé que de dénomination ; la fraction, au lieu d'être composée d'un tiers, s'est trouvée composée de 4/12, et par suite $1/3=4/12$, comme $4/12=1/3$. Nous pourrions aussi changer la fraction, et lui donner toute autre dénomination ; par exemple, multiplier le numérateur et le dénominateur par 6, nous aurions notre fraction changée en 6/18 ; en multipliant de même le numérateur et le dénominateur par 8, nous aurions 8/24. Notre fraction n'aurait encore point changé de valeur, puisque 4/12 sont le tiers de 12/12 qui représentent l'entier. 6/18 sont le tiers de 18/18 qui représentent l'entier, puisqu'enfin 8/24 sont le tiers de 24/24 qui représentent aussi l'entier. Donc $1/3=4/12$, $1/3=6/18$, $1/3=8/24$; par la même raison, les 3/4 sont bien représentés par 9, parce que 9 est les trois quarts de douze. Une demie est bien représentée par 6, parce que 6 est la moitié de 12 ; les trois sixièmes sont bien représentés par 6, parce que trois sixièmes égalent la moitié de douze, et que 6 est réellement la moitié de douze, etc. Nous ajouterons encore que, pour les trois quarts, nous avons pris les 3/4 de douze, ce qui nous a donné 9, et que nous avons opéré comme si nous avions multiplié 3/4 par 3, nous aurions eu également $3/4 \times 3 = 9/12$, etc.

Nous allons procéder aux opérations de l'addition, dont nous avons donné l'exemple plus haut. 4 douzièmes $+ 9 = 13$, $13 + 6 = 19$, $19 + 6 = 25$, $25 + 1 = 26$, $26 + 10 = 36$, et comme 12/12 font un entier ou une aune, dans 36 nous aurons trois fois 12 sans reste. Nos cinq fractions nous représentent trois entiers, je pose donc 0 aux douzièmes et retiens 3, pour être portés à additionner à la colonne des unités d'aune ; trois de retenu $+ 4$ aux unités d'aunes $= 7$, $7 + 9 = 16$, $16 + 0 = 16$, $16 + 6 = 22$, je pose 2 aux unités et retiens 2, pour être portés à additionner à la colonne des dizaines ; $2 + 3 = 5$, $5 + 4 = 9$, $9 + 5 = 14$, $14 + 4 = 18$, $18 + 3 = 21$, je place 1 aux dizaines et avance 2 aux centaines, j'ai un total de 212 aunes. Pour la preuve, je dis : qui de 21 dizaines paie la colonne des dizaines, savoir, $3 + 4 + 5 + 4 + 3 = 19$, reste deux dizaines qui valent 20 unités, 20 unités $+ 2 = 22$; qui de 22 unités paie la colonne des unités, $4 + 9 + 0 + 0 + 6 = 19$, reste 3; ces trois aunes valent $\frac{36}{12}$, puisqu'une aune $= \frac{12}{12}$. Qui de $\frac{36}{12}$ paie $4 + 9 = 13$, $13 + 6 = 19$, $19 + 6 = 25$, $25 + 11 = 36$, reste 0; j'ai bien opéré, mon addition est juste.

Passons à une addition de karats.

karats.				
78	$+ \frac{7}{8}$	=	21	24
84	$+ \frac{5}{6}$	=	20	
72	$+ \frac{3}{4}$	=	18	
89	$+ \frac{2}{3}$	=	16	
72	$+ \frac{7}{12}$	=	14	
89	$+ \frac{19}{24}$	=	19	
488	.... $\frac{12}{24} = \frac{6}{12} = \frac{3}{6} = \frac{1}{2}$.			
Preuve. 434	 0			

On se sert du karat pour peser les diamans ; nous examinons quel nombre pourra contenir sans reste chaque dénominateur de chaque fraction, nous voyons que ce ne peut pas être douze, parce que le dénominateur 8 ne peut être contenu dans 12 sans reste ; 8 est contenu deux fois dans seize, sans reste ; ainsi, on pourrait changer la fraction $\frac{7}{8}$ en $\frac{14}{16}$; voilà pour la fraction $\frac{7}{8}$. Voyons actuellement si le dénominateur 6 peut être contenu dans 16 sans reste ; nous voyons que non ; il faut donc chercher un nombre qui puisse contenir les dénominateurs 8 et 6 ; 24 contient le dénominateur 8 et 6 sans reste, donc 24 est le dénominateur commun à ces deux nombres ; si les dénominateurs 4, 3, 12, 24, des fractions $\frac{3}{4}+\frac{2}{3}+\frac{7}{12}+\frac{12}{24}$, sont contenus dans 24. Nous voyons que chacun de ces dénominateurs y est contenu un certain nombre de fois sans reste ; donc 24 peut servir de dénominateur aux six fractions dont nous venons de parler. Ainsi, nous allons changer nos six fractions en celles suivantes :

Nous dirons : le huitième de vingt-quatre $=3$, parce que $3\times8=24$, comme nous avons 7/8 nous multiplions 3 par 7, $3\times7=21/24$, nous écrirons à côté de $7/8=21$. Venant aux cinq sixièmes, nous dirons le sixième de $24=4$, car $4\times6=24$; si le sixième de $24=4$, nos cinq sixièmes doivent égaler 20/24, car $4\times5=20$; nous écrirons sous l'autre ce nouveau numérateur, et nous aurons $\frac{5}{6}=20/24$, car $6\times4=24$, comme $5\times4=20$; passant à la fraction $\frac{3}{4}$, nous dirons le quart de $24=6$, car $6\times4=24$; s'il en est ainsi, et que 6 soit le quart de 24, les trois quarts doivent être 18, car $6\times3=18/24$, nous écrirons 18 sous 20, fraction précédente, nous aurons donc $\frac{3}{4}=\frac{18}{24}$, car 6, qui est le quart de 24, $\times4=24$, comme $6\times3=18$; pour la fraction deux tiers, nous dirons : le tiers de $24=8$, car $3\times8=24$; si 8 est le tiers de 24, les deux tiers $=16$, car $8\times2=16$, nous placerons 16 sous 18, nous aurons $\frac{2}{3}=16/24$. A l'égard de la fraction 7/12 ; nous dirons : le douzième de 24 est deux, car $12\times2=24$, nous avons $\frac{7}{12}$; nous multiplierons donc 2 par 7, puisque 2 est le douzième de 24,

$7\times2=14$, nous aurons donc 14 à écrire sous 16 et $\frac{7}{12}=\frac{14}{24}$. Venant enfin à la fraction $\frac{19}{24}$, nous dirons : le vingt-quatrième de vingt-quatre est 1, ainsi $19\times1=19$, nous mettons ces 19 sous 14, et procédons ensuite à l'addition de ces nouvelles fractions ayant toutes le même dénominateur, ainsi qu'il suit. Venant aux unités de vingt-quatrième, nous dirons : $\frac{1}{24}+0=1$, $1+8=9$, $9+6=15$, $15+4=19$, $19+9=28$; venant ensuite aux dizaines de vingt-quatrième, nous dirons : $\frac{28}{24}+20=48$, $48+20=68$, $68+10=78$, $78+10=88$, $88+10=98$, $98+10=108$, et comme $\frac{24}{24}$ font un entier, nous diviserons $\frac{108}{24}$ par $\frac{24}{24}$ ou 108 par 24, puisque les deux fractions dividende et diviseur ont le même dénominateur, nous voyons que $\frac{108}{24}=4$ entiers plus $\frac{12}{24}$, plaçons les $\frac{12}{24}$ sous la colonne des vingt-quatrièmes et retenons quatre entiers pour être additionnés avec les unités de karats, $4+8$ aux unités de karats$=12$, $12+4=16$, $16+2=18$, $18+9=27$, $27+2=29$, $29+9=38$, je pose 8 aux unités de karats, et retiens 3 pour être additionnés à la colonne des dizaines, $3+7$ dizaines$=10$, $10+8=18$, $18+7=25$, $25+8=33$, $33+7=40$, $40+8=48$, je pose 8 aux dizaines de karats et avance 4 aux centaines; j'ai pour résultat la somme de 488 karats $\frac{12}{24}$ de karats.

J'ai fait la preuve de cette règle et ai dit, en commençant par les centaines de karats, qui de 400 karats paie rien, reste 400, je viens ensuite aux dizaines, je dis 400 unités ou 40 dizaines $+8$ dizaines$=48$ dizaines, qui de 48 dizaines paie la colonne des dizaines, savoir : $7+8=15$, $15+7=22$, $22+8=30$, $30+7=37$, $37+8=45$, reste 3 qui valent 30 unités, 30 unités$+8=38$, qui de 38 unités paie la colonne des unités, $8+4=12$, $12+2=14$, $14+9=23$, $23+2=25$, $25+9=34$, reste 4 unités qui valent $\frac{96}{24}$, $\frac{96}{24}+\frac{12}{24}=\frac{108}{24}$; qui de $\frac{108}{24}$ paie la colonne des unités et dizaines de vingt-quatrième, savoir : $1+0+8=9$, $9+6=15$, $15+4=19$, $19+9=28$, $28+20=48$, $48+20=68$, $68+10=78$, $78+10=88$, $88+10=98$, $98+10=108$, reste 0; j'ai donc bien opéré.

C'est ainsi que l'on procédera par analogie pour toutes les fractions qui pourront se trouver dans un nombre peu considérable, tel que 12, 16, 24, 32; je parlerai de la manière de réduire toutes autres fractions dans la deuxième partie ou dans le deuxième livre de mon ouvrage.

Passons à l'addition des années, mois, jours, heures, minutes et secondes.

Mais avant de faire ces sortes d'additions, nous expliquerons ainsi qu'il sera enseigné par le maître aux moniteurs, et ensuite par les moniteurs aux élèves.

On dira que l'année commune est composée de 365 jours 5 heures, 48 minutes; que 365 jours 5 heures 48 minutes = une année.

Qu'un jour = 24 heures, que 24 heures = un jour, qu'une heure = 60 minutes, que 60 minutes = une heure, qu'une minute = 60 secondes et 60 secondes = une minute; que l'année est composée de 8765 heures, 48 minutes, que 8765 heures 48 minutes = une année, qu'une année = 525948 minutes, que 525948 minutes = une année, qu'un jour = 1440 minutes, que 1440 minutes = un jour, qu'un jour = 86400 secondes, que 86400 secondes = un jour, qu'une heure = 3600 secondes, que 3600 secondes = une heure.

Qu'à l'égard des mois, nous avons sept mois qui ont trente et un jour, savoir : janvier, mars, mai, juillet, août, octobre, décembre; quatre de 30 jours, tels que avril, juin, septembre et novembre, et que pour le mois de février, il a tantôt 28, tantôt 29 jours.

Qu'un mois de 31 jours = 744 heures, que 744 heures = un mois de 31 jours, qu'un mois de 30 jours = 720 heures, que 720 heures = un mois de 30 jours, que le mois de février a tantôt 672 heures, tantôt 696; qu'un mois de 31 jours a 44,640 minutes, etc., etc., etc.

Soustraction des nombres complexes.

Nous ne donnerons que des explications analytiques, on se reportera aux valeurs données précédemment à chaque entier et fractions.

	tois.	pi.	po.	lig.	
Qui de....	320	5	9	6	
n'en a fait que...	298	5	10	7 :	combien reste-t-il à en faire?
Réponse..	021	5	10	11	
Preuve....	320	5	9	6	

Qui de 6 lignes paie 7 ne peut, j'emprunte un qui vaut 12 lignes, 12 + 6 = 18 ; qui de 18 paie 7 reste 11 lignes, que je porte aux lignes ; je viens aux pouces, le chiffre 9 ne vaut plus que huit à cause de l'emprunt ; qui de 8 paie 10 ne peut, j'emprunte un pied qui vaut 12 pouces, 12 + 8 = 20, qui de 20 paie 10 reste 10, je pose 10 sous la colonne des pouces ; je viens au chiffre 5 aux pieds ; ce chiffre ne vaut plus que 4 pieds parce que j'ai emprunté un pied ; qui de 4 pieds en paie 5 ne peut, j'emprunte une toise qui vaut 6 pieds, 6 + 4 = 10 ; qui de 10 paie 5 reste 5, je pose 5 aux pieds ; je viens aux toises, je dis : qui de 9 toises paie 8 reste 1 ; je viens au chiffre 2 qui ne vaut plus qu'un à cause de l'emprunt, qui de 1 paie 9 ne peut, j'emprunte un sur 3 qui vaut 10, 10 + 1 = 11, qui de 11 paie 9 reste 2, que je pose sous la colonne des dizaines de toises ; je viens aux centaines et je dis : qui de 2 paie 2 rete o ; je dis qui de deux, attendu que le chiffre 3 ne vaut plus que 2 à cause de l'emprunt ; j'ai pour reste la somme de 21 toises + 5 pieds + 10 pouces + 11 lignes ; par l'addition je me suis convaincu que ma règle était bonne ; par l'addition de la somme payée avec celle due en reste, j'ai reproduit la somme des toises qui devaient être faites :

SAVOIR :

	marcs.	onc.	gros.
Qui de...	18	5	+2
paie..	9	7	+7
reste..	8	5	3
Preuve...	18	5	2

Je viens aux gros je dis : qui de 2 gros paie 7 ne se peut, j'emprunte 1 sur 5, qui vaut 8 gros, 8+2=10, qui de 10 paie 7 reste 3; je viens aux 5 onces mais je ne les considère que comme ne valant que 4 onces, attendu l'emprunt, et je dis : qui de 4 paie 7 ne peut, j'emprunte 1 sur les marcs, cet 1 vaut huit onces, 8+4=12; qui de 12 paie 7 reste 5, je pose 5 sous la colonne des onces ; je viens aux marcs, je dis : qui de 7 (au lieu de 8 puisque j'ai emprunté 1) paie 9, ne se peut, je prends le chiffre 1 à gauche et aux dizaines, je dis : 10+7=17, qui de 17 paie 9 reste 8, je pose 8 sous la colonne des unités de marcs, j'ai pour reste 8 marcs 5 onces +7 gros. Je fais la preuve de cette règle par l'addition de la somme payée et de ce qui reste dû ; ces deux sommes réunies produisent la somme due primitivement, donc j'ai bien opéré.

Je ne ferai pas d'autres soustractions, le maître, par suite les moniteurs, en dicteront de toutes espèces, suivant la force des élèves, et sur tout genre de marchandises (dont nous avons parlé) tant en entier qu'en fraction; ils feront toujours faire les trois exercices d'arithmétique, écriture arithmétique, lecture arithmétique, les demandes et réponses par écrit et de vive-voix, ayant toujours soin de faire la même règle dans les trois exercices.

Je vais cependant donner encore deux soustractions de fractions, je les crois utiles pour bien faire concevoir la manière de réduire plusieurs fractions aux mêmes dénominateurs; par exemple :

Soustraction de fractions.

	aunes.		
Je dois...	115	3/4 =	12/16
Je paie...	109	7/8 =	14/16
Reste....	005	......	14/16
Preuve...	115	12/16 *ou* 7/8	

Je vois que je ne puis soustraire de 3/4 7/8, parce que ces deux fractions n'ont point le même dénominateur ; pour les y réduire, j'examine quel nombre contiendra, sans reste, les dénominateurs 4 et 8 ; je trouve ces qualités dans le nombre 16, je réduis mes deux fractions en seizième, je multiplie le dénominateur et le numérateur de la première par 4, j'ai 4×4=16, voilà pour le dénominateur; 3×4=12, voilà pour le numérateur; ma fraction 3/4 est changé en 12/16, 12/16 ou 3/4 sont la même chose, car 12 est les trois quarts de 16, comme 3 est les trois quarts de 4. Venons à la fraction 7/8, pour la réduire en seizièmes, nous la multiplions par le chiffre 2, 8 au dénominateur × 2=16, 7 au numérateur × 2 = 14; notre fraction 7/8 est changée en celle 14/16, ce changement est parfait, la fraction nouvelle n'a pas plus de force que l'ancienne ; car 14/16 est la même chose que 7/8, comme 14 est les sept-huitièmes de 16, comme 7 est les sept-huitièmes de 8.

Notre soustraction n'est plus difficile à faire ; nous disons : qui de 12/16 paie 14 seizièmes ne se peut, j'emprunte une aune sur cinq, cette aune vaut 16/16, 16+12=28/16, qui de 28/16 en paie 14 reste 14, je pose 14 seizièmes sous la colonne des seizièmes ; je viens aux entiers, je dis : qui de 4 paie 9 ne se peut, j'emprunte le chiffre 1 aux dizaines, 10+4 =14, qui de 14 paie 9 reste 5 ; le chiffre 1 aux dizaines ne vaut plus rien, je dis donc aux dizaines, qui de o paie o reste o ; je viens aux centaines, qui de 1 paie 1 reste o ; j'ai pour reste 5 aunes + 14/16 ou 7/8 ; faisant l'addition de la somme payée et de la somme due en reste, je retrouve la somme due primitivement, 115 aunes 12/16 ou 115 aunes 7/8.

Deuxième soustraction de fractions.

Je devais..	615 aunes + 3/8 + 5/12 = 18/48 + 20/48 =	38/48
Je paie....	329 .....+ 1/6 + 12/16 = 8/48 + 36/48 =	44/48
Reste.....	285	42/48
Preuve....	615 aunes...........................	38/48

La réduction des quatre fractions dont cette règle est en partie composée est assez difficile, cependant pour peu que l'on prête attention à ce qui va être dit, il sera facile au maître de se rendre intelligible aux moniteurs, et ceux-ci aux élèves. Il n'est pas plus difficile de faire cette règle que la précédente, ainsi que l'on s'en convaincra. Nous examinons quelle somme pourra contenir, sans reste, les quatre dénominateurs 8, 12, 6 et 16, nous voyons que dans 24, 8, 12 et 6 sont contenus sans reste, mais que le dénominateur 16 ne peut y être contenu; dans 32, 16 et 8 sont contenus sans reste, mais 6 et 12 ne peuvent y être contenus sans reste; nous voyons 36, 36 contient bien 12 et 6 sans reste, mais ne contient pas 8 et 16 sans reste; enfin nous prenons la somme 48; nous voyons que les quatre dénominateurs 8, 12, 6 et 16 sont chacun contenus sans reste, ainsi 48 sera le dénominateur commun, et 48/48 représenteront l'entier. Je dis donc : pour 3/8 le huitième de 48 = 6, car 6×8 = 48; comme j'ai 3/8, je multiplierai 6 qui représente 1/8 par 3: 3×6 = 18, ma fraction trois huitièmes est changée en 18/48 et 3/8 = 18/48, car 18 est les trois huitièmes de 48, comme 3 est les 3/8 de 8; nous venons aux cinq douzièmes, nous disons : le douzième de 48 est 4; si 4 est le douzième de 48, 20 doit être les cinq douzièmes de 48, car 4×5 = 20; notre fraction 5/12 est changée en celle 20/48; la somme vingt est les cinq douzièmes de 48, comme 5 est les cinq douzièmes de 12; les deux fractions 3/8 + 5/12 sont changées en celles de 18/48

+ 20/48 ; en les additionnant toutes les deux, j'ai 18+20 = 38/48, représentant la même valeur que les fractions 3/8 + 5/12. Comme on le voit, nous n'avons plus qu'une fraction à la somme due ; nous allons par le même moyen réduire en une seule fraction 1/6 + 12/16, fractions faisant partie de la somme payée ; nous dirons donc : le sixième de 48 = 8 ; la fraction 1/6 est changée en celle 8/48 ; pour la fraction 12/16, nous dirons : le seizième de 48 est trois, parce que 16 est le tiers de 48, ou parce que 16×3 = 48, ainsi les 12/16 = 36/48, parce que 12×3 = 36 ; les deux fractions 1/6 + 12/16 sont changées en fractions 8/48 + 36/48 ; ainsi nous dirons : pour 1/6 = 8/48 que 8 est le sixième de 48, comme 1 est le sixième de six ; que pour 12/16 = 36/48, que 36 est le 12/16 de 48, comme 12 est le 12/16 de 16 ; qu'enfin 36 est les trois quarts de 48, comme 12 est les trois quarts de seize. Nous allons ajouter les fractions 8/48 + 36/48, 8 + 36 = 44/48. Nous opérerons actuellement la soustraction avec facilité puisqu'à la somme due comme à la somme payée il n'y a plus qu'une seule fraction, et que chaque fraction a le même dénominateur, nous dirons donc : qui de 38/48 paie 44/48, ne se peut, j'emprunte un entier, qui vaut 48/48, 48 + 38 = 86/48, qui de 86/48 paie 44/48, reste 42/48, je place ces 42/48 sous la colonne des quarante-huitièmes ; je viens ensuite au chiffre 5 placé aux unités d'aunes, ce chiffre 5 ne vaut plus que quatre à cause de l'emprunt, je dis alors : qui de 4 paie 9 ne se peut, j'emprunte le chiffre 1 aux dizaines qui vaut 10, 10 + 4 = 14, qui de 14 paie 9 reste 5, je place 5 aux unités et je viens aux dizaines ; le chiffre 1 ne vaut plus rien à cause de l'emprunt ; qui de 0 aux dizaines paie 2 dizaines ne peut, j'emprunte sur le chiffre 6, qui vaut 10 dizaines, 10 dizaines + 0 = 10 ; qui de 10 paie 2 reste 8 ; je viens au chiffre 6 aux centaines, le chiffre 6 ne vaut plus que 5 ; qui de 5 paie 3 reste 2, je pose 2 aux centaines ; j'ai donc pour reste 285 aunes + 42/48. Par l'addition de la somme payée et de celle due, nous reproduisons la somme primitivement due.

Nous dirons que nous aurions pu nous servir de la somme

de 24 pour dénominateur commun, parce que les dénominateurs 8, 12 et 6 sont contenus dans 24, et que 12/16 peuvent être réduits en 6/8, car 6/8 = 12/16; enfin que 8 est contenu dans vingt-quatre sans reste, et au lieu d'avoir eu 42/48 pour fraction en reste, nous aurions 21/24, ce qui est la même chose.

Nous avons déjà dit qu'une fraction ne changeait point de valeur quand le dénominateur et le numérateur de la même fraction étaient multipliés par le même nombre; nous ajouterons que, pareillement, une fraction ne change point de valeur quand le dénominateur et le numérateur étaient divisés par le même nombre, ce qui vient d'être prouvé par la fraction 42/48, réduite en 21/24. On a pris la moitié du dénominateur et du numérateur, cette moitié a produit 21/24, ou bien on a divisé les deux termes de la fraction par 2; $\frac{42}{2} = 21$, $\frac{48}{2} = 24$; on peut encore réduire cette fraction en la divisant par 3 ou en prenant le tiers; nous disons, le 1/3 de $\frac{21}{24} = \frac{7}{8}$, 7/8 = 21/24 comme 21/24 = 7/8; enfin 7/8 = 21/24, comme 7/8 = 42/48.

Passons maintenant à la multiplication.

Multiplication des entiers et fractions, par des entiers et fractions.

	42 aunes + 7/8		
	69₶	18s	
	378		
	252		
10s	21		
5	10	10	
2	4	4	
1	2	2	
Les 7/8 de 69₶ + 18s =	61	3	3
	2,996₶	19s	3d

Nous multiplierons d'abord les 42 aunes par les unités de livres du multiplicande; nous dirons, 42 aunes × 9 liv. = 378 l.;

nous plaçons nos 378 liv. sous le multiplicateur, les unités sous les unités, les dizaines sous les dizaines, et les centaines en dehors; nous multiplions ensuite le multiplicande par le chiffre 6, placé aux dizaines du multiplicateur; 42×6 dizaines =252 dizaines de livres ou 2520 liv.; je place 2 sous les dizaines du premier produit, 5 sous le 3 placé aux centaines, et 2 aux unités de mille en dehors; voilà pour la multiplication des entiers par les entiers.

Passons maintenant à la multiplication des entiers du multiplicande (42), par les fractions du multiplicateur (18 s.). Pour 10 s. nous prendrons la moitié du multiplicande, la moitié de 42=21 liv.; nous placerons les 21 liv., savoir, 1 à la colonne des unités, et 2 à la colonne des dizaines; pour 5 s. je prendrai la moitié de 21 liv. ou le quart de 42, ce qui me donnera 10 liv. 10 s., que je placerai, savoir, pour les sols, en dehors à droite, et les livres et dizaines de livres sous les livres et dizaines de livres du produit précédent; pour 2 s. je prendrai ou le cinquième de 10 s., par suite le cinquième de 21 liv., ou le dixième de 42. Je retrancherai de 42 le dernier chiffre 2, le chiffre 4 sera considéré comme 4 fr., et le chiffre 2 comme 4 s., parce que, comme nous l'avons expliqué aux multiplications de sous, 42 aunes×2=quarante-deux fois deux sous, ou quarante doubles sous; les quatre dizaines du multiplicande valent donc quatre dizaines de doubles sous, ou quatre fois dix doubles sous; comme il faut dix doubles sous pour faire une livre, nos quatre fois dix sous valent donc 4 liv., et les deux doubles sous=4 s. Nous placerons donc les 4 liv. 4 s., savoir, 4 s. sous les unités de sous, et 4 liv. sous les unités de livres. Pour un sou nous prendrons la moitié de 4 l. 4 s., produit des deux sous, ce qui donne 2 liv. 2 s. Il s'agit, à présent, de multiplier les 7/8 du multiplicande par les 69 liv. 18 s., montant du multiplicateur, ou pour mieux dire, prendre les 7/8 de 69 liv. 18 s. Pour cet effet, nous réduirons en sous les 69 l. 18 sous.

SAVOIR :

```
   69 liv.
   20 s.
 ------
 1380 s.
   18 s.
 ------
 1398 s.  ⎧ 8
   8      ⎪ -----------------
 ------   ⎨ 174 s. + 9 d.
   59     ⎪ -----------------
   56     ⎩ 8 liv. 14 s. + 9 d.
 ------
   38
   32
 ------
    6 d.
   12
 ------
   72 d.
   72
 ------
   00
```

```
                                  174 s. 9 d.
                                      × 7
                             --------------------
                              1223 s. 3 d. les 7/8.
              1223 s. 3 d.    + 174 s. 9 d.
            ----------------  --------------------
Réduction = 61 liv. 3 s. 3 d.   1398 s. 0 . . . les 8/8.
```

69 liv. × 20 s. = 1380 s. ; nous ajouterons les 18 s. 1380 + 18 = 1398 s., desquels nous prendrons le huitième, ou lesquels nous diviserons par 8. En examinant le dividende, nous voyons que le premier chiffre à gauche, qui est aux unités de mille, ne peut contenir le chiffre 8 diviseur, que par conséquent nous n'avons point de mille au quotient, nous dirons, en prenant les deux derniers chiffres à gauche, en 13 combien de fois 8 ? une fois, nous posons 1 au quotient : cet 1 vaudra cent, parce qu'il a été trouvé une fois dans treize cents. 8 × 1 = 8, nous portons ce chiffre 8 sous le 3 de 13 ; la soustraction opérée, il nous reste 5 qui vaut 50 dizaines, nous descendons le chiffre 9 ; 50 + 9 = 59 dizaines. En 59 combien de fois 8 ? 7 fois ; nous

posons 7 au quotient, qui vaudra 70 unités; $8\times7=56$, nous portons 56 à soustraire de 59, reste trois dizaines ou trente, nous descendons à côté 8, $30+8=38$, nous trouvons qu'en 38, 8 est contenu quatre fois$+6$ de reste; nous portons 4 au quotient, nous connaissons maintenant que 8 est contenu 174 fois dans 1398 s., qu'en conséquence le huitième est, jusqu'à présent, de 174 s.; il nous reste 6 sous que nous réduirons en deniers pour avoir les deniers, 6×12 d.$=72$. En 72 combien de fois 8? 9 fois, je pose 9 au quotient; la multiplication et la soustraction faites, il ne reste rien; je sais maintenant que le huitième de 1398 s. est de 174 s.$+9$ d. Comme j'ai 7/8 au multiplicande, je multiplie les 174 s. 9 d. par 7. 174 s. 9 d.$\times7=1223$ s. 3 d. Pour savoir si j'ai bien opéré pour trouver les 7/8, j'ajoute 174 s. 9 d. représentant un huitième aux 1223 s. 3 d. Si ces deux sommes reproduisent 1398 s. représentant les entiers, par suite 8/8, je suis certain que les 7/8 de 1398$=1223$ s.$+3$ d. 1223 s.$+3$ d.$+174$ s.$+9$ d.$=1398$ s. Nous sommes donc sûrs de notre opération, puisque nous avons reproduit le dividende; nous réduirons enfin les 1223 s. 3 d. en livres : d'après la réduction, nous trouvons que les 7/8 de 69 liv. 18 s. $=61$ liv. 3 s. 3 d. Nous avions aussi réduit le huitième en livres, 174 s.$+9$ d.$=8$ liv. 14 s.$+9$ d. Si nous additionnons encore les 7/8 avec le huitième réduit en livres, 174 s. 9 d., nous retrouverons encore notre multiplicateur, car 61 liv. 3 s. 3 d. $+8$ liv. 14 s. $+9$ d. $=69$ liv. 18 s.

Multiplication des toises, pieds, pouces et lignes, par des francs et centimes.

	toises. pieds. pouces. lign.		
	132 + 5 + 7 + 9		
	× 40 fr. 90 c. la toise.		
	118 fr.	80 c.	
	5280		
Pour 3 pieds......	20	45	
Pour 2 pieds	13	63.. 1/3	= 48
Pour 1 pied.......	6	81.. 2/3	= 96
Pour 4 pouces.....	2	27.. 4/18	= 32
Pour 2 pouces....	1	13.. 11/18	= 88
Pour 1 pouce.....		56.. 29/36	= 116
Pour 6 lignes.....		28.. 29/72	= 58
Pour 3 lignes.....		14.. 29/144	= 29
	5437 fr.	28 c. + 83/144	
Preuve.....	113	32......0	

$\frac{371}{144} = 2 + \frac{83}{144}$

L'on multiplie d'abord les cent trente-deux toises par 90 c. ou 9 dizaines de centimes, 132×90=11880; ensuite les mêmes 132 toises par 4 dizaines de francs, 132×40=5280 fr., que je place, savoir: le 0 aux unités de francs, à droite, sous le 8 aussi placé aux unités, etc., etc. Après avoir multiplié les entiers du multiplicande par les francs et centimes, nous venons à la multiplication des cinq pieds du multiplicande, par le multiplicateur, mais comme cinq pieds ne sont que les 5/6 d'une toise, nous prendrons les 5/6 du multiplicateur prix de chaque toise, ou comme 3 pieds = une demi-toise, et que 2 pieds = 1/3 de toise, nous prendrons, pour 3 pieds, la moitié de 40 f. 90 c., prix de la toise, cette moitié = 2045 c. ou 20 f. 45 c., que je place sous les autres produits, ainsi qu'il est écrit ci-dessus; pour 2 pieds je prends le 1/3 de 40 f. 90 c.; je dis, le tiers de 4 est 1, je pose 1 aux dizaines de francs, reste 1 qui vaut 10 unités, 10 unités + 0 = 10, le tiers de 10 = 3, R. 1;

je place le chiffre 3 aux unités de livres, reste 1 liv. qui vaut 10 décimes ou 10 dizaines de centimes; 10 dizaines de centimes + 9 = 19 dizaines de centimes; le 1/3 de 19 est 6. 3×6 = 18, reste 1 qui vaut 10 centimes, le 1/3 de 10 c. est 3. 3×3 = 9, reste 1 cent.; le tiers d'un centime est un tiers de centimes; d'après ces opérations, nous avons pour le tiers de 40 f. 90 c., 13 f. 63 c. + $\frac{1}{3}$ de centime. Pour vérifier si l'on a bien opéré, on multiplie les 13 f. 63 c. $\frac{1}{3}$ par 3; si le produit de la multiplication = 40 f. 90 c., on a bien opéré. Je dis, 3×$\frac{1}{3}$ = 3/3 ou un entier ou un centime, je multiplie ensuite les trois centimes par 3. 3×3 = 9, 9 c. + 1 = 10, je pose 0 aux unités de centimes, qui représente celui du multiplicateur, et je retiens un décime; je multiplie ensuite les 6 dizaines de centimes par 3. 6×3 = 18 + 1 = 19 dizaines de centimes, je pose 9 aux dizaines de centimes, qui représente le même chiffre placé aux dizaines du multiplicateur, et retiens 1 f., je multiplie ensuite les 3 f. aux unités de francs, 3×3 = 9, 9 + 1 = 10, je place 0 aux unités de francs, qui représente celui placé aux unités du multiplicateur, et retiens une dizaine de francs; je multiplie enfin le chiffre 1 placé aux dizaines de francs. 1×3 = 3 dizaines de francs, 30 + 10 de retenu = 40, ou 3 + 1 = 4, que je place aux dizaines, ce chiffre 4 représente le même chiffre placé aux dizaines de francs du multiplicateur; puisque, par ces opérations, j'ai reproduit le multiplicateur, le 1/3 de 40 f. 90 c. est réellement 13 f. 63 c. 1/3: pour nos cinq pieds ou nos cinq sixièmes de toise, nous avons les deux sommes 20,45 + 13,63 + $\frac{1}{3}$; pour avoir plus facilement les pouces, nous faisons un faux produit d'un pied; nous prenons, pour cet effet, moitié de la somme précédente, produit des 2 pieds, nous disons, la moitié de 13 f. = 6 f., un de reste; cet 1 vaut 10 décimes + 6 = 16 décimes, la moitié de 16 = 8, je pose 8 aux décimes; je viens au chiffre 1 placé aux unités de centimes; je ne puis prendre la moitié d'un, attendu que j'ai encore un tiers sur lequel j'ai à prendre une moitié, il faut donc réduire le centime de reste en tiers, 1 c. = 3/3 de centimes, 3/3 + 1/3 = 4/3, la moitié de 4/3 = 2/3; la moitié de 1363 + 1/3 = donc

681 + 2/3; pour savoir si j'ai bien opéré, je multiplie 681 + 2/3 par 2, en disant, 2/3 × 2 = 4/3. Comme il faut trois tiers de centimes pour faire un centime, j'ai, dans les quatre tiers de centimes, 1 centime + 1/3, je retiens le centime et pose 1/3 qui représente le 1/3 placé à la somme dont j'ai pris la moitié; 1 × 2 = 2, 2 + 1 = 3, je retrouve le chiffre 3 placé aux unités de centimes. Je multiplie ensuite 8 par 2 = 16, je retrouve 6 placé aux dizaines de centimes, et retiens 1; je multiplie 6 par 2 = 12, 12 + 1 = 13, je retrouve les 13 placé aux unités et dizaines de francs, il s'ensuit que la multiplication ayant reproduit les 1363 c. 1/3, les 681 c. 2/3 sont réellement la moitié de 1363 + 1/3. Nous tirons un trait sous le produit d'un pied (681 + 1/3), pour désigner que ce produit ne doit pas être additionné avec les autres produits de la multiplication. Pour les sept pouces portés au multiplicande, nous prenons pour 4, ensuite pour 2, et enfin pour 1; 4 + 2 + 1 = 7. Nous disons, 4 pouces sont le 1/3 du pied; puisque 4 pouces sont le 1/3 de 12 pouces, et qu'un pied = 12 pouces; nous avons donc à prendre le 1/3 de 6 f. 81 c. + 1/3 de centimes, nous disons, le 1/3 de 6 f. = 2 f.; nous venons ensuite au chiffre 8 placé aux dizaines de centimes, nous disons, le 1/3 de 8 = 2, 2 × 3 = 6, je pose 2 aux dizaines de centimes, reste 2, ce 2 vaut 20 centimes; 20 + 1 = 21, le 1/3 de 21 c. = 7 c., je place 7 aux centimes, rien de reste; je viens au 2/3 de centimes; je ne puis prendre le 1/3 de 2/3 qu'en changeant le dénominateur et le numérateur de la fraction 2/3; il faut que je cherche un dénominateur et un numérateur qui puissent être divisés sans reste par 3, qui est le dénominateur des 2/3. Je multiplie les 2/3 par 6 2/3, savoir, le chiffre 2 numérateur étant multiplié par 6 = 12, et le chiffre 3 dénominateur, par 6. 3 × 6 = 18, ma fraction 2/3 est changée en celle 12/18; 2/3 = 12/18, car les 2/3 de 18 sont bien 12, 2 × 6 = 12, comme les 2/3 de 3 = 12, car 2 × 1 = 2; je dis alors, le 1/3 de 12/18 = 4/18, j'ai donc, pour mes 4 pouces, 2 f. 27 c. + 4/18 de centimes; pour savoir si j'ai bien opéré, je multiplie les 2 f. 27 c. 4/18, par 3. La multiplication faite, j'ai reproduit 6 f. 81 c. 12/18, ou 2/3 de cen-

times. Pour 2 pouces, je prends la moitié du produit des 4 pouces; je dis, la moitié de 2 est 1, la moitié de 7 est 3, reste 1 centime qui vaut 18/18, 18/18 + 4/18 = 22/18; la moitié de 22/18 = 11/18, voilà pour les 2 pouces; pour 1 pouce nous prenons la moitié du produit de 2 pouces, nous disons, la moitié de 11 = 5, reste 1 qui vaut 10, 10 + 3 = 13, la moitié de 13 = 6, reste 1 centime qui vaut 18/18, 18/18 + 11/18 = 29/18, et comme nous ne pouvons prendre la moitié juste de 29/18, nous donnons une valeur deux fois plus forte à la fraction, en doublant le numérateur et le dénominateur: 29/18 × 2 = 58/36, la moitié de 58/36 = 29/36, un pouce vaut donc 56 c. + 29/36; en multipliant cette dernière somme par 2, je retrouve la somme ou la valeur des 2 pouces, donc j'ai bien opéré. Pour 6 lignes je prends la moitié de la valeur du pouce, puisque 6 lignes valent un demi-pouce; je dis donc, la moitié de 5 = 2, reste 1 qui vaut 10, 10 + 6 = 16, la moitié de 16 = 8; j'ai, pour les entiers, 28 c. sans reste. Venons à la fraction 29/36: ne pouvant en prendre la moitié telle qu'elle est, nous doublons alors le numérateur et le dénominateur: 29/36 × 2 = 58/72, dont la moitié est 29/72; enfin, pour 3 lignes, nous prenons encore la moitié de 28 c. 29/72, produit des 6 lignes; nous dirons donc, la moitié de 28 c. = 14 c., nous doublons la fraction 29/72, ne pouvant prendre la moitié de 29/72: 29/72 × 2 = 58/144, dont la moitié se trouve de 29/144. La valeur de nos 3 lignes, à raison de 40 f. 90 c. la toise, est de 14 c. + 29/144; il ne s'agit plus que d'additionner tous nos produits pour savoir la somme que nous coûteront 132 toises, + 5 pieds, + 7 pouces, + 9 lignes, à 40 f. 90 c. la toise; mais cette addition ne peut se faire facilement sans réduire toutes les fractions à un seul et même dénominateur, et ce même dénominateur doit être 144, parce qu'il se trouve le plus fort dénominateur de tous les autres. Pour changer le chiffre 3, dénominateur de la fraction 1/3, en 144 nous divisons 144 par 3, $\frac{144}{3}$ = 48, nous trouvons que 3 est contenu 48 fois dans 144, car 48 × 3 = 144, donc le 1/3 de 144 est 48, nous avons, par conséquent, changé notre fraction 1/3 en 48/144, ce qui est la même chose, car 48 est le tiers de 144, comme 1 est le 1/3 de 3.

Venons à la fraction 4/18; pour changer le dénominateur 18 en celui 144, nous voyons combien de fois 18 est contenu dans 144, $\frac{144}{18}=8$, nous trouvons que 18 est contenu 8 fois dans 144, car $18\times8=144$; dès que le dix-huitième de 144 est 8, nos quatre dix-huitièmes doivent valoir 32; $8\times4=32$, notre fraction 4/18 est donc changée en celle 32/144, car 32 est les quatre dix-huitièmes de 144, comme 4 est les quatre dix-huitièmes de 18. Venons à la fraction 11/18; il ne nous sera pas difficile de changer le dénominateur 18 en celui 144, puisque nous connaissons déjà combien de fois est contenu 18 dans 144; nous dirons donc, le dix-huitième de 144 étant de 8, notre numérateur 11 égalera 88, et nous aurons notre fraction 11/18 changée en celle 88/144, puisque $11\times8=88$, comme $18\times8=144$; en outre, 88 est les onze dix-huitièmes de 144, comme 11 est les 11/18 de 18. Venons à la fraction 29/36, pour changer le dénominateur 36 en celui 144; nous divisons 144 par 36. $\frac{144}{36}=4$, nous trouvons que 36 est contenu quatre fois dans 144, que, par suite, le 36e de $144=4$, puisque $36\times4=144$. Nous multiplierons alors le numérateur 29 par 4, puisque notre fraction est de 29/36. $29\times4=116$, ainsi la fraction 29/36 est changée en celle 116/144, car 116 est les 29/36 de 144, nouveau dénominateur, comme 29 est les 29/36 de 36. Venons à la fraction 29/72. Pour changer le dénominateur 72 en celui 144, nous divisons 144 par 72. $\frac{144}{72}=2$, nous trouvons que 72 est contenu deux fois dans 144, c'est-à-dire, que le soixante et douzième de $144=2$, puisque $72\times2=144$. Si nous multiplions 72 par 2, pour le changer en 144, il faut nécessairement multiplier 29 numérateur par 2, parce que, comme nous l'avons dit, une fraction ne change point de valeur, quand le dénominateur et le numérateur sont multipliés ou divisés par le même nombre; $29\times2=58$, 29/72 est changé en 58/144, car 58 est les 29/72 de 144, comme 29 est les 29/144 de 144. Enfin, la fraction 29/144 n'a pas besoin d'être changée, puisque son dénominateur est 144, et que nous avons donné à toutes les autres fractions 144 pour dénominateur commun; je la porte en ligne pour être additionnée avec les autres; j'additionnerai ensuite tous les numérateurs, j'en diviserai le produit par 144, dénominateur commun. Je dirai donc, 8+2=10, 10+8=18, 18+6=24, 24+8=32, 32+9 =41, je fais une accolade, je porte 1 à droite et au milieu, et je retiens 4, 4+4=8, 8+3=11, 11+8=19, 19+1 =20, 20+5=25, 25+2=27, je pose 7 à droite du chiffre 1, déjà placé à l'accolade, je retiens 2 pour être additionné avec les centaines, 2 de retenu+1=3, je porte 3 à l'accolade, à gauche du chiffre 7, ces trois chiffres me donnent un numérateur de 371, je tire un trait sous ce numérateur représentant les numérateurs des six fractions, je place sous ce trait le dénominateur commun 144, j'ai donc $\frac{371}{144}$; je divise 371 par 144, je trouve que 144, dénominateur commun, est contenu deux fois dans 371, que puisqu'il est contenu deux fois, nous avons dans l'addition de ces six fractions, deux entiers ou deux centimes, puisque nos fractions sont des fractions de centimes; 144×2=288, nous faisons la soustraction de cette somme de 371; nous avons 371—228=83 de reste, je pose ce reste sous les fractions, j'ai 83/144, et je retiens 2 pour être additionné avec les centimes. Je dis donc, à la colonne des centimes, 5+3 =8, 8+7=15, 15+3=18, 18+6=24, 24+8=32, 32+4=36, 36+2 de retenu provenant de l'addition des fractions=38, je pose 8 aux unités de centimes, et je retiens 3, pour être additionnés avec les décimes. 3 de retenu+8=11, 11+4=15, 15+6=21, 21+2=23, 23+1=24, 24+5=29, 29+2=31, 31+1=32 dizaines, je pose 2 aux dizaines et retiens 3, pour être porté aux unités de francs; 3+8=11, 11 +3=14, 14+2=16, 16+1=17, je pose 7 aux unités de francs et retiens 1, pour être porté aux dizaines de francs; 1 de retenu+1=2, 2+8=10, 10+2=12, 12+1=13, je pose 3 aux dizaines de francs et retiens 1, pour être porté aux centaines de francs; 1+1 aux centaines de francs=2, 2+2=4, je porte 4 aux centaines de francs; je viens aux unités de mille, 5=5, je pose 5 aux unités de mille; je fais la preuve de ma règle par la soustraction; je dis donc, qui de 5 aux unités de mille paie 5, reste 0; qui de 4 aux centaines paie la colonne de centaines 1+2=3, reste 1 qui vaut dix dizaines; 10+3 =13, qui de 13 dizaines paie la colonne des dizaines, 1+8 =9, 9+2=11, 11+1=12, reste 1 qui vaut dix unités de francs, 10 f.+7=17 f., qui de 17 fr. paie la colonne des unités de francs, 8+0+0+3=11, 11+2=13, 13+1=14, reste 3 f. qui valent 30 dizaines de centimes ou 30 décimes; 30+2=32 décimes; qui de 32 décimes paie la colonne des décimes, 8+0+4=12, 12+6=18, 18+2=20, 20+1 =21, 21+5=26, 26+2=28, 28+1=29, reste 3 qui valent 30 centimes, 30+8=38, qui de 38 c. paie la colonne des centimes, 5+3=8, 8+7=15, 15+3=18, 18+6=24, 24+8=32, 32+4=36, reste 2 qui valent deux fois $\frac{144}{144}$, dénominateur commun de toutes les fractions, $\frac{144}{144}\times 2=\frac{288}{144}$, $\frac{288}{144}+\frac{83}{144}=\frac{371}{144}$; qui de $\frac{371}{144}$ paie $\frac{371}{144}$, reste 0, mon addition est bien faite.

	415 livres de sucre + 9 onces + $\frac{3}{4}$ d'once.
à...	3lt + 9ſ + 3 d. la livre.
	1245lt
Pour 5 sous.....	103...15ſ
2.........	41...10
2.........	41...10
1.........	20...15, faux produit.
3 deniers..	5... 3 s.. 9 d.
Pour 8 onces...	1...14... 7 d. + 1/2 = 32/64 de denier.
1 once....	0 + 4 + 3 + 15/16 = 60/64
3/4 d'once.	= 0 + 3 + 2 + 61/64 = 61/64
	1439 + 0 + 9 + ... 153/64
	ou 1439 + 0 + 11 d. + ... 25/64 de denier.
Preuve...	1113....1....2..............0

Je multiplie les 415 livres de sucre par les 3 liv. du multiplicateur, 415×3=1245 liv.; pour les 9 s., je prends pour 5 s.

le quart de 415 liv., pour deux fois 2 sous deux fois, le dixième de 415. Je dis donc : pour 5 s. (qui est le quart de 20 s. ou le quart d'une livre) le quart du chiffre 4 placé aux centaines du multiplicande = 1 ou 100 liv., car 400 liv. × 1 liv. = 400 liv.; le quart de 400 liv. est de 100 liv.; je viens au chiffre 1 qui est aux dizaines du multiplicande, je ne puis prendre le quart d'une dizaine parce que ce quart ne pourrait être porté aux dizaines puisqu'il ne serait qu'une fraction de dix, je pose donc o sous le chiffre 1 aux dizaines; je dis ensuite : 10 de retenu + 5 = 15, le quart de 15 = 3 pour 12, je place 3 aux unités de livres, il me reste 3 liv. qui valent 60 s., le quart de 60 s. = 15 s., je pose 15 s. aux sous. Quatre cent quinze livres de sucre à 5 s. = 103 liv. 15 s., puisqu'à une livre ou 20 s. la livre, les 415 livres de sucre auraient valu 415 liv. argent; pour deux sous je prends le dixième de 415, ou bien je retranche le dernier chiffre 5, que je double et porte aux sous pour 10 s.; je descends les 41 pour 41 liv. 415 livres de sucre à 2 s. = 41 liv. 10 s.; je fais la même opération pour les autres 2 s.; je porte encore 41 liv. 10 s., je ne donne point ici d'autre explication à l'égard du dixième, ou décime, ou des 2 s., je renvoie à ce que j'en ai dit lors de la multiplication des entiers par les sous, etc. Il faut actuellement multiplier les 415 liv. de sucre par les deniers. On peut faire cette opération de plusieurs manières : la première, en considérant les 415 livres de sucre, comme valant 415 sous, et comme 3 deniers = le quart d'un sou, puisqu'un sou = 12 deniers; nous prendrions le quart de 415 s., nous dirions le quart de 415 = 103 s. + 9 d.; en réduisant en livres, nous aurions 5 liv. 3 s. 9 d. pour la valeur des 415 livres de sucre à 3 deniers la livre; nous ferions un faux produit d'un sou, en prenant la moitié de 41 liv. 10 s., valeur des 415 livres de sucre à 2 s. la livre; nous dirons la moitié de 4 aux dizaines de livre = 2 dizaines ou 20 livres, je pose 2 aux dizaines de livres, je dis ensuite la moitié d'une livre est zéro de livres, je pose o aux unités de livres; je dis ensuite : 1 liv. = 20 s., 20 s. + 10 = 30 s., la moitié de 30 s. = 15 s., je pose 15 s. Les 415 livres de sucre à 1 s. la livre

= 20 liv. 15 s. ; trois deniers étant le quart d'un sou, je vais prendre le quart des 20 liv, 15 s. : le quart de 2 est 0 de dizaine de livres ; je dis donc : le quart de 20 liv. = 5 liv., je pose 5 livres aux unités de livres ; je dis ensuite : le quart de 15 = 3, 3/4×12, reste 3 s. qui valent trente-six deniers, le quart de 36 d. = 9 d., que je place en dehors à droite aux deniers ; j'efface le produit d'un sou, attendu que je ne m'en suis servi que pour me faciliter l'opération des trois deniers ; jusques à présent nous avons multiplié les entiers du multiplicande (415 liv.) par trois livres 9 s. 3 d. multiplicateur, nous avons encore à multiplier les 9 onces 3/4 du multiplicande par les 3 liv. 9 s. 3 d. du multiplicateur ; neuf onces sont les neuf seizièmes de la livre, par suite elles ont coûté les 9/16 du prix de la livre, ou les 9/16 de 3 liv. 9 s. 3 d., et comme huit onces sont la moitié de la livre, nous prendrons la moitié du prix de cette livre, nous dirons : la moitié de 3 liv. = 1 liv. que je place aux unités de livres, 1×2 = 2 liv., reste 1 liv. qui = 20 s., 20 s. + 9 s. = 29 s. ; la moitié de 29 s. est 14 s. pour 28 s. ; 14 s.×2 = 28 s., reste 1 s. qui vaut 12 d., 12 d. + 3 = 15 ; la moitié de 15 est de 7, 7×2 = 14 ; il me reste un denier dont je prends la moitié, cette moitié est un demi-denier que j'écris à la suite des deniers ; la moitié de 3 liv. 9 s. 3 d. = donc 1 liv. + 14 s. + 7 d. + 1/2 denier (moitié de denier) prix que nous avait coûté nos huit onces. Il nous reste à chercher la valeur d'une once ; pour connaître cette valeur nous dirons : une once est le huitième de huit onces, nous allons en conséquence prendre le huitième de ce que nous ont coûté nos huit onces, ou le seizième du prix de la livre. Nous dirons : le huitième d'une livre ne peut se trouver sans réduire cette livre en sous, 1×20 = 20 s., 20 s. + 14 = 34 s. ; le huitième de 34 s. = 4 ; 8×4 = 32 ; de 34 ôte 32 reste 2, je pose 4 aux sous ; je dis : 2 s. = 24 deniers ; 24 d. + 7 d. = 31 deniers ; le huitième de 31 d. est 3 d. que je porte aux deniers, 3×8 = 24, 31 — 24 = 7. Il faut réduire ces 7 deniers en demie, puisque nous avons une demie dans le produit des huit onces, nous dirons donc : 7 entiers × 1/2 = 14/2, 14/2 + 1/2 = 15/2, et comme nous ne pouvons prendre le huitième de 15/2 sans reste, nous allons multiplier 15/2 par 8, 15/2 ×8 = 120/16, le huitième de 120/16 = 15/16, je pose donc 15/16 sous 1/2; j'ai donc pour la valeur d'une once 4 s. 3 d. + 15/16. Pour savoir si j'ai bien opéré, je multiplie 4 s. + 3 d. + 15/16 par 8; j'ai pour produit 34 s. 0 + 120/16, réduisant en livres, sous et deniers, je dis : dans cent vingt 16 est contenu sept fois + 8 de reste; ces sept fois et le reste 8 représente 7 d. + 8/16, ou 7 deniers et demi ; nous continuons la multiplication, nous disons : 3 d. × 8 = 24 deniers, 24 + 7 = 31 deniers, les trente-un deniers valent 2 s. + 7 d.; j'ai donc retrouvé les 7 deniers ; je viens ensuite aux 4 s., je dis : 4 s. × 8 = 32 s., 32 s. + 2 de retenu = 34, 34 s. = 1 liv. + 14 s. Comme on le voit j'ai bien opéré, puisque j'ai reproduit par la multiplication, la somme de 1 liv. 14 s. 7 d. 1/2, somme de laquelle j'avais tiré le huitième. Je viens enfin aux 3/4 d'once ; je prendrai d'abord pour un quart d'once le quart de la somme de 4 s. 3 d. + 15/16, puisque cette somme représente la valeur d'une once. Le quart de 4 s. = 1, reste rien, je ne puis prendre le quart de 3 d., je réduis donc un denier en seizième de denier, puisque dans le produit de l'once j'ai la fraction 15/16 ; comme chaque entier ou chaque denier vaut 16/16 de denier, nous avons pour les 3 deniers 48/16, 48/16 + 15/16 = 63/16, mais comme je ne puis prendre le quart juste de 53/16, je vais changer le dénominateur et le numérateur en multipliant l'un et l'autre par 4, 63/16 × 4 = 252/64, en divisant les 252 par 4, puisque nous devons en prendre le quart, nous trouvons 63/64, alors la valeur du prix d'un quart d'once suivant le prix connu de la livre est de 1 s. 0 de deniers + 63/64. Il est à remarquer que lorsque l'on multiplie par le même nombre que l'on divise, il n'est pas nécessaire de multiplier le numérateur, l'on multiplie seulement le dénominateur, nous évitons par ce moyen deux opérations sur le numérateur, savoir : une multiplication et une division, car si nous avons multiplié le numérateur 63/16 par 4, ce qui donne 252/64; nous avons aussi divisé par 4 le numérateur 252 qui nous a produit 63/64. Revenons à notre multiplication, la valeur d'un quart d'once est de 1 s. + 0 d. + 63/64 ; mais comme nous avons 3/4 d'once, il faut multiplier 1 s. + 0 d. + 63/64 par 3, 1 s. + 0 + 63/64 × 3 = 3 s. + 0 + 189/64, mais comme dans 189 nous trouvons deux fois 64, 64 × 2 = 128, et disant 189 — 128 reste 61/64; la fraction 189/64 représente 2 deniers + 61/64 de deniers; nous retenons ces deux deniers et continuons la multiplication; nous disons : 2 de retenu + 0 = 2, nous posons deux deniers, enfin nous multiplions 1 s. par 3; nous avons trois sous que nous avons portés aux sous. Si nous avons bien opéré, la valeur de 3/4 d'once est de 3 s. + 2 d. + 61/64.

Pour vérifier si réellement les trois quarts d'once valent 3 s. + 2 d. + 61/64, j'ajoute la valeur d'un quart d'once à celle des 3/4; si ces deux valeurs reproduisent le prix d'une once, l'opération est bonne, car dès que 3/4 d'once + 1/4 d'once = 4/4 d'once ou une once, le produit des 3/4 du prix de l'once + celui du quart d'once doit égaler le produit d'une once, ce qui nous confirme l'addition suivante : 3 s. + 2 d. + 61/64 + 1 s. + 0 d. + 63/64 = 4 s. + 3 d. + 15/16, prix d'une once.

Pour additionner tous les produits et en former un total, il faut d'abord donner à toutes les fractions le même dénominateur. Comme chacun des dénominateurs est contenu sans reste dans 64, je donnerai à toutes les fractions le dénominateur 64. Pour réduire en soixante quatrième la fraction 1/2, je multiplie le dénominateur et le numérateur par 32; 1/2 × 32 = 32/64, voilà pour la fraction 1/2; réduisons actuellement la fraction 15/16, je multiplie le dénominateur et le numérateur par 4, car 16 × 4 = 64; par suite 4 doit être le multiplicateur de 16 et de 15, 15 × 4 = 60; la fraction 15/16 = 60/64 que nous placerons à additionner avec la précédente; enfin nous mettrons en ligne la fraction 61/64, et nous additionnerons les trois numérateurs de ces fractions; nous dirons donc : 2 + 0 + 1 = 3, je pose 3 aux unités; je viens aux dizaines, 3 + 6 = 9, 9 + 6 = 15, je place 5 aux dizaines et avance 1 aux centaines; mes trois fractions sont réduites en une seule montant à 153/64, je cherche combien de fois le dénominateur 64 est contenu dans le numérateur; je trouve que 64 est contenu deux fois dans 153; 64 × 2 = 128; je soustrais 128 de 153, il reste 25/64 que je place ; je retiens 2 pour être additionnés avec la colonne des deniers , 2 de retenu + 9 aux deniers = 11 , 11 + 7 = 18 , 18 + 3 = 21 , 21 + 2 = 23 , en vingt-trois deniers on trouve une fois douze + 11 deniers de reste, je pose 11 deniers et retiens 1 s. qui égale 12 d., 1 s. + 5 = 6, 6 + 3 = 9, 9 + 4 = 13, 13 + 4 = 17, 17 + 3 = 20, je pose o aux unités de sous et retiens deux dizaines de sous ; deux dizaines de sous + 1 = 3, 3 + 1 = 4, 4 + 1 = 5, 5 + 1 = 6 dizaines, qui = 60 s. ou 3 liv., je retiens 3 liv. pour être portées aux livres, 3 de retenu + 5 = 8, 8 + 3 = 11, 11 + 1 = 12, 12 + 1 = 13, 13 + 5 = 18, 18 + 1 = 19, je pose 9 aux livres et retiens 1 qui vaut une dizaine de livres ; 1 + 4 = 5, 5 + 4 = 9, 9 + 4 = 13, je pose 3 aux dizaines de livres et je retiens 1 pour être porté aux centaines ; 1 + 2 = 3, 3 + 1 = 4, je porte 4 aux centaines ; je viens enfin aux unités de mille, je dis : 1 aux unités de mille est 1 ; je place 1 : 415 liv. 9 onces + 3/4 d'once à 3 liv. 9 s. 3 d. la liv. = 1439 liv. o s. + 11 d. 25/64 de deniers.

Je fais la preuve par la soustraction : qui de 1 aux unités de mille paie la colonne des unités de mille montant à un mille, reste o ; qui de 4 aux centaines paie la colonne des centaines 2 + 1 = 3 reste 1 qui vaut dix dizaines, 10 + 3 = 13, qui de 13 dizaines paie la colonne des dizaines, 4 + 4 = 8, 8 + 4 = 12 qui de 13 paie 12 reste 1 qui vaut dix unités ; 10 + 9 = 19, qui de 19 paie la colonne des unités 5 + 3 = 8, 8 + 1 = 9, 9 + 1 = 10, 10 + 5 = 15 + 1 = 16, reste 3 liv. qui valent 60 sous, qui de soixante sous paie la colonne des unités et dizaines de sous, 5 + 0 + 0 + 3 = 8, 8 + 4 = 12, 12 + 4 = 16, 16 + 3 = 19, 19 + 10 = 29, 29 + 10 = 39, 39 + 10 = 49, 49 + 10 = 59, qui de 60 s. en paie 59 reste 1 s. qui vaut douze deniers, 12 d. + 11 = 23 d. ; qui de 23 paie la colonne des deniers, 9 + 7 = 16, 16 + 3 = 19, 19 + 2 = 21, 23 — 21 reste 2 d. qui valent deux fois 64/64 ou 128/64, 128/64 + 25/64 = 153/64, qui de 153/64 paie les colonnes des numérateurs des soixante-quatrièmes, 2 + 0 + 1 = 3, je pose 3 sous trois ; je viens aux dizaines, 3 + 6 = 9, 9 + 6 = 15, je pose 15 à gauche du chiffre 3 précédemment placé, qui de 153 paie 153, reste o. La règle est bien faite.

Multiplication des marcs, onces, gros, deniers ou scrupules et grains d'or à 384 liv. 10 s. 9 d. le marc.

	marcs.	onces. ℥	gros. ʒ	scrup. ℈	grains.
	733 +	7 +	5 +	1 +	16
	× 384 ₶ + 18 ſ + 9 d le marc.				

	2932 ₶		
	58640		
	2199		
P. 10 sous......	366 + 10 s.		
5..........	183 + 5		
2..........	73 + 6		
1..........	36 + 13		
6 deniers...	18 + 6 + 6 den.		
3..........	9 + 3 + 3		
4 onces.....	192 + 9 + 4 +	1/2	= 64/128
2..........	96 + 4 + 8 +	1/4	= 32/128
1..........	48 + 2 + 4 +	1/8	= 16/128
4 gros......	24 + 1 + 2 +	1/16	= 8/128
1..........	6 + 0 + 3 +	33/64	= 66/128
1 scrupule..	2 + 0 + 1 +	11/64	= 22/128
12 grains.....	1 + 0 + 0 +	75/128	= 75/128
4..........	0 + 6 + 8 +	25/128	= 25/128
	liv. s. d.		de denier.
	282,529 + 8 + 3 +	....	308/128 ou $\frac{308}{128}$ = 2^{d} + 52/128
ou	282,529 + 8 + 5 + 52/128 de denier.		
Preuve......	23,663...3...2....0		

Nous multiplierons, dira le moniteur, 1° Les 733 marcs par 384 liv., 733×384 liv. = 2932 liv., que nous placerons sous le numérateur, unités sous les unités, etc.; 2° 733 m. par 8, placé aux dizaines du multiplicateur, 733×8 dizaines = 5864 dizaines, que nous plaçons, savoir, le chiffre 4 sous les dizaines de livres du produit précédent, etc., etc.; 3° nous multiplierons 733 m. par le chiffre 3 placé aux centaines du multiplicateur, 733×3 = 2199 centaines, ou 219900 liv.; voilà pour les entiers par les entiers; nous allons multiplier les 733 m. par 18 s. : la chose peut se faire de plusieurs manières; 1° comme 18 s. n'est que les 18/20 de la livre, l'on pourrait prendre le vingtième de 733, multiplier ensuite ce vingtième par 18, on aurait, par ce moyen, le prix des 733 m. à 18 s. le marc, montant à 659 liv. 14 s., car le vingtième de 733=36 liv. 13 s., 36 liv. 13 s. ×18 =659 liv. 14 s.; on pourrait encore considérer le vingtième valoir 36 f. 65 c., abstraction faite de la comparaison du franc à la livre; nous dirions, 36 f. 65 c. ×18=659 f. 70 c.; 2° on pourrait multiplier les 733 m. par 18 s., nous aurions pour produit de cette multiplication, 13194 s., qui, réduits en livres, =659 liv. 14; 3° et enfin on opérerait tel que je l'ai fait ici; on prendrait sur les 733, pour 10 s.+5 s.+2 s.+1 s. On aurait, pour 10 s., la moitié de 733, parce que dix sols est la moitié d'une livre, et que 733 à 20 s. ou à 1 liv. = 733 liv. 733=366 liv. 10 s., pour 5 s., la moitié de 366 liv. 10 s., ou le 1/4 de 733 =183 liv. +5 s.; pour 2 s. le cinquième du produit de dix sous, ou le dixième de 733=73 liv. +6 s.; pour 1 s. le vingtième de 733, ou la moitié de 73 liv. 6 s., produit des 2 s., =36 liv. 13 s. En additionnant 366 liv. 10 s.+183 l. 5 s.+73 liv. 6+enfin 36 liv. 13, nous retrouvons la somme de 659 liv. 14 s. Venons à présent à la multiplication des 733 m. par 9 d.; nous pourrions encore faire cette opération de deux manières, la première, en multipliant 733 m. par 9 d., réduire les deniers en sous, et ensuite les sous en livres; 733×9d. réduire les deniers en sous, et ensuite les sous en livres; 733 ×9 d.=6597 d. Pour réduire ces 6597 en sous, je les diviserai par 12 d. représentant 1 sou. $\frac{6597}{12}$=549 s.+$\frac{9}{12}$ de sou ou 549 s. 9 d.; ces 549 s. 9 d.=27 liv. 9 s. 9 d. La seconde, ainsi que nous l'avons fait ici; nous prendrions pour 6 d. la moitié du produit d'un sou; la moitié de 36 liv. 13 s.=18 l. +6 s.+6 d.; pour 3 d. le quart du produit d'un sou, 36 l. 13 s., ou la moitié du produit de 6 d., 18 l. 6 s. 6 d.=9 l.+3 s. +3 d.; en additionnant ces deux produits de deniers, 18 liv. 6 s. 6 d.,+9 liv.+3 s.+3 d., nous avons le même produit que dans les opérations précédentes, 27 liv. 9 s. 9 d.

Nous pourrions encore faire l'opération suivante; pour savoir si nous avons bien opéré, nous dirions : 9 den. sont les 3/4 d'un sou, si les 27 liv. 9 s. + 9 d. sont les 3/4 de 36 liv. 13 sous, nous devons reproduire cette même somme en additionnant 27 liv. 9 s. + 9 den., avec 9 liv. 3 s. 3 den., cette dernière somme, produit des trois deniers, ou le quart du produit d'un sou; 27 liv. 9 s. 9 den. + 9 liv. 3 s. 3 den. = bien 36 liv. 13 s. Les 733 marcs ont été multipliés par les 384 liv. 18 s. 9 d., totalité du multiplicateur; nous avons encore à avoir la valeur des 7 onc. + 5 gros + 1 scrup. + 16 grains; nous prendrons pour 7 onces, pour 4, pour 2 et pour une once; pour 4 onces, la moitié de la valeur du marc, parce que 8 onces = 1 marc, et que 4 onces est, par suite, la moitié du marc; la moitié de 384 l. 18 s. 9 d. = 192 l. + 9 s. + 4 d. + 1/2 de denier; pour 2 onces, la moitié du produit de 192 liv. + 9 s., + 4 d. + 1/2 = 96 liv. + 4 s. + 8 d. + 1/4 de denier; pour une once, la moitié du produit de 2 onces, ou le huitième du prix du marc; la moitié de 96 liv. + 4 s. + 8 d. + 1/4 = 48 liv. + 2 s. + 4 d. + 1/8 de denier; comme il faut 8 gros pour faire une once, nous prendrons pour 4 gros la moitié de la valeur d'une once, par conséquent, la moitié de 48 liv. 2 s. + 4 d. + 1/8, égalera 24 liv. 1 s. + 2 d. + 1/16; pour un gros, nous prenons le 1/4 de la valeur des 4 gros, ou nous prendrons le huitième de la valeur de l'once; le 1/4 de 24 liv. + 1 s. + 2 d. + 1/16 = 6 liv. + 0 s. + 3 + 33/64; comme il faut trois deniers pour valoir un gros, pour un denier nous prendrons le 1/3 du prix d'un gros, par suite le 1/3 de 6 liv. + 0 s. + 3 d. + 33/64, ce qui égalera 2 liv. + 0 s. + 1 + 11/64. Comme il faut 24 grains pour équivaloir un denier, nous prendrons, pour 12 grains, la moitié de la valeur du denier, par suite, la moitié de 2 liv. + 0 s. + 1 d. + 11/64, ce qui égalera 1 liv. + 0 s. + 0 d. + 75/128; enfin, pour 4 grains, nous prendrons le 1/3 de la valeur de 12 grains, précédent produit montant à 1 liv. + 0 + 0 + 75/128, ce qui égalera 6 s. + 8 d. + 25/128, voilà notre multiplication faite; il s'agit actuellement d'additionner tous les différens produits, pour en faire un total; mais il faut préalablement don ner un même dénominateur à chacun des dénominateurs, nous prendrons 128 pour dénominateur commun, parce que, dans ce dénominateur, est contenu chacun des autres dénominateurs, un certain nombre de fois sans reste. Pour changer le dénominateur de la fraction demie en 128, nous prenons 64 qui est la moitié de 128, nous multiplions par 64 le numérateur et le dénominateur; nous avons pour numérateur 64×1 =64. Pour le dénominateur, 64×2=128, notre fraction demie est changée en 64/128. Pour la fraction 1/4, nous prendrons le 1/4 de 128, qui=32. 1/4×32=32/128. Pour la fraction 1/8, nous dirons, le huitième de 128=16, 1/8×16 =16/128. Pour la fraction 1/16, nous dirons, le 16e de 128 =8, 1/16×8=8/128. Pour la fraction 33/64, nous dirons, le soixante-quatrième de 128=2, 33/64×2=66/128. Pour les 11/64, 11/64×2=22/128; nous mettrons en ligne les 75 et 25/128, et nous ferons l'addition des numérateurs; nous dirons aux unités, 4+2=6, 6+6=12, 12+8=20, 20+6 =26, 26+2=28, 28+5=33, 33+5=38, je pose 8 et retiens 3, pour être porté aux dizaines, 3 retenu+6=9, 9 +3=12, 12+1=13, 13+6=19, 19+2=21, 21+7=28, 28+2=30 dizaines, je pose 30 dizaines; 30 dizaines+8 unités =308/128, comme 128/128 de denier égalent un denier; je divise 308 par 128. $\frac{308}{128}$=2 d.+52/128, je pose les 52/128 et retiens 2 d. 2+6=8, 8+3=11, 11+4+15, 15+8 =23, 23+4=27, 27+2=29, 29+3=32, 32+1=33, 33+0+8=41 d. qui valent 3 s. 5 d., je pose les 5 d. et retiens 3 s. 3 s.+0 s.+5 s.=8, 8+6=14, 14+3=17, 17 +6+23, 23+3=26, 26+9=35, 35+4=39, 39+2 =41, 41+1=42, 42+0+0+0+6=48, 48+10=58. 58+10=68 s., je pose 8 aux sous et retiens six dizaines de sous ou 3 liv.; 3+2=5, 5+0+0+6=11, 11+3=14, 14 +3=17, 17+6=23, 23+8=31, 31+9=40, 40+2 =42, 42+6=48, 48+8=56, 56+4=60, 60+6=66, 66+2=68, 68+1=69, 69+0=69, je pose 9 aux unités de livres et retiens 6 dizaines de livres, 6 dizaines+3=9, 9+4=13, 13+0+6=19, 19+8=27, 27+7=34,

34+3=37, 37+1=38, 38+9=47, 47+9=56, 56+4 =60, 60+2=62 dizaines, je pose 2 aux dizaines et retiens 6 centaines, 6 centaines+9=15, 15+6=21, 21+9=30, 30+3=33, 33+1=34, 34+1=35, je pose 5 aux centaines et retiens 3, pour être portés aux unités de mille, 3 mille+2 =5, 5+8=13, 13+9=22, je pose 2 aux unités de mille et retiens 2 dizaines de mille, 2 dizaines de mille+5=7, 7+1 =8, je pose 8 aux dizaines de mille; je descends enfin le chiffre 2 qui est aux centaines de mille, étant seul dans cette colonne; si j'ai bien opéré, les 733 marcs+7 onces+5 gros +1 scrupule+16 grains, à 384 liv. 18 s. 9 d. le marc, valent 282529 liv.+8 s.+5 d.+52/128 de deniers; j'ai fait la preuve de cette règle par la soustraction, je me suis convaincu qu'elle était bonne.

Multiplication des anciennes mesures de sel.

muids. setiers. mine. minot. quarteaux.
40 + 8 + 1 + 1 + 3
260fr 70 ce.

	28	00				
	2400					
	80					
	10428	00				
6 setiers...... =	130	35				
2 .... =	43	45				
une mine..... =	10	86...	1/4	=	8	32 = 55/32 ou 1 + 23/32
1 minot...... =	5	43...	1/8	=	4	
2 quarteaux.. =	2	71...	9/16	=	18	
1 qnarteau... =	1	35...	25/32	=	25	
	10,622fr	16 ce	+...		23/32	
Preuve..	12,321.........				0	

Nous multiplions 1° les quarante muids par 70 cent., ce qui nous donne 28 f. 00 c.; 2° 40 muids×60 f.=240 dizaines de francs, ou 2400 f.; 3° 40 mètres×200=80 centaines ou huit mille, j'additionne ces trois produits pour avoir plus de facilité d'opérer ensuite, j'ai un total de 10428 f. 00 c. Pour connaître la valeur de huit setiers, je considère qu'il faut 12 setiers pour valoir un muid, que par suite 8 setiers est les deux tiers d'un muid, que pour opérer plus facilement, je ne prendrai point les deux tiers du prix du muid (260 f. 70 c.), mais la moitié plus le quart, ou moitié de la moitié, qui = deux tiers; qu'il me sera plus facile de trouver la valeur des autres fractions; pour 6 setiers la moitié de 260 f. 70 c. = 130 f. 35 c.; pour 2 setiers le tiers de 130 f. 35 c. = 43 f. 45 c.; pour une mine je prends le quart de la valeur de 2 setiers, parce qu'il faut 2 mines pour faire un setier, et par suite 4 mines pour valoir 2 setiers; le quart de 43 f. 45 c., valeur des 2 setiers, = 10 f. 86 c. 1/4. Pour un minot je prendrai la moitié de la valeur de la mine, parce qu'une mine vaut deux minots; pour un minot la moitié de 10 f. 86 c. 1/4, valeur de la mine, = 5 f. 43 + 1/8. Comme un minot = quatre quarteaux, nos trois quarteaux sont les 3/4 du minot, comme ils valent les 3/4 du prix du minot. Nous prendrons, pour deux quarteaux, la moitié de 5 f. 43 c. + 1/8 = 2 f. 71 c. + 9/16; pour un quarteau nous dirons moitié de 2 f. 71 c. 9/16 = 1 f. 35 c. 25/32. Pour faire l'addition de tous ces produits, nous réduirons au même dénominateur toutes les fractions. Le dénominateur le plus considérable étant 32, nous aurons 1/4 = 8/32, 1/8 = 4/32, 9/16 = 18/32. Nous allons alors additionner ces quatre nouvelles fractions avec 25/32, c'est-à-dire, nous allons additionner les numérateurs des quatre fractions; nos quatre fractions = $\frac{55}{32}$ qui = 1 c. + 23/32; nous portons ce centime à additionner avec la colonne des centimes, 1 + 5 = 6, 6 + 5 = 11, 11 + 6 = 17, 17 + 3 = 20, 20 + 1 = 21, 21 + 5 = 26, je pose 6 aux centimes et retiens 2, pour être additionnés avec la colonne des dizaines de centimes; 2 + 3 = 5, 5 + 4 = 9, 9 + 8 = 17, 17 + 4 = 21, 21 + 7 = 28, 28 + 3 = 31, je pose 1 aux dizaines de centimes et retiens 3 f. Je viens à la colonne des francs, je dis, 3 f. de retenu + 8 = 11, 11 + 0 + 3 = 14, 14 + 0 + 5 = 19, 19 + 2 = 21, 21 + 1 = 22, je pose 2 aux unités de francs et retiens 2 dizaines de francs. Je viens à la colonne des dizaines de francs, $2+2=4$, $4+3=7$, $7+4=11$, $11+1=12$, je pose 2 aux dizaines et retiens 1 pour être porté à additionner avec la colonne des centaines, 1 de retenu $+4=5$, $5+1=6$, je pose 6 aux centaines. Je viens aux unités de mille, $2+8=10$, je pose 0 aux unités de mille et avance 1 aux dizaines de mille. 40 m. + 8 set. + 1 min. + 3 minots + 3 quart. à 260 f. 70 c., coûteront 10622 f. 16 c. + 23/32.

Venons aux muids, setiers, boisseaux, quarts et litrons de bled.

	muids.	setiers.	boiss.	litrons.
	84 +	8 +	7 +	11
à...	6 fr. 90 c^es^ le boisseau.			

Cette règle ne peut se faire comme les précédentes, attendu que le prix n'est point fixé dans cette proposition pour chaque muid, pour chaque setier, mais bien pour chaque boisseau. Si nous multiplions nos muids par 6 f. 90 c., nous donnerions à ce muid 144 fois moins de valeur qu'il doit en avoir, d'après le prix donné au boisseau, puisque un muid vaut 144 boisseaux. De même nous donnerions à chaque setier douze fois moins de valeur, puisqu'un setier vaut 12 boisseaux. Il faut réduire les muids et les setiers en boisseaux. Pour y parvenir, nous réduirons d'abord les muids en setiers, en multipliant les 84 muids par 12. $84\times 12=1008$ setiers, $1008+8$ setiers que nous avons au multiplicande$=1016$ setiers; pour réduire ces 1016 setiers en boisseaux, nous les multiplions par 12, $1016\times 12=12192$ boisseaux, nous ajoutons les 7 boisseaux du multiplicande, nous avons alors, pour nouveau multiplicande, 12199 boisseaux + 11 litrons représentant les 84 muids + 8 setiers + 7 boisseaux + 11 litrons du premier multiplicande.

SAVOIR :

	12,199 boisseaux + 11 litrons.		
à...	6fr 90 ces le boisseau.		
	10,979fr	10c	
	73,194		
8 litrons......	3..	45	
2 litrons......	0..	86..	1/4 = 2/8
1 litron........	0..	43..	1/8 = 1/8
	84,177fr + 84c.........		3/8
Preuve...	01,111...10..........		0

12199 × 90 c. = 10979 f. 10, 12199 bois. × 6 f. = 73194 f.

Pour les 11 litrons représentant les 11/16 du prix du setier, je prends pour 8 litrons la moitié de 6 f. 90 c., prix d'un boisseau, cette moitié = 3 f. 45 c.; pour 2 litrons, je prends le quart du prix des huit litrons; le quart de 3 f. 45 c. = 86 c. 1/4; enfin, pour un litron, je prends le huitième du prix des huit litrons, ou la moitié de 8 f. 00 c. 1/4 = 43 c. + 1/8; je réduis les deux fractions en huitième, pour leur donner le même dénominateur; je réduis seulement 1/4 en huitième; j'ai pour 1/4 deux huitièmes; je fais ensuite mon addition, 2/8 + 1/8 = 3/8. Je viens aux unités de centimes, 0 + 5 = 5, 5 + 6 = 11, 11 + 3 = 14, je pose 4 et retiens 1, pour être porté à additionner avec les dizaines de centines. 1 + 1 = 2, 2 + 4 = 6, 6 + 8 = 14, 14 + 4 = 18, je pose 8 aux dizaines de centimes et retiens 1 f., 1 + 9 = 10, 10 + 4 = 14, 14 + 3 = 17, je pose 7 aux unités de francs, et retiens 1, que je porte aux dizaines, 1 + 7 = 8, 8 + 9 = 17, je pose 7 aux dizaines de francs et retiens 1 pour être porté aux centaines; 1 + 9 = 10, 10 + 1 = 11, je pose 1 aux centaines, et retiens 1 pour être porté aux unités de mille, 1 + 0 + 3 = 4. Je viens aux dizaines de mille, 1 + 7 = 8, je pose 8 aux dizaines de mille; j'ai un total de 84,177 f. + 84 c. 3/8, pour la valeur de 84 muids, 8 setiers, 7 boisseaux, 11 litrons, à 6 f. 90 c. le boisseau.

Autre règle.

	84 aunes 3/4 de galons d'or,
à...	5 liv. 19 s. le quart.

Si nous multiplions les 84 aunes par 5 liv. 19 s., nous ne leur donnerons que le quart de leur valeur, parce que le prix n'est fixé que pour le quart de l'aune. Il faut réduire les 84 aunes en quarts, ajouter au produit 3, représentant les 3/4, et multiplier ce produit par 5 f. 19 s., nous aurons alors la juste valeur des 84 aunes 3/4.

$$84 \times 4 = 336/4 \;\ldots\ldots\; 336/4 + 3/4 = 339/4$$

SAVOIR :

	339 quarts de galons d'or,
à..	5 liv. 19 s. le galon.
	1695 liv.
P. 10 sous....	169.... 10 s.
5........	84.... 15
2........	33.... 18
2........	33.... 18
	2017 liv. 01 s.
Preuve.	1323.....0

Nous multiplions les 339 quarts par 5 liv. Nous avons, par cette opération, 1695 liv. pour 19 s.; il nous faut prendre les 19/20 de 339, nous prendrons, pour 10 s., ou 10/20 la moitié de 339, ce qui égalera 169 liv. 10 s.; pour 5 s. ou 5/20, le quart des 339, ou la moitié de 169 liv. 10 s., ce qui égalera 84 liv. 15 s.; pour 2 s. ou 2/20, je prendrai le dixième des 339, ce qui donnera 33 liv. 18 s.; je ferai la même chose pour les autres 2 s.; je ferai l'addition de ces produits, j'aurai un total de 2017 liv. 01 s., je reconnais que mon addition est bonne par la preuve, etc., donc les 84 aunes 3/4 de galons d'or à 5 l. 19 s. le quart, = 2017 liv, 1 s.

Passons à la multiplication des aunes et fractions d'aunes, par des francs et centimes.

734 aunes + 2/6 + 3/8 + 2/12
à.. 85 fr. 35 c. l'aune.

Avant de faire cette multiplication, il faut réduire les fractions au même dénominateur. Examinons quelle est la somme qui contiendra sans reste les dénominateurs 6, 8, 12; nous voyons que 24 a cette faculté; nous réduisons donc toutes nos fractions en vingt-quatrième, celle 2/6 sera représentée par 8/24, celle 3/8 par 9/24, et celle 2/12 par 4/24; j'additionne les numérateurs de ces trois nouvelles fractions, 8 + 9 = 17 + 4 = 21, ce qui me donne 21/24, que je réduis en 7/8, en prenant le tiers du numérateur et du dénominateur 21/24 = 7/8.

Les 734 aunes + 2/6 + 3/8 + 2/12 sont représentés par 734 aunes 7/8 d'aune.

SAVOIR :

	734 aunes 7/8,
à..	85 fr. 35 c. l'aune.
	56 fr. 70 c.
	220.... 2
	3670....
	5872
P. 4/8.......	42....67 + 1/2 = 4/8
2/8.......	21....33 + 3/4 = 6/8
1/8.......	10....66 + 7/8 = 7/8
	62,721 fr. 58 + ... 1/8
Preuve.	11,212 12........ 0.

Les 734 aunes×5 = 36 f. 70 c.; le multiplicande 734×3 décimes = 220 f. 2 décimes; 734×5 f. = 3670 f.; 734×8 dizaines de francs = 5872 dizaines de francs. Pour les 7/8 d'aunes, nous prendrons les 7/8 du prix de l'aune (85 f. 35 c.); nous prendrons pour 4/8, ensuite pour 2/8; enfin, pour 1/8 = 7/8; les 4/8 de 85 f. 35 c. = 42 f. + 67 c. + 1/2; les 2/8 = 21 f. + 33 c. + 3/4; 1/8 = 10 f. 66 c. + 7/8; nous changeons les deux dénominateurs 1/2 et 3/4, en huitièmes, nous additionnons ensuite les trois fractions 4/8 + 6/8 + 7/8 = 17/8; nous plaçons 1/8 et retenons 2 centimes; 2 + 7 = 9, 9 + 3 = 12, 12 + 6 = 18 c., je pose 8 aux unités de centimes et retiens une dizaine, 1 + 7 = 8, 8 + 2 = 10, 10 + 6 = 16, 16 + 3 = 19, 19 + 6 = 25, je pose 5 aux dizaines de centimes et retiens 2 f., 2 + 6 = 8, 8 + 0 + 0 + 2 = 10, 10 + 1 = 11, je pose 1 aux unités de francs, et retiens une dizaine de francs; 1 + 3 = 4, 4 + 2 = 6, 6 + 7 = 13, 13 + 2 = 15, 15 + 4 = 19, 19 + 2 = 21, 21 + 1 = 22, je pose 2 aux dizaines et retiens 2, pour être additionnés avec les centaines; 2 + 2 = 4, 4 + 6 = 10, 10 + 7 = 17, je pose 7 aux centaines et retiens 1, pour être additionné avec les unités de mille, 1 + 3 = 4, 4 + 8 = 12, je pose 2 aux unités de mille et retiens 1, pour être additionné avec les dizaines de mille, 1 + 5 = 6, que je porte aux dizaines de mille; les 734 aunes + 2/6 + 3/8 + 2/12 ou 734 aunes 7/8 ×85 f. 35 c. l'aune, = 62721 f. 58 c. 1/8.

Multiplication d'années, mois, jours, heures, minutes et secondes.

Plusieurs hommes gagnent par jour 136 f. 95 c., il leur est dû le travail de deux ans, quatre mois, dix-huit jours, sept heures, trente-cinq minutes, trente secondes : combien leur revient-il? Pour avoir la réponse, je placerai la règle ainsi qu'il suit :

	ans.		mois.		jours.		heures.		minutes.		secondes.
	2	+	4	+	18	+	7	+	35	+	30
à...	136 fr. 75 c. par jour.										

Pour faire cette règle, il faut que je réduise les années et mois en jour, et que j'ajoute à ce produit les 18 jours, attendu que le gain est fixé à tant par jour.

Je multiplie les années par 12, attendu qu'une année = 12 mois, 2 × 12 = 24 mois, 24 mois + 4 = 28 mois; pour réduire ces 28 mois en jours, je les multiplierai par 30 1/2, attendu que les mois ont tantôt 30 jours, tantôt 31; 28 mois × 30 1/2 = 854 jours, 854 jours + les 18 jours placés au multiplicande, = 872 jours; notre multiplicande sera changé en celui-ci: 872 jours + 7 heures, + 35 minutes, + 30 secondes, à 136 f. 95 c. par jour.

SAVOIR :

	jours.	heures.	minut.	secondes.	
	872 +	7 +	35 +	30	
à...	136fr	95 ces.			
	43fr	60 ces.			
	784	80			
	5232	00			
	26,160	00			
	87,200	00			
6 heures.........	34	23 +	3/4	= 720	960
1 heure..........	5	70 +	15/24	= 600	
20 minutes........	1	90 +	5/24	= 200	
0 minutes...........		95 +	5/48	= 100	
5 minutes...........		47 +	53/96	= 530	
30 secondes..........		4 +	725/960	= 725	
	119,463fr	69c +	.... 1875/960	= 2 + 955/960.	
		2 +,	955/960		
	119,463fr	71c +	955/960		

872 jours × 5 c. = 43 f. 60 c., 872 × 90 = 784 f. 80 c., 872 × 6 f. = 5232 f., 872 × 3 dizaines = 2616 dizaines de francs, ou 26160 f., 872 × une centaine, = 872 centaines de francs, où 87200 f. Le jour ayant vingt-quatre heures, pour six heures

nous prendrons le quart de ce que nos hommes gagnaient par jour; je prends donc le quart de 136 f. 95 c., ce qui égale 34 f. 23 c. + 3/4; pour une heure je prends le sixième de ce qu'a produit six heures, et par suite le sixième de 34 f. 23 c. + 3/4, ce qui donne 5 f. 70 c. + 15/24; pour vingt minutes je prends le tiers de ce qu'a produit une heure, parce qu'une heure = 60 minutes, et que 20 est le tiers de 60. Le tiers de 5 f. 70 + 15/24, = 1 f. 90 c. + 5/24 de centimes; pour dix minutes je prends la moitié de ce qu'a produit 20, et par suite la moitié d'un franc 90 c. + 5/24; cette moitié = 95 c. + 5 + 5/48; pour 5 minutes je prends la moitié de 95 c. + 5 + 5/48, puisque 5 minutes est la moitié de dix, cette moitié me donne 47 + 53/96, et comme une minute = 60 secondes, pour trente secondes je prendrai le dixième de 5 minutes, car cinq minutes = 300 secondes; 30 secondes sont le dixième de 300; je prendrai donc le dixième de 47 c. + 53/96; ce dixième = 1 c. + 725/960. Le plus considérable dénominateur montant à 960, il faut que je réduise tous les autres à cette somme, en les multipliant chacun par le nombre de fois qu'ils sont contenus individuellement dans 960; et pour égaliser les fractions, je multiplierai chaque numérateur par le même nombre de fois qu'aura été contenu son dénominateur. Pour la fraction 3/4, je multiplierai le numérateur et le dénominateur par 240, attendu que le dénominateur 4 est contenu 240 fois dans 960; $\frac{3}{4} \times 240 = \frac{720}{960}$ pour la fraction 15/24, je multiplierai le numérateur et le dénominateur par 40, attendu que le dénominateur 24 est contenu 40 fois dans 960; $\frac{15}{24} \times 40 = \frac{600}{960}$, par la même raison, je multiplierai les $\frac{5}{24}$ par 40; $\frac{5}{24} \times 40 = \frac{200}{960}$, ou ce qui est la même chose, comme $\frac{5}{24}$ est le tiers de 15/24, je prendrai le tiers des 15/24, ce qui me produira toujours 200/960. Pour la fraction 5/48, je multiplierai le numérateur et le dénominateur par 20, attendu que le dénominateur 48 est contenu 20 fois dans 960; $\frac{5}{48} \times 20 = \frac{100}{960}$; pour la fraction 53/96, je multiplierai le numérateur et le dénominateur de cette fraction par 10, attendu que 96 est contenu dix fois dans 960; $\frac{53}{96} \times 10 = \frac{530}{960}$; les cinq nouvelles fractions étant placées pour être additionnées, nous portons aussi en ligne d'addition la sixième fraction $\frac{725}{960}$; je procède à l'addition des six numérateurs, en commençant par les unités; $0+0+0+0+0+5=5$, que je place aux unités; 2 aux dizaines $+0+0+0+3=5$, $5+2=7$, je pose 7 aux dizaines; je viens enfin aux centaines, $7+6=13$, $13+2=15$, $15+1=16$, $16+5=21$, $21+7=28$, je pose 8 aux centaines et avance 2 aux unités de mille. Les six numérateurs montent à 2875, et les six fractions $=\frac{2875}{960}=2$ c. $+\frac{955}{960}$, car $\frac{960}{960}$ qui représentent un centime, sont contenus deux fois dans $\frac{2875}{960}+\frac{955}{960}$ de reste; faisant la soustraction de 1920, de 2875, reste 955, car $960\times2=1920$, et $2875-1920=955$, j'ai donc, pour la valeur des six numérateurs, 2 c. $+\frac{955}{960}$, je porte en ligne les fractions $\frac{955}{960}$, et je retiens 2 c. pour être additionnés avec les centimes; 2 c. $+0+3$ c. $=5$, $5+0+0+5=10$, $10+7=17$, $17+1=18$, je pose 8 centaines et retiens une dizaine, $1+6=7$, $7+8=15$, $15+2=17$, $17+7=24$, $24+9=33$, $33+9=42$, $42+4=46$, je pose 6 aux dizaines de centimes et retiens 4 f., $4+3=7$, $7+4=11$, $11+2=13$, $13=4+17$, $17+5=22$, $22+1=23$, $23+0+0=23$ f., je pose 3 aux unités de francs, et je retiens 2 pour être portés aux dizaines, $2+4$ dizaines $=6$, $6+8=14$, $14+3=17$, $17+6=23$, $23+3=26$, je pose 6 aux dizaines et retiens 2 pour être portés aux centaines; $2+7=9$, $9+2=11$, $11+1=12$, $12+2=14$, je pose 4 aux centaines et retiens 1 pour être porté aux unités de mille, $1+5=6$, $6+6=12$, $12+7=19$, je pose 9 aux unités de mille et retiens 1, pour être additionné avec les dizaines de mille, 1 de retenu $+2=3$, $3+8=11$, je pose 1 aux dizaines de mille et j'avance 1 aux centaines; le total de mon addition se monte à 119463 f. 68 c. $+955/960$; en faisant la preuve, je vois que l'addition est bonne.

Nous allons faire une dernière multiplication, où nous nous occuperons des différens poids de diamans et de leurs fractions.

Le diamant, comme on le sait, est la chose la plus précieuse et celle qui se vend le plus cher d'après sa pesanteur spécifique, car le diamant n'est pas comme toute autre marchandise, sa valeur n'augmente point par gradation suivant son poids, c'est-à-dire, supposons un diamant d'un grain valoir 15 f., celui de deux grains vaudrait 40 f., celui de trois grains vaudrait 75 f., celui de quatre grains vaudrait 120 f., en outre, plus le diamant est compacte, plus les mollécules qui le composent sont rapprochées; enfin, plus il pèse de grains, de karats, pourvu qu'il soit net, plus il augmente de valeur; je ne prétends point donner une connaissance parfaite du diamant, la chose est impossible, les hommes les plus habitués dans les acquisitions et les ventes de cette sorte de marchandise, font souvent de grandes erreurs; souvent ce que l'on prend pour diamant n'est qu'une pierre plus ou moins belle, enfin, un cristal qui l'imite; c'est aux personnes qui font ce commerce à agir prudemment.

Le poids du diamant s'appelle karat; le karat pèse quatre grains, le demi karat pèse deux grains, le quart de karat un grain, le huitième de karat pèse un demi grain, le seizième pèse un quart de grain, le trente-deuxième un demi-quart de grain.

J'ai acheté 3 karats + 2 grains, + 1/8 + 1/16 de grain, à raison de 1000 f. le karat, combien ai-je dépensé?

		3 karats + 2 grains + 1/8 + 1/16 de grain.
à...		1000 fr. le karat.
	=	3000 fr.
2 grains......	=	500
1/8 de karat..	=	125
1/16.........	=	62 50
Produit..		3687 fr. 50 cent.

J'ai multiplié les 3 karats par 1000 f., $1000 \times 3 = 3000$ f.; pour 2 grains j'ai pris la moitié du prix du karat, $\frac{1000}{2} = 500$ f.; pour 1/8 de karat j'ai pris le huitième de 1000 f., ou le 1/4 de 500 f., valeur des 2 grains, attendu que deux grains valent 4/8 de karats ; $\frac{500}{4}$ = 125 f., la valeur du huitième de karat ; enfin, pour 1/16 de karat, j'ai pris le seizième du prix du karat (1000 f.) ou la moitié du huitième ; $\frac{125}{2}$ = 62 f. 50 c. ; j'ai pour produit de ma multiplication 3687 f. 50 c.

Deuxième multiplication.

En réduisant tous les grains et huitièmes du multiplicande en seizièmes, notre multiplicande sera changé en trois karats, 11/16 de karat.

SAVOIR :

		3 karats 11/16 de karat.
à...		1000 fr. le karat.
	=	3000 fr.
8/16 de karat..	=	500
2/16.........	=	125
1/16.........	=	62 50
Produit...		3687 fr. 50 cent.

Pour les entiers, 3 × 1000 = 3000 f. ; nous avons pris pour 8/16 la moitié de 1000 f., prix fixé du marc, = 500 f. ; pour 2/16, le huitième de 1000 f., ou le quart des 8/16, ce qui = 125 f. ; enfin, pour 1/16, le seizième de 1000 f. ou la moitié de deux seizièmes (125), ce qui me donne 62 f. 50 c. ; notre addition faite, nous trouvons le même produit qu'à la multiplication précédente.

Division pour les règles composées.

Toutes les divisions qui vont être faites serviront de preuve aux multiplications composées, dont nous avons précédemment décrit les opérations.

Avec 5437 f. 28 centimes + 83/144 de centimes j'ai payé

132 toises 5 pieds 7 pouces + 9 lignes d'ouvrages ; combien me revient la toise?

Règle.

5437 fr. 28 c^{es} + 83/144 { 132 toises 5 pieds 7 pouces 9 lignes.

Pour faire cette division, il faut réduire, 1° le dividende en centimes, ce qui se fait facilement en raprochant les 28 cent. des francs, ôtant le signe *f.* et ne formant qu'une somme comme 543728 centimes ; on multiplie ensuite ces 543728 par 144 ; nous avons la somme 78296832, voilà le dividende réduit en centimes et en cent quarante-quatrièmes, j'ajoute les 83/144 aux 78296832, ce qui forme un total de 78296915. Il n'existe plus de fractions dans le dividende; il faut pareillement réduire toutes les parties du diviseur à sa plus petite fraction, c'est-à-dire, comme la plus petite fraction du diviseur se trouve être des lignes, on réduira tout en lignes.

132 toises × 6 = 792 pieds; 792 + 5 pieds qui font partie du diviseur = 797 pieds. Pour réduire ces pieds en pouces, nous multiplierons les 797 pieds par 12, parce qu'un pied = 12 pouces; 797 × 12 = 9564 pouces, j'ajoute à ces 9564 pouces les 7 pou. du diviseur, ce qui forme un total de 9571 pouces; pour réduire ces 9571 pouces en lignes, je multiplie les 9571 pouces par 12 = 114852 lignes, auxquelles j'ajoute les 9 lignes du diviseur, ce qui donne un total de 114861 lignes.

Le dividende est changé, comme on le voit, en 7826015/144, et le diviseur en 114852 lignes ; l'on ne peut cependant encore opérer, parce que d'une part on a donné 144 fois plus de valeur au dividende, et que de l'autre on a aussi donné au diviseur 864 fois plus de valeur en le multipliant successivement par 6, 12 et 12. Pour opérer justement, nous donnerons 864 fois plus de valeur au nouveau dividende 78297015; comme nous donnerons 144 fois plus de valeur à 114852, nouveau diviseur; de cette manière le dividende et le diviseur seront l'un à l'autre comme ils étaient avant toute réduction, quoiqu'étant l'un et l'autre beaucoup plus considérables; nous multiplierons les 78296915 par 6=469781490 × 12=5637377880 × 12 =67648534560, voilà pour le dividende. 114852 lignes, diviseur × 144=16539984, voici notre dividende et notre diviseur réduits, ainsi qu'il le faut, pour opérer justement. Si nous avons donné au dividende 144 fois plus de valeur, nous avons donné aussi au diviseur 144 fois plus de valeur; si nous avons donné au diviseur 864 fois plus de valeur, nous en avons fait autant pour le dividende, nous opérerons ainsi qu'il suit:

SAVOIR:

```
67648534560 { 16539984
66129936    { 40 fr. 90 c. que coûte la toise.
-----------
 148859856
 148859856
-----------
0000000000
```

Nous devons trouver au quotient 4090, ce qui sera 4090 c. ou 40 fr. 90 c., attendu que le dividende a été réduit en centimes.

Nous trouvons en effet que 16639984, diviseur, est contenu 4090 fois, sans reste, dans 67648534560, dividende; nous avons bien opéré dans la multiplication composée, qui a été faite la première, lorsque j'ai traité de la multiplication composée; puisque nous retrouvons son multiplicateur au quotient, ayant eu pour dividende son produit 5437 fr. 28 cent. +83/144; ce même produit réduit en centimes, ensuite en cent quarante-quatrièmes et multiplié par 6 × 12 × 12 ou × 864 représenté enfin par la somme 97648534560 et ayant eu au diviseur son multiplicande 132 toises + 6 pieds + 7 pouces + 9 lignes, réduit d'abord en ligne et × 144, représentés par la somme 16539984.

Pour faire la preuve de la multiplication composée, dont nous avons parlé, et pour faire encore la preuve de la précédente division, nous nous y prendrons de la manière suivante, après avoir posé la question.

Nous avons payé à des ouvriers la somme de 5437 fr. 28 c. + 83/144 de centimes pour avoir miné un certain nombre de toises, convenu avec eux, à 40 fr. 90 c.; combien les ouvriers ont-ils dû miner de toises et fractions de toises. Nous posons ainsi la règle :

5437 fr. 28 c^es + 83/144 { 40 fr. 90 c^es.

Nous nous servons pour dividende de la somme payée, notre diviseur sera le prix d'une toise, et notre quotient doit représenter le nombre de toises que les ouvriers ont dû faire. Nous opérerions facilement si le dividende et le diviseur n'étaient composés que de francs et centimes, nous n'aurions besoin que d'ôter le signe *f.*, désignant des francs, et supposer dans les deux termes des centièmes de francs pour ne former qu'une somme de centimes pour chaque terme; pour le dividende nous aurions 543728 c., et pour le diviseur 4090 centimes; notre dividende et notre diviseur auraient alors acquis chacun plus de valeur et auraient, entre eux, les mêmes rapports qu'avant ce changement. Mais il nous reste au dividende 83/144, qu'il faut aussi diviser. Considérant en forme fractionnaire notre dividende et notre diviseur, puisque le dividende doit être considéré comme le numérateur d'une fraction, et le diviseur comme le dénominateur, parce que le diviseur est l'entier que nous devons retrouver un certain nombre de fois dans le dividende; nous aurons la fraction suivante :

$$\frac{543728 \text{ c}^{es} + 83/144}{4090 \text{ centimes.}}$$

et comme une fraction quelconque ne change point de valeur, son dénominateur et son numérateur étant multipliés ou divisés par un même nombre, nous multiplierons l'un et l'autre par 144, dénominateur de la fraction 83/144 qui se trouve au dividende ; nous ajouterons à ce dernier 83 au produit de la multiplication, parce que son produit étant alors des 144mes, 83/144 doivent être additionnés à son produit, puisque 83/144 faisaient partie du dividende. Ces opérations faites, nous aurons alors un dividende et un diviseur composés de cent quarante-quatrièmes, sans autres fractions ; nous pourrons alors opérer facilement.

$$543728 + 83/144,\ \text{dividende} \times 144 = 78296915\ ;$$

$$4090,\ \text{diviseur} \times 144 = 588960.$$

Nous allons faire notre division :

SAVOIR :

78296915	588960
588960	132 toi + 5 pi. + 7 pou. + 9 lig.
1940091	
1766880	
1732115	
1177920	
554195	
× 6 pi.	
3325170	588960
2944800	5 pieds.
380370	
× 12 pou.	
760740	
380370	
4564440	588960
4122720	7 pouces.
441720	
× 12 lig.	
883440	
441720	
5300640	588960
5300640	9 lignes.
0000000	

Nous voyons que dans les six premiers chiffres de gauche à droite, le diviseur est contenu une fois, et que les 782969, pris dans le dividende, représentent 782969 centaines, que par conséquent 588960 est déjà contenu cent fois dans le dividende, et que nos ouvriers ont fait au moins cent toises d'ouvrage, nous portons 588960 sous 782969 centaines; la soustraction faite, nous avons un reste de 194009 centaines, nous descendons à côté de ce reste le chiffre 1 placé aux dizaines du dividende ; nous avons pour nouveau dividende 1940091 dizaines ; nous trouvons que le diviseur y est contenu trois fois ; par conséquent nos ouvriers ont fait au moins 130 t. Nous disons : $588960 \times 3 = 1766880$; nous portons ce produit sous le dividende; la soustraction opérée, nous avons pour reste 173211 dizaines; nous descendons à côté de ce reste le chiffre 5 placé aux unités du dividende ; nous avons un nouveau dividende de 1732115, au moyen duquel uous saurons combien d'unités de toises ont fait en outre les ouvriers; nous voyons que le diviseur est contenu deux fois dans ce nouveau dividende, que par suite nos ouvriers doivent avoir fait au moins 132 toises. Nous disons : $588960 \times 2 = 1177920$, que nous portons sous 1732115; il nous reste 554195 unités, dans lesquelles nous devons trouver les fractions de la toise, telles que pieds, pouces et lignes.

Pour avoir les pieds, nous multiplions le reste par 6. 554195, reste $\times 6 = 3325170$; nous trouvons que le diviseur 588960 est contenu cinq fois; que par suite les ouvriers ont fait au moins 132 toises 5 pieds; nous multiplions le diviseur par 5, $588960 \times 5 = 2944800$; nous portons cette somme sous 3325170; la soustraction opérée, nous avons un reste de 380978. Pour savoir le nombre de pouces qu'ont dû faire les ouvriers, nous multiplierons le reste par 12, $380970 \times 12 = 4564440$, pour nouveau dividende, dans lequel nous devons chercher le nombre des pouces qu'ont dû faire nos ouvriers; nous dirons donc : en 4571640 combien de fois 588960 ? Réponse, sept fois, ce qui nous donne sept pouces ; les ouvriers ont donc fait 132 toises 5 pieds 7 pouces, nous multiplions le diviseur par 7, 588960×7=4122720, nous portons cette somme sous 4564440; la soustraction faite, nous avons 441720 de reste. Pour avoir les lignes, nous multiplierons le reste par 12, 441720×12=5300640, nous cherchons combien de fois le diviseur 588960 est contenu dans ce nouveau dividende nous le trouvons contenu 9 fois, ce qui nous donne 9 lignes; nous avons donc 133 toises+5 pieds+7 pouces 9 lignes; nous multiplions le diviseur par 9, 588960×9=5300640; nous voyons que cette somme portée sous le nouveau dividende lui est parfaitement semblable, que par suite il n'y a rien de reste.

Nous avons donc bien opéré dans la multiplication complexe, ainsi que dans la précédente division, nous retrouvons le multiplicande et le multiplicateur de notre multiplication complexe; enfin nous retrouvons le diviseur de notre première division.

Deuxième division.

J'ai acheté avec 1439 liv.+0 s.+11 d.+25/64 une certaine quantité de sucre, à raison de 3 liv. 9 s.+3 d. la livre; combien ai-je acheté de livres de sucre et fractions de livres?

Je dirai : dès que je sais que chaque livre de sucre m'a coûté 3 liv.+9 s.+3 d., et qu'un certain nombre de livres et parties de livres m'ont coûté 1439 liv. 0 s.+11 d.+25/64 de deniers; nécessairement en divisant cette dernière somme par le prix de la livre, j'aurai une réponse juste ; je saurai quelle quantité de livres et parties de livres j'ai acheté.

J'aurai donc pour dividende 1439 liv. 0 s.+11 d. 25/64, et pour diviseur 3 liv. 9 s.+3 d.; mais ma division ne pourra se faire sans réduire le dividende et le diviseur en sous et deniers, enfin sans les multiplier l'un et l'autre par le dénominateur 84, dénominateur de la fraction 25/64, faisant partie du dividende.

Nous commencerons par le dividende, nous multiplierons 1439 liv. par 20 s. ce qui égalera 28780 s.; pour réduire en deniers, nous multiplierons 28780 s. par 12, ce qui nous donnera 345360 d. auxquels nous ajouterons les onze deniers qui font partie du dividende, ce qui égale 345371 d. que nous multiplierons par 64; nous aurons 22103744, auxquels nous ajouterons 25, attendu que nous avons dans le dividende 25/64. Nous aurons donc, pour le dividende nouveau, la somme de 22103769. Venons aux 3 liv. 9 s. 3 d., montant du diviseur ou prix de la livre de sucre; 3 liv. × 20 s. = 60 s., 60 s. + 9, que nous avons au diviseur, = 69 s.; pour réduire en deniers, nous multiplierons 69 s. par 12, ce qui formera la somme de 828 deniers, auxquels nous ajouterons les 3 d. qui sont au diviseur, nous aurons donc 828 + 3 d. = 831 d., que nous multtiplierons enfin par 64, attendu que le dividende a été multiplié par 64; nous dirons donc : 831 × 64 = 53184.

J'aurai donc pour dividende et diviseur les deux sommes suivantes, sur lesquelles j'opérerai;

SAVOIR :

```
22103769  { 53184
212736    { 415 ß + 9 onc. + 3/4 d'once de sucre.
--------
0083016
  53184
--------
 298329
 265920
--------
  32409
  × 16 on.
--------
 194454
 32409
--------
 518544  { 53184
 478656  { 9 onces.
--------
  39888
    × 4
--------
 159552  { 53184
 159552  { 3 ou 3/4
--------
 000000
```

Les 3/4 de 53184 = 39888.

Je dis, en prenant six chiffres de gauche à droite dans le dividende 221037 : combien de fois 53184, diviseur, je l'y trouve contenu quatre fois, je pose 4 au quotient; je multiplie le diviseur 53184 par 4 = 212736, qui soustraits de 221037 reste 8301; je descends le chiffre 6 à droite du reste, j'ai pour nouveau dividende 83016, dans lequel je trouve que 53184 n'est contenu qu'une fois, la multiplication du diviseur faite par le chiffre que je viens de placer à droite du chiffre 1 je porte son produit, 53184, sous 83016; la soustraction faite, j'ai pour reste 29832, à côté duquel je descends à droite le chiffre 9; j'ai pour nouveau dividende 298329, dans lequel nous trouvons cinq fois le diviseur 53184, nous posons 5 au quotient à droite du chiffre; nous avons actuellement au quotient 415, représentant 415 livres de sucre. Multipliant le diviseur par 5, chiffre placé le dernier au quotient, nous avons 265920, qui soustraits du dividende 298329, j'ai pour reste 32409, dans ce reste sont les onces et quarts d'once à chercher; mais pour trouver d'abord les onces, il faut multiplier le reste par 16, 32409 × 16 = 518544, je divise ce nouveau dividende par le diviseur 53184, je trouve qu'il y est contenu 9 fois + 39888 de reste, je porte ce chiffre 9 au quotient, ce chiffre 9 représente neuf onces; je cherche dans ce reste combien il y a de quart-d'once; je m'y prends de trois manières : la première, je multiplie ce reste par 4; j'ai pour produit 159552, divisant cette somme par 53184, je trouve que ce diviseur y est contenu trois fois sans reste, je pose 3/4 au quotient avec la somme de 1439 liv. + 0 + 11 d. + 25/64, j'ai acheté 414 livres + 9 onces + 3/4 d'once de sucre, puisqu'avec 3 liv. 9 s. 3 d., j'en ai acheté une livre. Je trouverais encore les 3/4 d'once en prenant les 3/4 du diviseur, ce qui donnerait 39888, qui est précisément le reste, après avoir terminé les neuf onces; ou enfin je multiplierais la somme 39888 par 8, attendu qu'il faut huit gros pour égaler une once, 39888 × 8 = 319104, danslaquelle somme je trouve que 53184, diviseur, est contenu six fois sans reste; ces six gros représentent bien les 3/4 de l'once, puisqu'il faut 8 gros pour valoir une once, et que par suite six gros sont les trois quarts de l'once.

Autre division servant de preuve à la multiplication composée que j'ai faite dans ce livre; le multiplicande composé de marcs, onces, gros, deniers et grains, et le multiplicateur de livres, sous et deniers.

Avec 282529 liv. + 8 s. + 5 d. + 52/128 de deniers, j'ai acheté un certain poids d'or, à raison de 384 liv. 18 s. 9 d. le marc: combien ai-je acheté de marcs et parties du marc.

Je dirai : dès que je sais que chaque marc d'or m'a coûté 384 liv. 18 s. 9 d. et qu'un certain nombre de marcs et parties du marc m'ont coûté 282529 liv. + 18 s. + 5 d. + 52/128 de deniers; nécessairement en divisant cette dernière somme par le prix du marc, je parviendrai à connaître quel poids d'or j'ai acheté.

Mon dividende sera donc de 282539 liv. + 18 s. + 5 d. + 52/128, et le diviseur 34 liv. 18 s. + 9 d., prix fixé du marc. Mais comme le dividende et le diviseur sont composés de livres, sous et deniers, et qu'en outre le dividende a la fraction 52/128, Il faut réduire nos deux termes en sous et deniers et les multiplier l'un et l'autre par 128, dénominateur de la fraction placée au dividende; nous opérerons ensuite avec facilité, attendu que nous aurons augmenté nos deux termes en les multipliant par des valeurs semblables qui ne changeront point leur rapport, etc.

Commençons par le dividende: nous réduirons en sous les 282529 liv. × 20 s. = 5640580 s. auxquels sous nous ajoutons les 8 s. portés dans le dividende, ce qui nous donnera 5640588 s. que nous réduirons en deniers, en multipliant par 12 d., qui valent un sou; nous aurons par cette opération nos livres et sous du dividende changés en 67807056 deniers, auxquels nous ajouterons les 5 deniers qui sont au dividende, ce qui nous donnera un total de 67807061 deniers, représentant 282529 liv. 8 s. 5 d.; enfin nous multiplierons les 67807061 par le dénominateur de la fraction 52/128 qui se trouve encore au dividende; 67807061 × 128 = 8679303860/128 de deniers, auxquels nous ajouterons les 52/128 du dividende, nous aurons enfin pour le dividende 867930386o/128 de deniers, représentant parfaitement la somme de 282529 liv. 8 s. + 5 d. + 52/128 de deniers. Venons actuellement au diviseur.

Commençons par réduire en sous les 384 liv. ; 384 liv. × 20 s. = 7680 s., nous ajouterons à cette somme les 18 s. qui sont portés au diviseur ; nous aurons un total de 7698 s. qui représentent parfaitement les 384 liv. 18 s. du diviseur ; nous réduirons ces 7698 s. en deniers, en les multipliant par 12 d. représentant un sou, 7698 s. × 12 d. = 92376 d., auxquels j'ajoute 9 d. portés au diviseur, j'ai un total de 92385 d., représentant absolument les 384 liv. 18 s. 9 d. portés au diviseur. Enfin, je multiplie les 92385 d. par 128, attendu que le dividende a été multiplié par cette somme, et parce que pour opérer avec justesse il faut conserver les mêmes rapports entre le dividende et le diviseur qui existaient avant de les réduire en fraction ; nous dirons donc : 92385 d. × 128 = 11825280/128.

Notre première question se trouve changée en celle-ci :

Avec 867930386o/128 de deniers j'ai acheté un certain poids d'or à raison de 11825280/128 le marc, combien ai-je acheté de marcs et parties de marc. Nous ferons disparaître le dénominateur 128, et nous aurons le dividende et diviseur suivant, sur lequel nous allons opérer :

SAVOIR :

8679303860	11825280
82776960	733 m. + 7℥ + 5ʒ + 1℈ + 16gr.
40160786	
35475840	
46849460	
35475840	
11373620	
8 on.	
90988960	11825280
82776960	7 onces.
8212000	
8 ʒ	
65696000	11825280
59126400	5 ʒ
6569600	
3 ℈	
19708800	11825280
11825280	1 ℈
7883520	
24 gr.	
31534080	
15767040	
189204480	11825280
11825280	16 grains.
70951680	
70951680	
00000000	

ou les 2/3 de 11825280 = 7883520, donc la fraction $\frac{7883520}{11825280}$ de deniers = 16 grains ou 2/3 de deniers.

Je dis, en prenant huit chiffres de gauche à droite, en 86793038 centaines combien de fois le diviseur 11825280? 7 fois; je porte 7 au quotient, qui représentera 700 mar.; 11825280 × 7 = 82776960, que je porte sous la somme 86793038; la soustraction opérée, j'ai un reste de 4016078 centaines; j'ajoute à cette somme le chiffre 6, que je descends du dividende, j'ai un nouveau dividende de 40160786 dizaines; en ce nouveau dividende, je trouve que le diviseur y est contenu 3 fois, je pose 3 au quotient à droite du 7; 11825280×3=35475840, je porte cette somme sous le nouveau dividende 40160786; la soustraction opérée, j'ai un reste de 4684946 dizaines; je descends le o qui est aux unités du dividende, à côté du reste; j'ai un total de 46849460 unités pour nouveau dividende, dans lequel je trouverai les unités de marcs. Je trouve que 11825280 est contenu trois fois dans le nouveau dividende 46849460, je porte donc 3 au quotient, à droite du 3, je multiplie le diviseur par ce dernier chiffre 11825280×3=35475840, que je porte sous 46849460, la soustraction faite, j'ai un reste de 11373620, et mon quotient est alors composé de 733 marcs. Pour trouver les onces, nous donnerons au reste huit fois plus de valeur, parce que le marc est composé de huit onces, et que le reste étant un reste d'entier ou de marc, pour être réduit en once doit être multiplié par huit, 11373620×8= 90988960 onces, nouveau dividende; je vois que le diviseur y est contenu sept fois; je porte 7 au quotient, à droite du 3, mais séparé de ce dernier; ce chiffre 7=7 onces; le diviseur multiplié par 7=82776960; faisant la soustraction de cette somme du dividende, j'ai pour reste 8212000, et je me trouve au quotient, 733 m.+7 onces; pour avoir les gros, je multiplierai le reste par 8, puisqu'une once=8 gros; 8212000×8 =65696000 gros, autant de fois je trouverai le diviseur dans ce nouveau dividende, autant je porterai de gros au quotient; je trouve que le diviseur est contenu cinq fois dans le nouveau dividende, je porte 5 au quotient à droite et séparé du chiffre 7; je mets au-dessus du chiffre 5 un signe désignant les gros 11825280 diviseur×5=59126400, je soustrais cette somme du dividende, j'ai pour reste 6569600, et je me trouve, au quotient, 733 m.+7 onc.+5 gros; je vais chercher combien le reste me produira de deniers ou de scrupules; pour y parvenir, je le réduirai en deniers, et comme 1 gros=3 deniers, je multiplierai le reste par 3; 6569600×3=19708800, je trouve que le diviseur n'est contenu qu'une fois dans ce nouveau dividende, je pose 1 au quotient, à droite et séparé du chiffre 5 désignant des gros; je place au-dessus de 1 le signe désignant des deniers; je porte le diviseur sous le dividende, j'ai pour reste 7883520 deniers, dans lequel doivent se trouver les grains; je réduirai en grains ce reste, en le multipliant par 24, attendu qu'un denier = 24 grains; 7883520×24=189204480 grains, laquelle somme j'aurai pour nouveau dividende; à l'inspection de la somme, je vois que le diviseur y est contenu plus de dix fois, car le nouveau dividende est composé de neuf chiffres, et le diviseur n'en a que huit, nous ferons donc deux opérations; nous voyons que dans les huit chiffres à gauche du dividende, le diviseur est contenu une fois, nous portons 1 au quotient qui représentera dix grains; ayant soustrait le dividende du diviseur, j'ai un reste de 7095168 dizaines de grains; je descends le chiffre o placé aux unités du dividende, je le place à côté de 7095168 dizaines, j'ai un nouveau dividende de 70951680 unités; dans cette somme, je trouve que le diviseur y est contenu six fois sans reste, je porte 6 au quotient à côté du chiffre 1 placé aux dizaines de grains; mon quotient est composé de 733 m. + 7 onc. + 5 gros + 1 scrup. + 16 grains; je connais actuellement que, si avec 84 liv. 18 s. 9 d., j'ai acheté un marc d'or, avec la somme de 282529 liv. + 8 s. + 5 d. + 52/128 de deniers, j'achèterai 733 m. + 7 onc. + 5 scrup. + 16 grains; par cette réponse, je suis convaincu que j'ai bien opéré, tant en multiplication qu'en division; j'ai bien opéré dans la multiplication complexe, puisque 733 m. + 7 onc. + 5 gros + 1 scrup. + 16 grains à 384 liv. + 18 s. + 9 d. le marc, m'avaient donné un produit de 282529 liv. + 8 s. + 5 d. + 52/128; lorsque j'ai fait la multiplication, puisque divisant le produit 282529 liv. + 8 s. + 5 d. + 52/128 de deniers, par 384 liv. + 18 s. + 9 d., prix du marc, j'ai eu pour quotient 733 m. + 7 onc. + 5 gros + 1 d. + 16 grains, représentant le multiplicande; si j'ai bien opéré dans la multiplication complexe, j'ai nécessairement bien opéré dans la division, puisque la division étant la preuve de la multiplication, la multiplication est aussi celle de la division; si nous reproduisons par la division le multiplicande et le multiplicateur d'une multiplication, si nous le trouvons sans reste, les opérations de multiplication ont été bien faites; par suite on a bien opéré dans la division, puisqu'en multipliant le diviseur par le quotient, nous retrouverions le dividende.

On pourrait encore, comme nous avons fait dans la division précédente, faire la preuve de la division et de la multiplication par une autre division, il s'agirait de diviser le produit de la multiplication 282529 liv. + 8 s. + 5 d. + 52/128 par 733 m. + 7 onc. + 5 gros + 1 den. + 16 gr., puisque nous avons bien opéré dans les deux règles précitées, nous aurions nécessairement pour quotient 384 liv. 18 s. 9 d.; nous aurions fait ainsi la question : si avec la somme 282529 liv. + 8 s. + 5 d. + 52/128 de deniers, nous avons acheté 733 m. + 7 onc. + 5 gr. + 1 scrup. + 16 grains, combien nous revient le marc? Nous aurions certainement pour quotient ou pour réponse, 384 liv. + 18 s. + 9 d.

Quoique nous ayons fait cette division, nous ne la mettrons point ici, parce qu'il serait très-long d'en décrire les opérations, nous nous contenterons de dire seulement comment nous nous y sommes pris.

Nous aurions d'abord réduit 1° en sous, 2° en deniers, enfin en 128e le produit de la multiplication ou le dividende; nous aurions ensuite réduit le diviseur 1° en once, 2° en gros, 3° en deniers, enfin en grains; mais comme le dividende et le diviseur n'auraient point été alors des produits de même nature, j'aurais réduit ou changé le dividende, qui se trouvait alors composé de 128e, 1° en once en le multipliant par 8; 2° en gros, en multipliant les onces par 8; 3° en deniers, en multipliant les gros par 3; enfin en grains, en multipliant le produit des deniers par vingt-quatre, j'aurais eu un nouveau dividende composé ainsi qu'il vient d'être dit; pour le diviseur composé de grains, je l'aurais d'abord multiplié par 20 s. pour le réduire en sous; 2° par 12 pour le réduire en deniers; enfin je l'aurais multiplié par 128 pour le réduire en 128e; j'aurais, avec ce nouveau dividende et diviseur ainsi composés, fait ma division ; lorsque j'aurais trouvé pour quotient les 384 liv., j'aurais multiplié le reste par 20 s., j'aurais obtenu les 18 s. ; enfin, j'aurais multiplié le reste des sous par 12 den., j'aurais obtenu les 9 deniers. Telles auraient été les opérations successives auxquelles j'aurais procédé. J'ai cru qu'il était suffisant de les décrire.

Autre division servant de preuve à la multiplication complexe que j'ai faite dans ce livre, le multiplicande composé de muids, setiers, mines, minots et quarteaux, le tout mesures anciennes pour le sel.

Avec dix mille six cent vingt-deux francs seize centimes, plus 23/32 de centimes, j'ai acheté une certaine quantité de muids de sel, etc., etc. ; je sais que chaque muid m'a coûté 260 f. 70 c.

Dès que je sais le prix du muid et que je connais la somme que j'ai donnée pour l'acquisition d'une quantité quelconque de muids et de ses parties ; nécessairement en divisant la somme de 10622 f. 16 c. + 23/32, que j'ai employé pour le prix d'un muid, montant à 260 f. 70 c., le quotient, si j'opère bien, doit me donner la quantité de muids et parties de muids que j'ai dû acheter.

Mon dividende sera donc de la somme de 10622 fr. 16 cent. + 23/32, mon diviseur, 260 f. 70 c., prix fixe de chaque muid. Mais comme le dividende et le diviseur sont composés de francs et de centimes, et qu'en outre le dividende a la fraction 23/32, nous réduirons l'un et l'autre en centimes et en 32e de centimes. Par les centimes ainsi que nous l'avons expliqué, nous n'aurons qu'à ôter le signe *f.* et ne faire ensuite qu'une somme de francs et centimes ; cette opération faite, nous multiplierons les deux termes par 32.

Nous aurons, pour le dividende, 1062216 cent., qui, × 32

$=33990912/32$, auxquels nous ajoutons le 23/32 déjà porté au dividende, ce qui fait un total de 33990935/32e, pour le dividende. Passons au diviseur 260 f. 70 c.; nous aurons d'abord 26070 c., qui, $\times 32 = 834240/32^e$; nous faisons ensuite la proposition suivante :

Avec 33990935/32 de centimes, ayant acheté une certaine quantité de muids de sel, et partie de ce muid à raison de 83424/32 de centimes le muid, quelle est notre quantité inconnue ?

Nous faisons disparaître dans le dividende et le diviseur le dénominateur 32, et opérons ainsi qu'il suit :

SAVOIR :

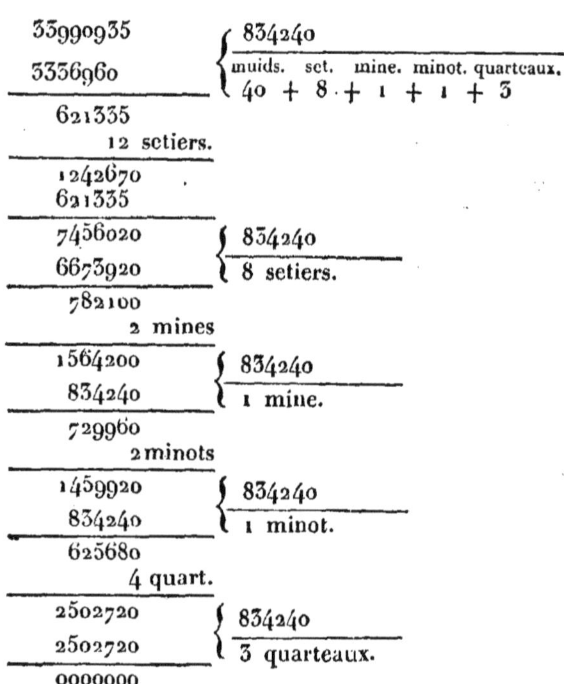
33990935 | 834240
3336960 | muids. set. mine. minot. quarteaux. 40 + 8 + 1 + 1 + 3
621335
12 setiers.
1242670
621335
7456020 | 834240
6673920 | 8 setiers.
782100
2 mines
1564200 | 834240
834240 | 1 mine.
729960
2 minots
1459920 | 834240
834240 | 1 minot.
625680
4 quart.
2502720 | 834240
2502720 | 3 quarteaux.
0000000

Je dis, en prenant 7 chiffres de gauche à droite : en 3399093 dizaines combien de fois 834240, diviseur? quatre dizaines de fois, nous portons 4 au quotient qui vaudra quatre dizaines; 834240×4=3336960, nous portons cette somme sous le dividende 3399093 ; la soustraction opérée, nous avons pour reste 62133 dizaines, nous descendons le chiffre 5 placé aux unités du dividende, et le plaçons à droite du reste 62133; nous avons alors un nouveau dividende de 621335 unités, nous voyons que le diviseur ne peut y être contenu, nous portons donc 0 au quotient; nous savons actuellement que nous avons acheté 40 muids $+\frac{621335}{834240}$ de muids. Voulant savoir combien nous avons acheté de setiers, nous multiplierons le numérateur 621335 par 12, attendu qu'un muids vaut 12 setiers, nous diviserons le produit par le dénominateur, nous connaîtrons alors la quantité de setiers que nous avons acheté. 621335×12 sous=1242670 sous; nous trouvons que le diviseur est contenu huit fois dans ce nouveau dividende, nous portons le chiffre 8 au quotient, nous le séparons des 40 muids par le signe +; nous disons ensuite : 834240 ×8=6673920, que nous portons sous 7456020, la soustraction opérée nous avons un reste de 782100. Nous connaissons actuellement que nous avons acheté 40 muids+8 setiers $+\frac{782100}{834240}$ de setiers. Si nous voulons savoir le nombre de mines que nous avons en outre acheté, nous multiplions le numérateur 782100 par le chiffre 2, attendu qu'un setier=2 mines, 782100×2=1564200 mines ; nous voyons que dans ce nouveau dividende le diviseur est contenu une fois +729960 de reste, nous portons le chiffre 1 au quotient, que nous séparons des setiers par le signe +. Nous savons actuellement que nous avons acheté 40 muids+8 setiers+1 mine +les $\frac{729960}{834240}$ d'une mine. Si nous voulons connaître quel nombre de minots nous avons en outre acheté, nous multiplierons le numérateur de la fraction par le chiffre 2, attendu qu'une mine=2 minots, 729960×2=1459920 minots, qui divisé par 834240 dénominateur, nous donne un minot, le dénominateur n'étant contenu qu'une fois dans ce nouveau dividende; nous portons 1 minot au quotient en le séparant des mines par le signe +, faisant la soustraction du diviseur 834240 du nouveau dividende 1459920; nous trouvons un reste de 625680. Nous connaissons donc encore que nous avons acheté 84 muids + 8 setiers + 1 mine + 1 minot + $\frac{625680}{834240}$ de minot. Enfin, voulant connaître ce que cette dernière fraction représente de quarteaux, nous multiplions le numérateur par 4, attendu qu'un minot = quatre quarteaux, 625680 × 4 = 2502720 quarteaux; nous cherchons combien de fois le dénominateur ou le diviseur est contenu de fois dans ce nouveau dividende, nous l'y trouvons contenu trois fois sans reste, car multipliant le diviseur par 3, nous avons un produit de 2502720 qui = le nouveau dividende 2592720 dans toutes ses parties; nous portons les 3 quarteaux au quotient; nous connaissons actuellement que nous avous acheté 40 muids + 8 setiers + 1 mine + 1 minot + 3 quarteaux,

Nous voyons que nous avons bien opéré dans la multiplication et dans la division; nous avons bien opéré dans la multiplication complexe, puisque 40 muids + 8 setiers + 1 mine + 1 minot + 3 quarteaux à 260 fr. 70 c., le muid m'avait fournit un produit de 10622 fr. 16 c. + 23/32 de centimes, et qu'en opérant la division des 10622 fr. 16 c. + 23/32 de centimes par 260 fr. 70 c., valeur d'un muid, j'ai eu pour réponse, au quotient, 40 muids + 8 setiers + 1 mine + 1 minot + 3 quarteaux qui représentent absolument le multiplicande, et qu'en outre j'ai trouvé la totalité de ce dernier, sans reste. Si j'ai bien opéré en multiplication, j'ai par suite, et sans contredit, bien opéré en division, car la division étant la preuve de la multiplication, la multiplication est aussi la preuve de la division; si nous multiplions le diviseur par le quotient, nous reproduirons le dividende.

Nous pourrions encore faire la preuve de la division et en même temps de la multiplication, en changeant la proposition, il ne s'agirait que de diviser le produit de la multiplication, 10622 fr. 16 c. + 23/32 par 40 muids + 8 setiers + 1 mine + 1 minot + 3 quarteaux; puisque nous avons bien opéré dans les deux règles précédentes, nous aurons pour quotient 260 fr. + 70 c. Notre question ou proposition serait changée en celle-ci : avec 10622 fr. 16 c. + 23/32, j'ai acheté 40 muids + 8 setiers + 1 mine + 1 minot + 3 quarteaux ; combien m'a coûté le muid ; nous aurons sûrement pour réponse que le muid avait coûté 260 fr. 70 c. Voilà comme on s'y prendrait :

Nous réduirions d'abord les 10622 fr. 16 en centimes, en ôtant le signe et ne formant qu'une somme ; nous multiplierions cette somme par 32, dénominateur de la fraction ; nous aurions alors une somme composée de 32e de centimes ; nous réduirions ensuite le diviseur en quarteaux, en multipliant les muids par 12 ; 2° le produit par 2 pour représenter les mines ; 3° ce dernier produit encore par 2, pour représenter les minots ; enfin ces minots par 4. Nous aurions réduit, par ce moyen, tout le diviseur en quarteaux ; mais comme nous n'avons dans le dividende que des trente-deuxièmes de centimes, et dans le diviseur que des quarteaux, nous ne pouvons encore opérer sans encore réduire les dénominateurs du dividende et du diviseur au même dénominateur, ce qui se ferait ainsi ; nous multiplierions le dividende, réduit en 32e, par 12, pour le réduire en setiers ; 2° nous multiplierions ces setiers par 2, pour les réduire en mines ; 3° nous multiplierions les mines par 2, pour les réduire en minots ; enfin nous multiplierions les minots par 4, pour les réduire en quarteaux, voilà pour le dividende ; pour le diviseur, composé de quarteaux, nous le multiplierions par 32, dénominateur de la fraction du dividende.

On ferait ensuite les opérations de division, lesquelles ne seront point difficiles parce que le nombre de fois que serait contenu le diviseur dans le dividende donnerait une somme de centimes, de laquelle, en retranchant les deux chiffres à droite, nous aurions à gauche la somme des francs, et les deux chiffres retranchés représenteraient des centimes ; et par suite nous aurions pour réponse, 260 fr. 70 c.

Autre division pour servir de preuve à la multiplication précédemment faite.

Lorsque j'ai traité des multiplications composées, il s'agissait de savoir combien nous avaient coûté 84 muids + 8 setiers + 7 boisseaux + 11 litres, à raison de 6 fr. 90 c. le boisseau ; nous avions eu pour réponse, 84177 fr. 84 cent. + 3/8 de centimes.

Pour faire cette preuve, et par suite la division composée, on peut s'y prendre de deux manières ; pour la première, nous donnerons la proposition suivante à résoudre :

Avec 84177 fr. 84 c. + 3/8 de centimes, nous avons acheté une certaine quantité de muids, setiers, boisseaux et litrons de blé, à raison de 6 fr. 90 c. le boisseau ; de combien de muids, setiers, boisseaux et litrons est composé l'inconnu ; si nous avons bien opéré en multiplication, nous devons avoir pour réponse, 84 muids + 8 setiers 7 boisseaux 11 litrons.

Avant de procéder à la division il faut réduire le dividende et le diviseur en centimes et en huitièmes de centimes, parce que le dividende et le diviseur sont composés de francs et centimes, et qu'en outre le dividende a la fraction 3/8. Pour le dividende nous dirons : 84177 fr. + 84 c. + 3/8 = 8417784 c. + 3/8 ; 8417784 c. × 8 = 67342272/8, auxquels j'ajoute les 3/8 qui sont au dividende, ce qui donne alors 67342275/8, voilà pour le dividende ; passons au diviseur :

6 fr. 90 c., diviseur, = 690 c. ; 690 × 8 = 5520/8 de centimes, nous faisons disparaître du dividende et du diviseur le dénominateur 8, nous avons pour dividende 67342275, et pour diviseur 5520, sur lesquels nous opérons ainsi qu'il suit :

Nous dirons : avec 67342275 huitièmes de centimes nous

avons acheté une certaine quantité de muids, setiers, boisseaux et litrons, à raison de 5520 huitièmes de centimes, quelle est cette quantité? le quotient de la division suivante sera la réponse :

SAVOIR :

```
67342275      { 5520
5520          { 12199 boisseaux + 11 litrons.
--------
12142
11040
--------
 11022
  5520
--------
  55027
  49680
--------
   53475
   49680
--------
    3795
    16 litrons
--------
   22770
   3795
--------
   60720      { 5520
   5520       { 11 litrons.
--------
    5520
    5520
--------
    0000
```

$\frac{12199}{12}$ boiss. + 11 lit. = 1016 set. + 7 boiss. + 11 litrons,

ou $\frac{1016}{12}$ set. + 7 boiss. + 11 lit.

= 84 muids + 8 setiers + 7 boisseaux + 11 litrons

Explication des opérations.

Nous divisons donc 67342275 par 5520, et nous disons : en 6734 dizaines de mille combien de fois 5520? une fois, ce qui vaut dix mille fois, je pose un au quotient; j'ai donc acheté dix mille boisseaux, je porte 5520 sous 6734, la soustraction opérée j'ai un reste de 1214 dizaines de mille, je descends le chiffre 2 placé aux unités de mille du dividende, et le mets à droite du reste 1214; j'ai un nouveau dividende 12142 mille, dans lequel le diviseur est contenu deux fois, je porte 2 au quotient à droite du chiffre 1; je connais que j'avais acheté 12000 boisseaux; je multiplie le diviseur par 2 = 11040 que je porte à soustraire de 12142, j'ai un reste de 1102, je descends à droite de ce reste le chiffre 2 placé aux centaines du dividende, j'ai un nouveau dividende montant à 11022 centimes, dans lesquelles le diviseur est contenu une fois, je porte 1 au quotient, j'ai alors au quotient 12100 boisseaux; la soustraction du dividende opérée, j'ai un reste de 5502 à côté de quoi je descends le chiffre 7 placé aux dizaines du dividende; j'ai pour nouveau dividende la somme 55027 dizaines d'unités, dans lesquelles le diviseur est contenu 9 fois, je porte 9 au quotient, ce qui me donne 12190 boisseaux; je dis : 5520×9 = 49680 que je soustrais de 55027, j'ai un reste de 5347, à côté duquel je descends le chiffre 5 placé aux unités du dividende, j'ai un nouveau dividende de 53475, dans lequel le diviseur est contenu encore neuf fois, je porte 9 au quotient; j'ai donc acheté au moins 12199 boisseaux, 5520×9 = 49680 que je soustrais du dividende, j'ai un reste de 3795, dans lequel je vais chercher combien nous avons de litrons : pour le savoir il faut multiplier le reste 3795 par 16, parce qu'un boisseau fait seize litrons, j'ai pour produit de cette multiplication 60720 que je divise ainsi qu'il suit : en 6072 dizaines, 5520, diviseur, est contenu une fois, je pose un au quotient, qui représentera dix litrons, je porte le diviseur sous le dividende, j'ai un reste de 552; de descends le chiffre à côté et à droite de ce reste = 5520, dans lequel le diviseur est encore contenu une fois et sans reste; par le quotient je vois que j'aurais acheté 12199 boisseaux + 11 litrons : je réduis les boisseaux d'abord en setiers, ensuite les setiers en muids. L'on voit par les opérations précédemment faites, que d'après la réduction je trouve que 12199 boisseaux + 11 litrons = 84 muids + 8 setiers + 7 boisseaux + 11 litrons.

J'ai donc bien opéré en multiplication, puisque, ayant pour dividende le produit de la multiplication, et pour diviseur le multiplicateur, je retrouve le multiplicande.

Deuxième preuve de la multiplication et de la division.

Avec 84177 fr. 84 c. 3/8 de centimes, j'ai acheté 84 muids + 8 setiers + 7 boisseaux + 11 litrons, combien me coûte le boisseau? je dois trouver pour réponse, 6 fr. 90 c.

Nous réduirons les 84177 fr. 84 c. + 3/8 en centimes et en huitièmes; nous aurons comme précédemment 67342275/8, voilà pour le dividende; à l'égard du diviseur, comme nous cherchons le prix du boisseau, nous réduirons les 84 muids + 8 setiers en boisseaux, nous réduirons d'abord les 84 muids en setiers, en multipliant 84 par 12 = 1008 setiers, 1008 + 8 setiers, portés au diviseur, = 1016 setiers, 1016 × 12 = 12192 boiss.; nos 84 muids + 8 setiers réduits en boisseaux = 12192 boisseaux, 12192 boisseaux + 7, déjà au diviseur, = 12199 boisseaux; notre diviseur est changé en 12199 boisseaux + 11/16 de boisseaux ou + 11 litrons; mais comme nous avons dans le dividende des huitièmes, et dans le diviseur des seizièmes, pour que notre dividende et diviseur aient un même dénominateur, nous multiplierons le dividende par 16, et le diviseur par 16 pour le réduire en litrons, et par 8 pour lui donner le même dénominateur que le dividende.

67342275, dividende, × 16 = 107747640; 12199, diviseur, × 16 = 195184 litrons; 195184 + 11, déjà au diviseur, = 195195 litrons; 195195 × 8 = 1561560.

Actuellement nous allons procéder aux opérations de la division :

SAVOIR :

1077476400	1561560
9369360	690 cent. *ou* 6 fr. 90 cent.
14054040	
14054040	
000000000	

L'opération, comme on le voit, n'est pas longue; nous trouvons que le diviseur est contenu six cent quatre-vingt-dix fois dans le dividende, que par suite cette réponse à notre question, nous annonce que le boisseau nous aurait coûté 690 c. ou 6 fr. 90 c.; nous voyons à l'évidence que nous avons bien procédé, tant dans la multiplication composée, que dans la précédente division.

Autre division servant de preuve à la multiplication composée.

84 aun. 3/4 de gal. d'or à 5 l. 19 s. ayant pour produit 2017 l. 1 s.

Nous dirons : avec 2017 liv. 1 s, nous avons acheté 84 aunes 3/4 de galons d'or; combien nous coûte chaque quart ?

Nous aurons pour dividende 2017 liv. 1 s., et pour diviseur 84 aunes 3/4. Le dividende est composé de livres et sous, nous le réduirons en sous; 2017 liv. $\times$ 20 = 40340, 40340 s. + 1 s. = 40341 s.; le dividende ne contient plus que des sous; pour le diviseur qui est composé d'aunes et quarts d'aune, nous le réduirons en quarts, en multipliant les aunes par 4, 84 $\times$ 4 = 336/4, 336/4 + 3/4 = 339/4. Nous avons pour lors la proposition suivante :

Avec 4341 nous avons acheté 40341 quarts de galons d'or; combien avons nous payé le quart :

Opération.

40341 s.	339
339	119 s. = 5 liv. 19 s. *R.*
644	
339	
3051	
3051	
0000	

Nous trouvons que le diviseur est contenu 119 fois, sans reste dans 40341 s., que comme le dividende n'est composé que d'une somme de sous, les 119 fois que se trouve contenu le diviseur dans le dividende, représentent 119 sous, qui réduits en livres nous donnent 5 liv. 19 s. pour réponse. Nous avons bien opéré en multiplication, puisque le multiplicande étant le diviseur de 2017 l. 1 s., nous avons au quotient 5 l. 19 s. qui représentent absolument le multiplicateur ; enfin nous avons bien opéré en division, puisque si nous multiplions le diviseur par le quotient, nous retrouvons le dividende.

Faisons encore la preuve de notre division par la proposition suivante :

Avec 4341 s. nous avons acheté une quantité quelconque de galons d'or, à raison de 119 s. le quart ; combien avons-nous acheté de quarts de galons ?

Opération.

40341 s.	119 sous.
357	339/4 de galons.
0464	*ou* 84 aunes 3/4.
357	
1071	
1071	
0000	

Dès que nous avons eu pour réponse 339/4, nous avons bien opéré dans notre précédente division, puisque, en divisant le dividende par le quotient de la précédente division, nous retrouvons son diviseur; enfin nous avons bien opéré en multiplication, puisque prenant son produit pour dividende, et divisant ce produit par le multiplicateur ou par le prix fixé de chaque quart de galon, nous avons pour réponse, au quotient, la quantité de quarts de galons qui composaient le multiplicande (339/4 ou 84 aunes 3/4), et que nous retrouvons notre multiplicande, sans reste, à la division.

Autre division servant de preuve à la multiplication composée.

734 aun. 7/8 d'aune, etc., à 8535 c., ayant pour produit 62721 f. 58 c. + 1/8 de centime.

Avec 62721 f. + 58 c. + 1/8, j'ai acheté 734 aunes + 2/6 + 3/8 + 2/12 de toiles, combien me revient l'aune?

Nous aurions au dividende 62721 f. 58 c. + 1/8, et au diviseur, 734 aun. + 2/6 + 3/8 + 2/12. A la seule inspection de ces sommes, nous voyons que nous ne pouvons opérer, parce que le dividende et le diviseur ne sont pas de même espèce, ou plutôt que nous ne pouvons opérer sans réduire les fractions contenues dans ces deux termes au même dénominateur, et multiplier les entiers de chacun des termes, par le nouveau dénominateur.

Les 62721 f. + 58 c. du dividende, se changent d'abord en 6272158 c., nous le réduirons ensuite en huitièmes; 6272158 × 8 = 50177264/8; 50177264/8 + 1/8 = 50177265/8; voilà pour le dividende.

Venons au diviseur: 734 aunes + 2/6 + 3/8 + 2/12; nous commencerons à réduire les fractions 2/6 + 3/8 + 2/12; nous voyons que chacun des dénominateurs est contenu sans reste dans 24. Nos trois fractions se changent alors en 8/24 + 9/24 + 4/24, ce qui = 21/24, qui, réduit à la plus simple expression, = 7/8, car le huitième de 24 étant 3, nous dirons : 21/24 = 7/8, notre diviseur est représenté par 734 aun. + 7/8 ; 734 × 8 = 5872/8 ; 5872/8 + 7/8 = 5879/8. Notre dividende et notre diviseur étant réduits en fractions de même espèce, nous opérerons facilement : nous dirons donc, avec 50177265/8 de centimes, nous avons acheté 5879/8 d'aunes de toile, combien nous revient chaque aune? Nous ferons disparaître le dénominateur commun 8, et nous opérerons ainsi qu'il suit :

SAVOIR :

```
50177265 { 5879
47032    { 8535 c.es ou 85 fr. 35 c.es
--------
 31452
 29395
--------
 20576
 17637
--------
  29395
  29395
--------
  00000
```

Nous trouvons que le diviseur est contenu dans le dividende 8535 fois sans reste ; que comme le dividende a été réduit en centimes, nécessairement il n'a dû produire que des centimes ; que les 8535 portées au quotient représentant 8535 centimes, = 85 f. 35 c. Nous avons bien opéré en multiplication, puisque le multiplicande étant le diviseur du produit de la multiplication, montant à 62721 f. + 58 c. + 1/8, nous retrouvons le multiplicateur 85 f. 35 c. ; en outre, notre division est bonne, car si nous multiplions le diviseur par le quotient, nécessairement nous trouverons le dividende, puisque, par la division, nous avons retrouvé le multiplicateur, etc.

Faisons encore la preuve de notre division par la division suivante :

Avec 50177265/8 de centimes, nous avons acheté une certaine quantité d'aunes de toile et fractions d'aune, à raison de 68280/8 de centimes l'aune, quelle serait cette quantité (on voit que j'ai réduit en huitième le prix de l'aune, 85 f. 35 c.) ?

SAVOIR :

```
 50177265 { 68280
 477960   { 734 aun. + 7/8 d'aune.  Rép.
 --------
  238126
  204840
 --------
  332865
  273120
 --------
   59745
   × 8, pour avoir les huitièmes d'aune.
 --------
  477960 { 68280
  477960 { 7 ou 7/8 d'aune.
 --------
  000000
```

Nous voyons encore, par cette division, que nous avons bien opéré, soit dans la division précédente, soit dans la multiplication, puisque, à l'égard de la division, ayant divisé le dividende de la précédente division par son quotient, nous avons reproduit le diviseur précédent, car $734 \times 8 = 5872$; $5872 + 7 = 5879$; et à l'égard de la multiplication, en divisant son produit par son multiplicande, nous avons retrouvé son multiplicateur sans reste.

Autre division servant de preuve à la multiplication composée.

Voici les termes de la proposition :

Des ouvriers ont employé :

2 ans 4 mois 18 jours + 7 heu. + 35 min. + 30 sec.,
à... 136 fr. 95 c. par jour : combien leur revient-il?

Réponse. 119,463 fr. 71 c. + 955/960 de centime.

Comme le prix est fixé par jour, j'ai réduit les années et mois en jours, le muliplicande a été changé en celui-ci, 872 jours + 7 heur. + 35 min. + 30 sec., on peut faire la division de deux manières : pour la première nous poserons la question suivante: avec 119463 f. 71 + 955/960 de centimes, nous avons payé des ouvriers qui ont fait tel ouvrage à raison de 136 f. 95 c. par jour, combien ont-ils employé de jours, heures, minutes et secondes, etc.

Nous réduisons le dividende et le diviseur en centimes; le dividende est changé en la somme 11946371 + 955/960 de centimes, et le diviseur en celle 13695 c.; mais comme le dividende contient la fraction 955/960 de centimes, et que le diviseur n'a point de fractions de centimes, nous multiplierons le dividende et le diviseur par le dénominateur de la fraction; par ce moyen, ils seront l'un et l'autre composés de neuf cent soixantièmes, ils seront, par suite, chacun 960 fois plus considérables, et en faisant disparaître le dénominateur commun, dans l'un et l'autre terme, il n'existera plus de fraction; les mêmes proportions existeront entre l'un et l'autre, parce que le dividende et le diviseur, comme le dénominateur et le numérateur, ont toujours entre eux les mêmes proportions, quand ils sont multipliés par une même somme.

Pour le dividende, nous aurons :

11946371 × 960 = 11468516160/960; 11468516160/960 + 955/960 = 11468516171/960 : voilà pour le dividende. Pour le diviseur, 13695 × 960 = 13147200; voilà pour le diviseur.

(*Suit l'opération.*)

Opération.

```
11468517115           { 13147200
105177600             { jours.  heu.  minutes.  secondes.
                      { 872  +  7  +  35  +  30
-----------
 95075711
 92030400
-----------
  30453115
  26294400
-----------
   4158715
        24 heures.
-----------
  16634860
  8317430
-----------
  99809160            { 13147200
  92030400            { 7 heures.
-----------
   7778760
        60 minut.
-----------
  466725600           { 13147200
  39441600            { 35 minutes.
-----------
   72309600
   65736000
-----------
    6573600
        60 sec.
-----------
  394416000           { 13147200
  39441600            { 30 secondes.
-----------
  000000000
```

Le quotient nous donne les 872 jours + 7 heur. + 35 min. + 30 sec., que nous avions au multiplicande ; nous sommes convaincus, actuellement, que nous avons bien opéré en multiplication, et que, pour le paiement fait à nos ouvriers dans l'espace désigné, nous avons dépensé la somme de 119463 f. 71 c. + 955/960 de centimes, qui est le produit de notre multiplication composée.

Nous dirons seulement ici, pour ce qui est de la division ci-dessus faite, que nous avons employé nos ouvriers d'abord

872 jours $+\frac{4158715}{13147200}$ de jours; que pour savoir combien nous les avons employés d'heures, nous avons multiplié 4158715 de reste (après avoir connu le nombre de jours) par 24, attendu qu'un jour est divisé en 24 heures; 4158715 × 24 = 16634860. Autant de fois nous avons trouvé le diviseur contenu dans les 16634860, autant nos ouvriers ont travaillé d'heures, outre les jours qui sont écrits au quotient; le diviseur étant contenu 7 fois dans 99809160, nous avons ensuite porté le produit du diviseur 92030400 sous le dividende 99809160; la soustraction faite nous avons eu un reste de 7778760; nous avons alors connu que nos ouvriers avaient travaillé 872 jours + 7 h. $+\frac{7778760}{13147200}$ d'heures; pour connaître le nombre de minutes qu'ont travaillé en outre nos ouvriers, nous avons dit : une heure égalant 60 minutes, multiplions le reste par 60; autant de fois le diviseur sera contenu dans ce nouveau dividende, autant nos ouvriers auront travaillé de minutes; 7778760 × 60 = 466725600; le diviseur étant contenu trente-cinq fois dans ce nouveau dividende, + un reste de 6573600, nous avons connu que nos ouvriers avaient travaillé 872 jours + 7 heur. + 35 m. $+\frac{6573600}{13147200}$; pour avoir les secondes, nous avons multiplié le reste 6573600 par 60, attendu qu'une minute = 60 secondes. Nous avons eu un nouveau dividende de 394416000, dans lequel nous avons trouvé que le diviseur était contenu 30 fois sans reste. Nous avons donc connu qu'avec la somme de 119463 f. 71 c. + 955/960, nous avons employé un certain nombre d'ouvriers pendant 872 jours + 7 heures + 35 minutes + 30 secondes, à raison de 137 f. 95 c. par jour.

Autre division servant de preuve à la précédente.

Avec 119463 f. 71 c. + 955/960, j'ai fait faire à des ouvriers un ouvrage pour lequel ils ont employé 872 jours + 7 heures + 35 min. + 30 sec., combien ai-je dépensé par jour?

Je me servirai, pour le dividende, de la somme de 114685171 15/960, qui a déjà été mon dividende dans la règle précédente, représentant les 119463 f. 71 c. + 955/960 ; je réduirai les 872 jours + 7 heur. + 35 min. + 30 sec. en sec., ainsi qu'il suit. 872 × 24 = 20928 heur. ; 20928 + 7 = 20935 heur. ; 20935 × 60 m. = 1256100 m. ; 1256100 + 35 = 1256135 m. ; 1256135 × 60 s. = 75368100 s. ; 75368100 + 30 = 75368130 s.

Voilà donc le diviseur et le dividende réduits, l'un en neuf cent soixantièmes, et l'autre en secondes ; mais comme l'on ne peut opérer en division sans donner au dividende et au diviseur un dénominateur commun, quand l'un ou l'autre ou tous deux ont des fractions de différentes espèces, nous multiplierons donc le dividende par 24, le produit par 60, et enfin ce dernier produit par 60 ; pour le diviseur, nous le multiplierons par 960, dénominateur de la fraction du dividende.

Pour le dividende nous aurons :

114685171115 × 24 = 2752444410760 × 60 = 165146664645600 × 60 = 9908798787360000, voilà pour le dividende.

Le diviseur 75368130 sec. × 960 = 72353404800 ; si nous opérons bien, nous aurons pour réponse et au quotient, 13695 c. ; je saurai que j'aurai dépensé 136 f. 95 c. par jour.

Opération.

9908798787360000	72353404800
72353404800	13695 c^{es} *ou* 136 fr. 95 c^{es}.
267345830736	
217060214400	
502856163360	
434120428800	
687357345600	
651180643200	
361667024000	
361667024000	
000000000000	

Ces opérations sont très-longues et difficiles; je donne ici ces règles aussi considérables en sommes, pour faciliter les maîtres à enseigner depuis les plus petites règles jusqu'aux plus fortes. L'on fera toujours opérer le plus possible les élèves, suivant et comme je l'ai expliqué, soit pour l'écriture arithmétique, soit pour les deux exercices aux cercles d'arithmétique.

Passons à des divisions faites de trois façons pour le karat et parties de karat, dont j'ai fait une multiplication après avoir donné quelques explications; ces divisions serviront de preuve, soit à cette multiplication, soit aux divisions qui vont suivre.

Nous avions multiplié 3 karats, 2 grains + 1/8 + 1/16 de karat, par 1000 f., prix fixé pour chaque karat, ce qui avait donné pour produit une somme de 3687 f. 50 c.

Pour savoir si j'ai bien opéré, je fais la proposition suivante :

Avec 3687 f. 50 c., j'ai acheté une certaine quantité de karats et parties de karat, à raison de 1000 f. le karat, quelle est la quantité inconnue?

Je puis résoudre la question de deux façons; je rappellerai au lecteur qu'un karat = 4 grains, qu'un grain = 2/8 ou 4/16 de karat, qu'ainsi, au lieu de dire 3 karats, 2 grains + 1/8 + 1/16 de karat, nous aurions pu dire, en réduisant les grains et huitièmes en seizièmes, 3 karats + 11/16.

Nous allons faire les deux divisions, nous donnerons ensuite les explications premières.

PREMIÈRE.

368750 c^es	100000 centimes.
300000	karats. grains. de grain. 3 + 2 + 1/8 + 1/16
68750	
×4 grains.	
275000	100000
200000	2 grains.
75000	
×2/8	
150000	100000
100000	1/8 de grain.
50000	
×2/16	
100000	100000
100000	1/16
000000	

DEUXIÈME.

368750 c^es	100000 centimes.
300000	karats. de karat. 3 + 11/16
68750	
+ 16/16 dek.	
412500	
68750	
1100000	100000
100000	11/16 de karat.
100000	
100000	
000000	

Dans les deux divisions, ayant ajouté au dividende les deux décimales, et n'ayant fait qu'une somme composée de centimes,

J'ai de même réduit en centimes le diviseur, en ajoutant à droite deux oo.

J'ai trouvé, par la première opération, que j'avais acheté 3 karats $+\frac{68750}{100000}$ de karats; pour connaître quelle quantité de grains j'avais acheté, j'ai multiplié le reste par 4, attendu que le karat = quatre grains; 68750 × 4 = 275000, ce qui m'a donné 2 grains; j'ai eu pour reste $\frac{75000}{100000}$ de grains; j'ai multiplié ce reste par 2, attendu qu'un grain = 2/8 de karat; 75000 × 2 = 150000, qui ont produit 1/8 de karat ou 1/2 grain, reste $\frac{50000}{100000}$ de grains; enfin j'ai multiplié ce reste par 2, attendu qu'un huitième = 2/16; 50000 × 2 = 100000, ce qui me donne 1/16 sans reste; j'ai bien opéré en multiplication, puisque j'ai retrouvé le nombre de karats et fractions de karat qui avaient été placés au multiplicande de ma multiplication.

Pour l'autre division, ayant réduit pareillement en centimes le dividende et le diviseur, j'ai opéré ainsi qu'il suit;

Ayant trouvé les 3 karats par la première opération, j'ai multiplié tout de suite le reste 68750 par 16, ce qui a formé un produit de 1100000/16, dans lequel nouveau dividende j'ai trouvé le diviseur 11 fois, qui, portées au quotient, ont valu 11/16.

Passons enfin à une dernière division, servant de preuve aux deux autres, nous allons résoudre en conséquence la proposition suivante :

Avec la somme 368750 c., nous avons acheté 3 kar. + 2 gr. + 1/8 + 1/16, ou 3 karats 11/16 de karat, combien nous revient le karat?

Pour faire cette règle, nous réduirons notre diviseur 3 kar. 11/16 en seizièmes; 3 × 16 = 48/16, 48 + 11 = 59/16; voilà pour le diviseur. Pour conserver le même rapport entre le diviseur et le dividende, nous multiplierons aussi ce dernier par 16; 368750 × 16 = 5900000/16; faisant disparaître les dénominateurs, nous aurons les dividende et diviseur ci-dessous.

SAVOIR :

$$\begin{array}{l|l} 5900000 & 59 \\ \underline{59} & \overline{100{,}000 \text{ centimes } ou \text{ } 1000 \text{ fr. } 00.} \\ 0000000 & \end{array}$$

Nous trouvons, comme on le voit, que 59 est contenu 100000 fois, ce qui nous donne pour réponse 100000 centimes ou 1000 f. 00 c. Nous avons bien opéré en multiplication et en division; en multiplication, en ce que divisant le produit par le multiplicande, nous retrouvons le multiplicateur sans reste; et pour la division, en ce que, en divisant le dividende par le quotient des divisions précédentes (ce quotient réduit en seizièmes), nous avons pour réponse le diviseur des deux précédentes divisions.

Une personne m'ayant dit que lors des examens qui ont lieu pour l'admission des maîtres qui se proposent de suivre le cours normal d'enseignement mutuel, on leur donnait quelques petits problêmes à résoudre, j'ai pensé qu'il serait utile pour ces mêmes maîtres d'en trouver de tout faits dans la première partie du premier volume de mon Cours complet d'enseignement mutuel, qui est sur le point d'être imprimée.

Je vais opérer sur deux propositions qui seront utiles pour aider à résoudre de petits problêmes amusans et en même temps donner l'idée d'en proposer et résoudre d'autres.

PREMIÈRE PROPOSITION.

J'ai la somme de 70,430 fr. à diviser entre 5 personnes dans les proportions suivantes : les 3 premières recevront autant les unes que les autres; mais les 2 dernières recevront chacune le double de la somme à recevoir par une des 3 premières.

Après avoir examiné la question, je dis, si chacune des 5 personnes avait les mêmes prétentions les unes que les autres, l'opération serait facile; ce serait une simple division dont le diviseur serait le chiffre 5, c'est-à-dire, l'on prendrait le cinquième de la somme proposée, et par suite chaque personne recevrait le montant de ce cinquième ou la somme portée au quotient: mais il n'en est point ainsi; car les trois premières personnes seulement ont une somme égale à recevoir sur la somme proposée, au lieu que les deux autres ont le double chacune de la somme à recevoir par chacune des deux autres.

Nous dirons donc, les trois premières personnes doivent être représentées par une somme quelconque formant les trois parties de la somme, que nous placerons au diviseur ou dont nous nous servirons pour diviseur: s'il en est ainsi, chacune des deux autres personnes ayant le double d'une des trois premières, elles auront chacune deux parties du même diviseur.

Pour former notre diviseur, nous dirons donc, représentons les première, deuxième et troisième parties, chacune par le chiffre 1, ce qui désignera que chacune d'elles a, dans la somme à diviser, une partie égale ou en proportion de ce que le chiffre 1 sera au nouveau diviseur. — Si le nombre 1 se trouve être, par exemple, la sixième partie du diviseur, nécessairement chacune des trois parties doit recevoir le sixième de la somme proposée; si le chiffre 1 se trouve être le septième du diviseur, nécessairement encore chacune des trois premières parties a à prétendre un septième dans la somme à partager : si le nombre 1 représente le huitième du diviseur, chacune des trois premières parties aura un huitième dans la somme proposée, etc. Partant de ce qui vient d'être dit, ayant représenté par le nombre 1 chacune des trois premières parties en particulier, dès que les deux autres parties doivent avoir chacune le double d'une des trois premières personnes, nous devons les représenter chacune par le nombre deux [2], double du nombre un [1]; nous avons donc pour nos cinq personnes 1 + 1 + 1 + 2 + 2, lesquels nombres représenteront parfaitement ce que chaque partie est entre elles : additionnant ces cinq chiffres, nous aurons au total sept [7], qui sera notre diviseur. Ainsi, la première personne aura un septième; la deuxième, un septième; la troisième, un septième; et comme les quatrième et cinquième personnes ont chacune en particulier le double d'une des trois premières, la quatrième recevra deux septièmes, et la cinquième deux septièmes.

Opération.

```
70430fr. { 7
7        { 10061,42 + 6/7.
-----
0043
  42
-----
  10
   7
-----
  300
   28
-----
  020
   14
-----
Reste.. 6
```

Résultat et preuve.

La 1re partie ayant	1/7,	aura par suite.	10061, 42 + 6/7
2e.	1/7	. . . .	10061, 42 + 6/7
3e.	1/7	. . . .	10061, 42 + 6/7
4e.	2/7	. . . .	20122, 85 + 5/7
5e.	2/7	. . . .	20122, 85 + 5/7
TOTAUX. . .	7/7	. . . .	70430, 00 + 0/0

Nous avons bien opéré, puisque les cinq sommes que doivent recevoir nos cinq personnes, étant additionnées, reproduisent la somme totale qui était à diviser et la reproduisent exactement.

DEUXIÈME PROPOSITION.

Je suis exécuteur testamentaire : par les volontés exprimées dans le testament de mon ami, décédé depuis peu, il m'a laissé une somme de 70430 fr. à diviser entre cinq de ses héritiers dans les proportions suivantes : il donne à Pierre et à Paul une part égale dans cette somme ; il donne à Jacques autant qu'à Pierre et Paul ensemble, ou le double de ce que Pierre ou Paul recevront chacun en particulier ; il donne à Jean le triple de ce que doit recevoir Paul ou Pierre ; enfin, il donne à Jacob une somme égale à quatre fois celle que doit recevoir Pierre ou Paul : combien revient-il à chacun d'eux ?

Raisonnant par analogie à ce qui a été dit sur la règle précédente, nous dirons : Paul et Pierre ont chacun une partie de la somme à diviser ; Jacques ayant autant à recevoir que Pierre et Paul ensemble, aura deux parties dans la somme à diviser ; Jean ayant à recevoir le triple de ce que recevra Pierre ou Paul, aura donc trois parties de la somme à diviser ; enfin, Jacob ayant à recevoir le quadruple de ce que recevra Pierre ou Paul, aura quatre parties du dividende de la somme à partager. Nous aurons donc, pour représenter les cinq personnes, ou ce que chaque personne a à recevoir dans la somme à diviser ; nous aurons donc, dis-je, les cinq nombres suivans :

$$1 + 1 + 2 + 3 + 4 ;$$

c'est-à-dire, la première est à la seconde comme 1:1 ; la première ou la seconde est à la troisième comme 1:2 ; la première ou la seconde est à la quatrième comme 1:3 ; enfin, la première ou la seconde est à la cinquième comme 1:4. Pierre est représenté par le nombre 1, Paul par le nombre 1, Jacques par le nombre 2, Jean par le nombre 3, enfin Jacob par le nombre 4.

$1+1+2+3+4=11$; notre diviseur formera la somme 11, ou plutôt nos 70430 fr. seront divisés en onze parties, pour en arriver une à Pierre, une à Paul, deux à Jacques, trois à Jean et quatre à Jacob ; ou Paul aura 1/11, Pierre 1/11, Jacques 2/11, Jean 3/11, et Jacob les 4/11. L'on voit donc, avant même que les opérations qui vont suivre soient faites, que nous avons suivi la juste et seule marche pour résoudre notre petit problême, c'est-à-dire pour parvenir à diviser également notre somme 70430 fr. entre cinq personnes, dont chacune aura la quotité de ce qui lui revient, dans les proportions et suivant l'énoncé de la question;

Opération.

70430 francs.	11
66	6402, 72 + $\frac{8}{11}$
44	
44	
0030	
22	
080	
77	
30	
22	
8/11 de reste.	

Résultat et preuve.

Paul ayant	1/11, aura donc	6402^{fr}	+	72^{c}	+	8/11 de centime.
Pierre......	1/11	6402	+	72	+	8/11
Jacques...	2/11	12805	+	45	+	5/11
Jean......	3/11	19208	+	18	+	2/11
Jacob.....	4/11	25610	+	90	+	10/11
TOTAUX.	11/11	70430	+	00	+	0

Nous avons bien opéré suivant l'énoncé de la question, et les opérations de la division ont été bien exécutées, puisqu'en additionnant les sommes que chacun doit recevoir, nous reproduisons le dividende; en outre, comparant les sommes que chacun doit recevoir, avec l'énoncé de la question, nous voyons que Pierre et Paul ont effectivement une somme égale; que Jacques a le double de Pierre ou de Paul, ou autant que tous deux ensemble ; que Jean a une somme triple de celle que doit recevoir Pierre ou Paul ; qu'enfin Jacob a une somme quadruple à celle que recevra Pierre ou Paul.

Nous allons donner deux règles de trois composées, c'est par-là que nous terminerons, dans ce livre, la partie arithmétique qui doit y être contenue.

Les règles de trois composées peuvent avoir chacun des trois termes divisés en deux ou plusieurs parties. Mais dans celles qui vont suivre, nous ne diviserons que le premier et le troisième terme en deux parties ; à cause de cette division, on donnait à ces sortes de règle le nom de règle de cinq.

Pour opérer, il faut que la quantité cherchée soit de la même espèce que celle qui est énoncée dans les trois termes de la question ; par exemple, pour la règle suivante, que le quatrième terme ou l'inconnu soit de même espèce que le second terme.

Les personnes qui n'ont pas l'habitude de faire les règles de trois composées, les croient très-difficiles, mais en très-peu de temps elles se convaincront qu'il n'en est rien, qu'il s'agit seulement de bien concevoir l'énoncé de la question, que tout se réduit à ne former que trois termes de cinq ou de plusieurs parties données ou placées dans les règles, ce dont on se convaincra par les deux propositions suivantes.

Cent-vingt hommes ont fait en trente-trois jours quatre mille trois cent deux toises, cinq pieds, neuf pouces, combien cinq cent trois hommes en feront-ils en 67 jours? Voici comme la règle serait placée :

120 hom. en 33 jou. : 4302 t. + 5 pi. + 9 po. :: 503 hom. en 67 jou. : x.

Pour faire cette règle, il faut raisonner ainsi :

Si 120 hommes ont fait en 33 jours 4302 toisses + 5 pieds + 9 pouc., 33 fois 120 hommes doivent faire le même ouvrage dans un jour. Par la même raison, dès que les 503 hommes doivent faire l'inconnu en 67 jours, 67 fois 503 hommes doivent aussi faire cet inconnu dans un jour. Ce raisonnement fait, la proportion se réduit à celle-ci :

120 hom. × 33 : 4302 t. + 5 pi. + 9 po. :: 503 hom. × 67 : x.

opérant les multiplications, nous n'aurons plus qu'une simple règle de trois très-aisée à faire.

120 × 33 = 3960, ou 3960 hommes, en travaillant un jour, ont fait 4302 tois. + 5 p. + 9 pouc., comme 503 × 67 = 33701 ou 33701 hommes, en travaillant un jour, ont fait l'inconnu : nous placerons alors notre proportion ainsi qu'il suit :

3960 hom. : 4302 t. + 5 pi. + 9 pou. :: 33701 hom. : x.

Il faut encore, avant de procéder à notre opération, réduire en pouces les toises et pieds. Nous multiplierons les toises par 6, attendu qu'une toise = 6 pieds; nous ajouterons à ce produit les 5 pieds; nous multiplierons enfin ces pieds par 12, dès qu'un pied = 12 pouces; nous ajouterons à ce produit les 9 pouces.

4302 tois. × 6 pieds = 25812 pieds; 25812 pieds + 5 pieds = 25817 pieds, qui, × 12 pouc. = 309804 pouc.; 309804 p. + 9 = 309813 pouc.; nous aurons enfin la proportion suivante :

Opération.

3960 hommes : 309813 pouces :: 33701 hommes : x.

```
           33701
        ---------
          309813
        21686910.
         929439...
        929439....
        ---------
      10441007913  { 3960
                   {---------------------------------------
         7920      { 2636618 pouces + 633/3960 de pouce.
        ---------
         25210
         23760
        ---------
         14500
         11880
        ---------
          26207
          23760
        ---------
           24479
           23760
        ---------
            07191
             3960
        ---------
             32313
             31680
        ---------
   Reste..     633
```

Pour vérifier si j'ai bien opéré dans la division, je multiplierai le quotient par le diviseur ; si je reproduis le dividende, ma règle est bonne.

$$2636618 \times 3960 = 10441007280.$$

$$10441007280 + \text{le reste } 633 = 10441007913.$$

produit qui égale dans toutes les parties le dividende ; donc ma division est bonne.

Si 3960 hommes ont fait dans un jour 309813 pouces, 3370 hommes, doivent aussi faire, et dans un jour, 2636618 pouces $\frac{633}{3960}$ de pouce.

Pour savoir si les opérations de ma règle de trois ont été bien exécutées, je ferai la proportion suivante. Je dirai : 33701 hommes ont fait, dans un jour, 2636618 pouces $+\frac{633}{3960}$ de pouces; combien 3960 hommes en feront-ils dans un jour? Je dois avoir pour réponse, 309813 pouces, qui étaient le second terme de la proportion précédente.

Deuxième opération.

33701 hommes : 2636618 pou. $+\frac{633}{3960}$ :: 3960 hom. : 309813 pou.

```
      3960
─────────────
   158197080
  23729562..
  6909854...
─────────────
 10441007280
         633
─────────────
 10441007913 { 33,701
 101103      { ──────────
─────────────  309,813 pouces.
   320707
   303309
─────────────
    273989
    269608
─────────────
     43811
     33701
─────────────
    101103
    101103
─────────────
    000000
```

Nous avons pour le quotient second terme de la proportion précédente, et les quatre termes des deux proportions sont en tout semblables, si ce n'est qu'ils sont différemment placés, puisque l'énoncé de chaque proportion est différent; enfin nous sommes certains, actuellement, que nous avons bien opéré dans les deux règles composées, puisque nous avons retrouvé pour quatrième terme, 309813 pouces, sans aucun reste, représentant absolument le deuxième terme de la première proportion.

L'on voit que pour faire ces règles composées, il ne s'agit

que de réduire chaque terme, composé d'une ou deux parties, en une seule somme, que par ce moyen on n'a plus qu'une règle de trois ordinaire, qui se fait comme on l'a déjà vu, en multipliant le second terme de toute proportion par le troisième terme et en divisant le produit par le premier terme; qu'enfin, la division opérée, on a au quotient la réponse ou l'inconnu; et par suite le quatrième terme.

Il s'agit actuellement de revenir à l'énoncé primitif de la question, et de réduire en pieds, toises, la somme de pouces trouvée pour réponse ou pour quatrième terme de la première proportion.

Nous avons pour quotient de la première proportion 2636618 pouces + 633/3960. Nous réduirons les pouces en pieds, en divisant les 2636618 par 12. $\frac{2636618}{12}$ = 219718 pieds + 2 pouces. Nous réduirons ensuite les 219718 pieds en toises, en divisant par 6. $\frac{216718}{6}$ = 36619 toises + 4 pieds; enfin réduisant les toises, pieds, pouces et fractions, nous aurons 2636618 pouces + 633/3960 = 36619 toises + 4 pieds + 2 pouces + 633/3960 de pouce; enfin revenant à l'énoncé de la première proposition, j'ai les quatre termes suivans :

120 hommes, en 33 jours, ont fait 4302 toises + 5 pieds 9 pouces, comme 503 hommes en 67 jours feront 36619 toises + 4 pieds + 2 pouces + 633/3960 de pouces, ou en un seul jour 3960 hommes ont fait 4302 toises + 5 pieds + 9 pouces, comme 33701 hommes feront aussi, et dans un jour, 36619 toises + 4 pieds + 2 pouces + 633/3960 de pouce.

Nos deux proportions auront les quatre proportions suivantes :

120 hommes en 33 jours : 4302 toises + 5 pieds + 9 pouces :: 503 hommes en 67 jours : 36619 toises + 4 pieds + 2 pouces + 633/3960 de pouce;

Ou 3960 hommes : 4302 toises + 5 pieds + 9 pouces : :

33701 hom. : 36619 toises + 4 pieds + 2 pouces + 633/3960, voilà pour la première proportion.

Pour la deuxième nous aurons :

503 hommes en 67 jours : 36619 toises + 4 pieds + 2 pouces + 633/3960 : : 120 hommes en 33 jours : 4302 toises + 5 pieds + 9 pouces ;

Ou 33701 hommes : 36619 toises + 4 pieds + 2 pouces + 633/3960 : : 3960 hom. : 4302 toises + 5 pieds + 9 pouces.

Avant de passer, 1° à la comparaison des monnaies anciennes avec les nouvelles ; à la comparaison des anciens poids avec les nouveaux ; à la comparaison des anciennes mesures avec les nouvelles, soit d'étendue, soit de capacité, nous dirons quelque chose sur les décimales. Nous dirons que pour réduire une fraction quelconque en décimale, il ne s'agit que de diviser le numérateur par le dénominateur ; si l'on veut connaître la valeur de la fraction, à un dixième près, on ajoute un zéro au numérateur ; à un centième près, deux zéros ; à un millième près, trois zéros ; à un dix-millième près, quatre zéros ; à un cent-millième près, cinq zéros, ainsi de suite, etc. Par exemple : nous avons la fraction $\frac{15}{8}$, nous dirons d'abord : nous avons dans cette fraction un entier, parce que $\frac{8}{8}$ = un entier, nous écrivons donc, $1 + \frac{7}{8}$; voulons-nous savoir, à un dixième près, la valeur de la fraction $\frac{7}{8}$, nous ajoutons un zéro au chiffre 7, numérateur, ce qui nous donne 70 ; nous divisons ces 70 par 8 ; autant de fois que 8 sera contenu dans 70, autant de dixièmes nous aurons pour la valeur de 7/8. Nous trouvons que 8 est contenu huit fois dans 70, puisque $8 \times 8 = 64$. Nous savons actuellement que nos quinze huitièmes = un entier + $\frac{8}{10}$ d'entier ; on est convenu que pour séparer les entiers des décimales, on mettrait une virgule entre l'entier et la première décimale, c'est-à-dire que l'entier serait séparé et distingué des décimales par une virgule placée à sa droite, et que par la même raison la décimale serait séparée de l'entier par une virgule à sa gauche, ainsi nos $\frac{15}{8}$ = 1,8, ce qui veut dire que dans quinze huitièmes nous avons un entier et huit dixièmes d'entier. Voulons-nous savoir la valeur des 15/8, à un millième près, après avoir trouvé l'entier, nous ajouterons au chiffre 7, numérateur de la fraction 7/8 d'entier, nous ajouterons, dis-je, à ce chiffre 7 trois zéros à droite, ce qui nous donnera $\frac{7000}{8}$ = 0,850, zéro d'entier, et huit cent cinquante millièmes, alors la fraction $\frac{15}{8}$ sera représentée, à un millième près, par 1,850, un entier huit cent cinquante millièmes; mais comme dans la circonstance nous avons 0 aux millièmes, les $\frac{15}{8}$ = un entier huit cent cinquante millièmes juste; mais encore en retranchant le 0 à droite les $\frac{15}{8}$ = un entier quatre-vingt-cinq centièmes juste, puisque nous n'avons eu aucun reste, alors on ne peut plus se servir de l'expression à un millième près, ni même à un centième près : que l'on se sert seulement de ces expressions quand il y a un reste sur lequel ont pourrait encore opérer en décimale; nous dirons donc ici que 15/8 = 1,85 (un entier quatre-vingt-cinq centièmes), ou 1,850 (un entier huit cent cinquante millièmes), ou enfin 1,8 (un entier huit dixièmes, à un dixième près); nous dirons à un dixième près, parce qu'après avoir trouvé le dixième, nous avons un reste sur lequel nous pouvons opérer, et que c'est dans ce reste que nous avons trouvé les centièmes; nous dirons enfin que les 15/8 représentent un entier + $\frac{8}{10}$, à un dixième près, ou que 15/8 représentent un entier + $\frac{8}{10}$ + $\frac{5}{100}$ ou un entier, $\frac{85}{100}$, 1,85; je crois que l'explication que je viens de donner est suffisante pour enseigner à réduire toutes les fractions en décimales.

Nous ajouterons que, si nous avions à écrire huit entiers trois dixièmes, nous les écririons ainsi : 8,3; si nous n'avions point d'entiers, nous mettrions un zéro à la place des entiers; par exemple, nous écririons huit dixièmes, 0,8; sept centièmes, 0,07; trois millièmes, 0,003; sept dix-millièmes, 0,0007; un cent millième 0,00001; donc, si nous avions à écrire huit dixièmes + sept centièmes + trois millièmes + sept dix-millièmes et un cent millième, nous les écririons ainsi : 0,87371, ce qui égale quatre-vingt-sept mille trois cent soixante et onze cent millièmes d'entiers; on raisonnera ensuite par analogie. Les maîtres et moniteurs apprendront à leurs élèves toutes les positions des décimales, ce qui ne sera pas difficile à enseigner ni à concevoir par les élèves qui auront appris les calculs d'après la méthode contenue dans ce livre.

NOTA. J'étais sur le point de faire imprimer, dans ce livre ou dans cette première partie de mon premier volume, les tableaux comparatifs, 1° des nouvelles monnaies avec les anciennes, des anciennes avec les nouvelles; 2° des anciens poids avec les nouveaux, etc.; 3° des anciennes mesures avec les nouvelles, etc., soit d'étendue, soit de capacité, etc.; mais réfléchissant que ce travail augmenterait cette première partie de cent cinquante pages, qu'elle était déjà assez considérable, qu'en outre elle contenait en plus le Prospectus de mon Nouveau Cours de lecture : j'ai résolu, dis-je, de faire imprimer séparément, soit les tableaux comparatifs, dont je viens de parler, soit les tables des comptes faits, au moyen desquelles, avec facilité et justesse, on saura se rendre compte de ce qu'a dû coûter ou coûterait une somme quelconque en poids ou en mesures (le prix d'une chose, ou d'un quintal, ou d'un millier, étant connu), on connaîtra ce prix soit en francs et centimes, soit en livres et sous.

Ce petit ouvrage, qui paraîtra incessamment, sera utile à toute personne, et notamment aux marchands en détail. Le prix en est fixé, dès ce moment, à 2 francs pour ceux qui auraient souscrit ou auraient acheté ou achèteraient la première partie de mon Cours complet : pour tous les autres, le prix sera de 3 fr. pour Paris. Il se trouvera chez l'auteur, chez MM. Locard et Davi, et chez tous les principaux libraires de Paris et des départemens.

FIN DE LA PREMIÈRE PARTIE.

TABLE

DES SOMMAIRES CONTENUS DANS CETTE PREMIÈRE PARTIE.

PAGES

AVERTISSEMENT.. v

INTRODUCTION.. 1

PREMIÈRE PARTIE. — Application de l'enseignement mutuel à tout ce qui s'enseigne dans les écoles élémentaires, et explication de tous les exercices qui ont lieu avant ceux d'écriture. 15

Le moniteur-général va au préau choisir les moniteurs d'écriture, etc. Ibid.

Entrée dans la classe. 16

Commandement pour entrer dans les classes d'écriture. Ibid.

Coup de sonnette annonçant le commencement de la prière, et exercices à la suite. 17

Appel des élèves. Ibid.

Exercices de préparation avant ceux d'écriture. 18

Écriture. — Le moniteur-général dit à la 8e classe de commencer. 20

Dictée du moniteur des 8e et 7e classes. 21

Suite de la dictée des moniteurs des autres classes. 22

Classe du sable (exercices). 22 et 23

Usage des télégraphes, et suite des exercices pour l'écriture. 24

Lecture telle qu'elle est enseignée dans tous les établissemens d'enseignement mutuel. 25

Exercices pour les crayons et pour sortir des bancs. Ibid.

Commandement pour faire entrer les élèves dans les classes de lecture. — Entrée et marche des élèves. 26

Le moniteur-général choisit les moniteurs particuliers pour la lecture. Ibid.

Commandement pour toutes les classes aux cercles de lecture. — Premier exercice de lecture. 27

Exercices pour la lecture des 1re, 2e, 3e, 4e, 5e et 6e classes. 28

Exercices pour les classes 7 et 8. 29

Deuxième exercice de lecture pour la 1re classe. Ibid.

Deuxième exercice de lecture pour les 2, 3, 4, 5, 6, 7 et 8e classes. 30

PAGES

Troisième exercice pour les six premières classes de lecture. 31
Troisième exercice pour les 7 et 8e classes. 32
Lecture dans les livres. 33
Réflexions et Prospectus du nouveau Cours de lecture. 34
Examen des tableaux des 2 et 3e classes de lecture. 35
Raisonnement de l'auteur pour démontrer que pour enseigner avec facilité la lecture, il faut partir de la synthèse à l'analyse, etc. 36
Comparaison de la parole avec la lecture. 37
Essai et application de cette nouvelle méthode. 38
L'auteur passe en revue différens ouvrages qui traitent de l'art de lire. 39
Moyens dont s'est servi l'auteur pour former ses tableaux de lecture. 49
Comment l'auteur fait lire ses élèves sur ses tableaux d'essais, formés d'après sa nouvelle méthode. 50
Exercices qui ont lieu pour l'arithmétique dans les établissemens d'enseignement mutuel. 57
Deuxième banc. — Composition des quatre règles. — 1re classe. 61
Deuxième classe. — Addition simple, composée de francs et centimes. 63
Troisième classe (4e banc). Addition complexe (livres, sous et deniers). — 4e classe (5e banc). Soustraction simple de francs et centimes. — 5e classe (6e banc). Soustraction complexe. — 6e classe (7e banc). Multiplication simple. 64
Septième classe (8e banc). Division complexe. Ibid.
Nouvelle méthode de l'auteur pour l'arithmétique (sable) écriture arithmétique. — 1re classe. 65
Deuxième classe d'arithmétique (2e banc d'écriture). — Soustraction. 66
Exercices aux cercles arithmétiques pour la 2e classe (1er exercice) lecture arithmétique. 69
Deuxième exercice au cercle d'arithmétique (ardoise des élèves). 73
Troisième classe (arithmétique dictée et écriture arithmétique (numération). 77
Manière d'enseigner à connaître les signes (—), (+), (=), ainsi que la comparaison des centimes avec les sous. 78
Troisième classe au cercle arithmétique (lecture). 79

PAGES

Deuxième exercice au cercle arithmétique (3ᵉ classe). Demandes et Réponses écrites (ardoise des élèves). 83
Résumé des demandes et réponses. 85
Quatrième classe. — Addition de centimes (écriture arithmétique). 88
Premier exercice au cercle arithmét. pour la même chose. 89
Tableaux de lecture arithmétique. 90
Deuxième exercice au cercle arithmétique (demandes et réponses). 92
Soustraction. — 5ᵉ classe (écriture arithmétique). Ibid.
Lecture arithmétique (tableaux). 103
Deuxième exercice (demandes et réponses). 105
Multiplication. — 6ᵉ classe (écriture arithmétique). Ibid.
Lecture arithmétique pour la sixième classe. 118
Deuxième exercice au cercle arithmétique (demandes et réponses). 120
Septième classe (7ᵉ banc) division. — Écriture arithmétique. 133
Premier exercice au cercle arithmétique (division. — Lecture arithmétique). 135
Deuxième exercice au cercle arithmétique. — 7ᵉ classe (division (demandes et réponses). 159

HUITIÈME, NEUVIÈME ET DIXIÈME CLASSES.

Règle de trois. 159
Règle de société. 165
Fractions décimales. 176
Multiplication d'entiers et fractions par entiers et fractions. 180
Division décimale. 193
Proportion pour les décimales. 196
Addition de livres, sous et deniers. 204
Soustraction, *idem*. 206
Multiplication des entiers par les sous. 207
Multiplication d'entiers par des deniers : réduction en livres et sous. — Autres multiplications. 210
Division d'une somme de sous. — Autres divisions. 214
Règle de compagnie en livres et sous. 221
Addition de toises, pieds, pouces et lignes. — Autres addit. 230
Tableaux des parties d'aune. 242

PAGES

Addition de karats, et de leurs parties. 246
Soustraction en pieds, pouces. — Autres soustractions. 250
Multiplication des entiers et fractions, par des entiers et fractions. 256
Multiplication de toises, pieds, pouces et lignes, par des francs et centimes. — Autres multiplications. 259
Division pour les règles composées. 286
Autre division. 289
Autre division. 295
Autre division. 301
Autre division pour servir de preuve à la multiplication précédemment faite. 306
Deuxième preuve des multiplication et division. 309
Autre division servant de preuve à la multiplication composée. Ibid.
Autre division d'années, mois, jours, etc. 314
Autre division servant de preuve. 317
Division de karats, etc. 320
Résolution de quelques petits problèmes. — Première proposition. 322
Deuxième proposition. 324
Règles de trois composées. 327
Un mot sur les décimales. 332
Nota.. 334

FIN DE LA TABLE.

www.ingramcontent.com/pod-product-compliance
Ingram Content Group UK Ltd.
Pitfield, Milton Keynes, MK11 3LW, UK
UKHW020159250726
13967UKWH00003B/1148

9 782011 952172